集成电路科学与工程系列教材

微电子技术基础

徐金甫　朱春生　李　伟　编著

电子工业出版社

Publishing House of Electronics Industry

北京 · BEIJING

内 容 简 介

本书较全面地介绍微电子技术领域的基础知识，涵盖了半导体基础理论、集成电路设计方法及制造工艺等。全书共 6 章，主要内容包括：绪论、半导体物理基础、半导体器件物理基础、大规模集成电路基础、集成电路制造工艺、集成电路工艺仿真等。全书内容丰富翔实、理论分析全面透彻、概念讲解深入浅出，各章末尾均列有习题和参考文献。本书提供配套的电子课件 PPT、习题参考答案等。

本书可作为高等学校非微电子专业的工科电子信息类专业学生的教材，也可供相关领域的工程技术人员学习、参考。

图书在版编目（CIP）数据

微电子技术基础 / 徐金甫，朱春生，李伟编著. —北京：电子工业出版社，2022.7
ISBN 978-7-121-43961-2

Ⅰ. ①微…　Ⅱ. ①徐…　②朱…　③李…　Ⅲ. ①微电子技术—高等学校—教材　Ⅳ. ①TN4

中国版本图书馆 CIP 数据核字（2022）第 121999 号

责任编辑：王晓庆
印　　刷：北京虎彩文化传播有限公司
装　　订：北京虎彩文化传播有限公司
出版发行：电子工业出版社
　　　　　北京市海淀区万寿路 173 信箱　　邮编：100036
开　　本：787×1092　1/16　印张：13.75　字数：352 千字
版　　次：2022 年 7 月第 1 版
印　　次：2023 年 8 月第 2 次印刷
定　　价：48.00 元

凡所购买电子工业出版社图书有缺损问题，请向购买书店调换。若书店售缺，请与本社发行部联系，联系及邮购电话：（010）88254888，88258888。

质量投诉请发邮件至 zlts@phei.com.cn，盗版侵权举报请发邮件至 dbqq@phei.com.cn。

本书咨询联系方式：（010）88254113，wangxq@phei.com.cn。

前　言

　　微电子技术是随着集成电路，尤其是超大规模集成电路而发展起来的一门新的技术。微电子技术包括系统电路设计、器件物理、工艺技术、材料制备、自动测试以及封装、组装等一系列专门技术，微电子技术是微电子学中的各项工艺技术的总和。

　　微电子技术是当代发展最快的技术之一，是电子信息产业的基础和心脏。微电子技术的发展，极大地推动了计算机技术、通信技术、遥测传感技术、航空航天技术、人工智能技术、网络技术和相关产业的快速发展。微电子技术在军事上也有着极广泛的应用，促进了武器装备的更新换代，改变了战争的形态，使现代战争成为信息战、电子战。微电子技术已经成为衡量一个国家科学技术进步和综合国力的重要标志。

　　集成电路是微电子技术的核心。我国是世界上最大的集成电路市场之一，近年来，我国集成电路进出口数量均一直呈现上升趋势。虽然我国在集成电路设计与制造技术上有较大的进步，但在高端集成电路（特别是 10nm 以下工艺）方面，还明显处于受制于人的地位。我国政府高度重视集成电路产业的发展，出台了多项政策支持集成电路行业，我国的集成电路产业已经呈现了良好的快速发展趋势。

　　集成电路产业的发展离不开大量的集成电路设计人才，集成电路设计人才必须掌握微电子技术基础的相关理论和知识。为了进一步加强集成电路基础教学工作，适应高等学校正在开展的课程体系与教学内容改革，培养更多的适应微电子技术发展的综合人才，我们编写了这本教材。

　　该教材有如下特色：

　　● 将半导体物理、半导体器件物理、大规模集成电路基础及集成电路制造工艺等内容融合在一起，力求深入浅出，能够给学生呈现一幅完整的微电子技术基础图景。

　　● 在进行器件原理、制造工艺等理论知识介绍的同时，结合半导体工艺和器件仿真软件，详细地讲解器件工艺和电学特性的设计、仿真分析方法，有助于增进学生对理论知识的理解。

　　● 注重将微电子技术的最新发展适当地引入教学，保持教学内容的先进性。

　　本书共 6 章。第 1 章为绪论，简要介绍集成电路的相关基本概念、产业结构，以及微电子学的发展史和发展方向。第 2 章为半导体物理基础，讲述半导体材料的物理状态及半导体中电子的状态和载流子的运动规律。第 3 章为半导体器件物理基础，讲述主要半导体器件的结构、工作原理、工作特性、寄生参数等。第 4 章为大规模集成电路基础，主要讲述 CMOS 单元电路的电路结构、工作原理和版图特征。第 5 章为集成电路制造工艺，讲述如何将所设计的功能电路制造和转化成一块物理上的集成电路芯片。第 6 章为集成电路工艺仿真，讲述利用集成电路工艺仿真工具对半导体工艺及器件特性进行仿真和分析。

　　通过学习本书，你可以：

　　● 了解微电子学的发展历史和未来发展趋势。

- 认识半导体材料的物理状态，以及半导体中电子的状态和载流子的运动规律。
- 熟悉主要半导体器件的工作原理和工作特性。
- 使用 MOS 管搭建一个基本门电路。
- 认识大规模集成电路版图。
- 了解集成电路的基本制造流程，掌握核心工艺的基本原理。
- 掌握半导体器件和工艺的基本仿真方法。

本书语言简明扼要、通俗易懂，具有很强的理论性、专业性和技术性。本书是作者在微电子技术基础课程多年教学的基础上编写而成的。每一章都附有丰富的习题，供学生课后练习以巩固所学知识。

本书可作为高等学校非微电子学专业的工科电子信息类专业学生的教材，也可供相关领域的工程技术人员学习、参考。教学中，可以根据教学对象和学时等具体情况对书中的内容进行删减和组合，参考学时为 50～60 学时。本书提供配套的电子课件 PPT、习题参考答案等，请登录华信教育资源网（www.hxedu.com.cn），注册后免费下载，也可联系本书编辑（010-88254113，wangxq@phei.com.cn）索取。

本书由徐金甫、朱春生、李伟编著，第 1 章、第 5 章和第 6 章由朱春生编写，第 2 章由朱春生和徐金甫编写，第 3 章由徐金甫编写，第 4 章由李伟编写。在本书的编写过程中，南龙梅博士提出了许多宝贵意见。

本书的编写参考了大量近年来出版的相关技术资料，吸取了许多专家和同人的宝贵经验，在此向他们深表谢意。

由于微电子技术发展迅速，作者的水平有限，错误和不当之处在所难免，敬请读者批评指正。

作　者
2022 年 6 月

目　录

第1章 绪 论

微电子学（Microelectronics）作为电子学的一个重要分支，主要研究电子或离子在固体材料（尤其是半导体材料）中的运动规律，进而在半导体材料上构建微小化电路、子系统及系统，并利用它实现信息的感知、分析和处理。由于微电子主要以半导体材料为研究对象和实现载体，因此，对应的产业也常常被称为半导体产业。作为 20 世纪的重要产物，微电子技术是整个信息产业的核心基石和关键所在，半导体产业也被称为国家工业的明珠，直接体现着一个国家的综合国力。基于微电子技术设计、制造的各类芯片，已经被广泛地应用于国民经济、国防建设、工业生产乃至家庭生活的各个方面，其发展深刻改变着人类社会的生产和生活方式，甚至影响着世界经济和政治格局，这在科学技术史上是空前的。

1.1 微电子学和集成电路

如上所述，微电子学主要以半导体材料的研究为基础，以实现电路和系统的集成为目的，构建各类复杂的微小化的芯片，其涵盖范围非常广泛，包括各类集成电路（Integrated Circuit，IC）、微型传感器、光电器件及特殊的分离器件等。其中，集成电路主要用于信息的分析、处理和存储，在各类芯片中占据着极为重要的位置。根据统计数据，截至 2016 年，集成电路在整个半导体产业中的占比为 81%。

集成电路是指通过一系列特定的加工工艺，将晶体管、二极管等有源器件和电阻、电容等无源器件，按照一定的电路互连，"集成"在一块半导体单晶片（如硅或砷化镓）上，进而封装在一个管壳内，执行特定电路或系统功能的微型化电路。集成电路的发明开创了集有源器件与其他元器件于一体的新阶段，使传统电子器件的概念发生了质的变化。这种新型的封装好的器件不仅具有体积小、功耗低的特点，而且具有独立的电路功能，甚至在某种程度上可以具备独立系统的功能。集成电路的发明，使得电子学进入了微电子学时期，这是电子学发展史上的一次重大飞跃。

根据集成电路处理信号种类的不同，集成电路可以大致分为数字集成电路和模拟集成电路。在数字集成电路中，根据作用的不同，又可简单分为用于信息处理的数字逻辑电路和用于信息存储的数字存储电路。

也许有部分读者还没有见过芯片，那么可以打开我们的手机，如图 1-1 所示，主板上就有各种各样的芯片，包括 CPU、存储器及各种接口电路等，这些都是已经封装好了的芯片。

如果打开芯片的封装管壳（常见为黑色胶体），可以看到位于封装管壳内的一块小小的硅片，通常称之为裸芯片（die），如图 1-2 所示。

要想进一步看清芯片内部的图形结构，需要借助高倍显微镜。如图 1-3 所示为芯片内部互连结构的放大图。

图 1-1　手机主板及芯片

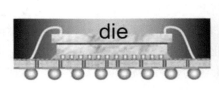
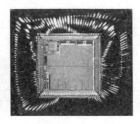

图 1-2　封装的内部结构（截面图和俯视图）

图 1-3　芯片内部互连结构的放大图

今天制造出来的集成电路，其内部的晶体管特征尺寸已经小于 7nm，单颗芯片内部集成的晶体管数量非常庞大，可达数百亿个。

1.2　集成电路的发展简史

1.2.1　第一个晶体管的发明

半导体的发展最早可以追溯到 19 世纪 30 年代。1833 年，英国物理学家法拉第（Michael Faraday）发现氧化银的电阻率随温度的升高而增大，这应该是人们最早发现的半导体性质。之后一些物理学家又先后发现了与晶体管有关的半导体的三种物理效应，即 1873 年英国物理学家施密斯（W.Smith）发现的晶体硒在光照射下电阻变小的半导体光电导效应、1877 年英国物理学家亚当斯（W.G. Adams）发现的晶体硒和金属接触在光照射下产生电动势的半导体光生伏特效应、1906 年美国物理学家皮尔逊（George Washing Pierce）等人发现的金属与硅晶体接触产生整流作用的半导体整流效应。

1931 年，英国物理学家威尔逊（H.A.Wilson）对固体提出了一个量子力学模型，即能带理论。该理论将半导体的许多性质联系在一起，较好地解释了半导体的电阻负温度系数和光电导现象。1939 年，苏联物理学家达维多夫、英国物理学家莫特、德国物理学家肖特基各自提出并建立了解释金属-半导体接触整流作用的理论，同时达维多夫还认识到半导体中少数载流子的重要性。此时，普渡大学和康奈尔大学的科学家也发明了纯净晶体的生长技术和掺杂技术，为进一步开展半导体研究提供了良好的材料保证。

在需求方面，20 世纪初电子管技术的成熟和迅速发展，使得晶体探测器研究发展失去了优势。随着第二次世界大战的爆发，雷达在高频探测领域的应用成为一个重要问题，而电子管不仅无法满足这一要求，而且在移动式军用器械和设备上的使用也极其不方便和不可靠。因此晶体探测器的研究重新得到关注，又加上前面提到的半导体理论和技术方面的一系列重大突破，为晶体管发明提供了理论及实践上的准备。

正是在这种情况下，1946 年 1 月，基于多年利用量子力学对固体性质和晶体探测器的研究及对纯净晶体生长与掺杂技术的掌握，贝尔实验室正式成立了固体物理研究小组和冶金研究小组，其中固体物理小组由肖克利（William Schockley）领导，成员包括理论物理学家巴丁（John Bardeen）和实验物理学家布拉坦（Walter Brattain）等人。该研究小组的主要工作是组织固体物理研究项目，"寻找物理和化学方法控制构成固体的原子和电子的排列与行为，以产生新的有用的性质"。在系统的研究过程中，肖克利发展了威尔逊的工作，预言通过场效应可以实现放大器。巴丁成功地提出了表面态理论，开辟了新的研究思路，兼之他对电子运动规律的不断探索，经过无数次实验，第一个点接触型晶体管终于在 1947 年 12 月诞生。这个晶体管是基于半导体材料锗制备而成的，如图 1-4 所示。肖克利、巴丁和布拉坦三人也因此荣获 1956 年的诺贝尔物理学奖。

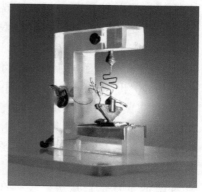

图 1-4　世界上第一个晶体管

综上所述，晶体管是在科学理论推动和实际需求牵引的共同作用下而发明的。基础研究成果一旦与某种社会需求相结合，就会产生巨大能量，实现"基础创新"，进而为技术发展提供理论基础和实践方向，成为整个创新流的源泉。

1.2.2　第一块集成电路

晶体管发明以后不到五年，即 1952 年 5 月，英国国防部皇家雷达研究所（Royal Radar Establishment of the British Ministry of Defence）的达默（G.W.A.Dummer）在美国华盛顿举办的电子元器件发展研讨会（Symposium on Progress in Quality Electronic Components）上第一次提出了集成电路的设想，认为随着晶体管和半导体工业的发展，电子电路可以在一个固体块上实现，而不需要外部的连接线，这块固体电路将由绝缘层、导体和具有整流放大作用的半导体等材料组成。之后，经过几年的实践，随着工艺技术水平的提高，1958 年以德州仪器公司的科学家基尔比（Jack Kilby）为首的研究小组研制出了世界上第一块集成电路，如图 1-5 所示，并于 1959 年 2 月向美国专利及商标局（United States Patent and Trademark Office）申请了集成电路专利（专利号

图 1-5　世界上第一块集成电路

US3138743A）。该集成电路是在锗衬底上制作的相移振荡器和触发器。器件之间的隔离采用的是介质隔离，即将制作器件的区域用黑蜡保护起来，之后通过选择性腐蚀在每个器件周围腐蚀出沟槽，即形成多个互不连通的小岛，在每个小岛上制作一个晶体管；器件之间的互连线采用引线焊接方法。同年 7 月 30 日，诺伊斯等人也提出申请集成电路专利，并与基尔比展开了专利争夺战。1966 年，基尔比和诺伊斯同时被富兰克林学会授予巴兰丁奖章。基尔比虽然是最早研制出集成电路的人，但是诺伊斯提出的方法才是后来集成电路大规模生产所采用的方法。因基尔比对人类社会的巨大贡献，他获得了 2000 年的诺贝尔物理学奖。

1.2.3　集成电路蓬勃发展

晶体管可以被视为一个电控开关，它有一个控制端和两个端口。通过加载控制端上的电压或电流，使得两个端口实现连接或断开。在发明点接触型晶体管后不久，贝尔实验室又成功研制了双极型晶体管。双极型晶体管在当时而言是可靠性比较高的晶体管，而且具备噪声低、功率效率高等优点，因而早期的集成电路主要采用双极型晶体管进行制备。然而，双极型晶体管电路的静态功耗非常大，限制了单片集成电路芯片上的晶体管数目。

到 20 世纪 60 年代，金属-氧化物-半导体场效应管（MOSFET）已开始进入生产，由于它们在闲置状态下的控制电流几乎为零，因此在功耗方面具有极大的竞争优势。MOSFET 主要有两种类型：NMOS 和 PMOS。1963 年，仙童公司（Fairchild）的 Frank Wanlass 描述了首批 MOSFET 逻辑门。仙童公司的逻辑门同时采用 NMOS 和 PMOS 晶体管，由此得名"互补金属-氧化物-半导体"，即 CMOS。与双极型电路相比，CMOS 电路的功耗降低了几个数量级，使得在单个芯片内部集成更多数目的晶体管成为可能。此外，随着硅平面工艺的开发，由于 MOS 集成电路的每个晶体管占据的面积较小、制造工艺较为简单，因此制造成本较低，备受工业界青睐。

在商业化方面，第一块集成电路诞生之后，整个行业迅速繁衍。1961 年，仙童公司为 NASA 制造了世界上第一款平面集成电路。在之后的 20 世纪 60 年代，仙童公司的若干学者先后离开并在硅谷重新创业，奠定并创立了日后一系列世界知名公司，如 Intel、AMD 等。仙童公司成为硅谷人才的重要来源地，在 1969 年的半导体工程师大会上，400 位与会者中只有 24 位的履历上没有在仙童公司工作的经历。

20 世纪 70 年代，集成电路行业逐步进入成熟期，其中的标志性事件是 Intel 公司成功研制了世界上第一款处理器芯片 4004，从根本上革新了集成电路产业和计算机产业，进而宣示了信息时代的来临。进入 20 世纪 80 年代后，整个行业进入技术积淀期，在这个时期，台积电（TSMC）公司诞生，电子设计自动化（Electronic Design Automation，EDA）技术开始进入高速发展阶段，有力推动了集成电路的蓬勃发展。到 20 世纪 90 年代，整个行业进入爆发期，以 ARM 为代表的 IP 服务公司的创立，进一步大幅降低了集成电路设计的门槛，使得能够从事集成电路设计的公司数量大幅增加。同时，通信、网络及多媒体等技术的迅速发展也引爆了对集成电路的强烈需求，这就需要设计各类不同的集成电路来满足不同的应用场景。

进入 21 世纪，尤其是 2010 年以后，集成电路行业的并购整合迅速加剧，现在，云计算、物联网、人工智能及新一代移动通信等技术的大力发展，为集成电路产业注入了新的推动力。

1.2.4 集成电路的发展特点和规律

集成电路从诞生到现在已经有几十年的时间，它的发展带动了信息社会的发展，成为国民经济发展强大的倍增器。其发展规律和主要特点如下。

1. 晶体管尺寸不断缩小，芯片集成度不断提高

图 1-6　戈登·摩尔（Gordon Moore）

1965 年，Intel 的创始人之一戈登·摩尔（Gordon Moore）（图 1-6）在他的论文"Cramming More Components Onto Integrated Circuits"里预言：每 18 个月芯片集成度增大为原来的两倍。之后集成电路基本按照摩尔的预言快速发展，因此，这一预言也被称为摩尔定律，即每隔 3 年，特征尺寸缩小 30%，集成度（每个芯片上集成的晶体管和元件的数目）提高为原来的 4 倍。其中专用集成电路（Application Specific Integrated Circuit，ASIC）和存储器每 1～2 年，其集成度和性能均翻番。

图 1-7 显示了自处理器芯片 4004 被发明以来，Intel 处理器中晶体管数目每 26 个月翻一倍，而推动摩尔定律发展的主要动因是晶体管尺寸的按比例缩小。CMOS 制造工艺的特征尺寸是指能可靠生产出的晶体管的最小尺寸。20 世纪 70 年代 Intel 公司的第一块处理器芯片 4004 内部仅有 2300 个晶体管，特征尺寸为 10μm，而目前的 Intel 第九代 Core 处理器内部的晶体管已经达到上百亿的规模，特征尺寸为 14nm，这足以说明微电子技术日新月异的变化和发展。

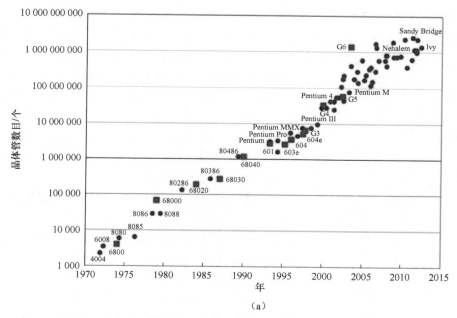

（a）

图 1-7　摩尔定律（晶体管数目不断增加，特征尺寸不断缩小）

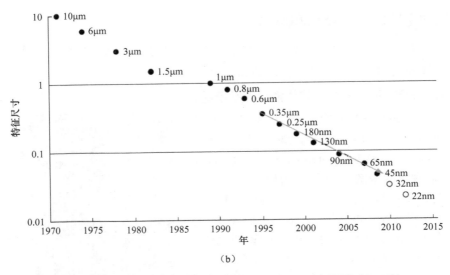

（b）

图 1-7　摩尔定律（晶体管数目不断增加，特征尺寸不断缩小）（续）

　　摩尔定律已经成为一个自我应验的预言，因为每个公司都不想落后于竞争对手，都努力在技术上进行创新突破。然而，这样的尺寸缩小不会永远继续下去，因为晶体管的尺寸不可能比原子还小。事实上，自 2010 年 22nm 逐步量产以后，Intel 已经放慢了特征尺寸缩小的步伐。2019 年，以台积电为首的代工厂已经将工艺节点推进至 5nm，在未来几年，摩尔定律的进一步发展必然会面临极大的阻力和质的转变，世界上众多工程师和材料领域的科学家也正在努力推动这个变革的产生。无疑，未来将属于创新。

2. 硅片尺寸不断增大

　　为了提高生产效率、降低成本，大尺寸硅片越来越多地被使用。随着尺寸的增大，在单片硅片上制造的芯片数目会越来越多；同时在圆形硅片上制造矩形的硅片会使硅片边缘处的一些区域无法被利用而带来部分浪费，随着晶圆尺寸的增大，损失比也会减小，这两点都会降低芯片的成本。例如，在图 1-8 中，在同样的工艺条件下，300mm 半导体硅片的可使用面积超过 200mm 硅片的两倍以上，可使用率（衡量单位晶圆可生产的芯片数量的指标）是 200mm 硅片的 2.5 倍左右。

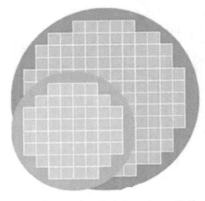

图 1-8　200mm 硅片和 300mm 硅片
有效使用面积示意图

　　如图 1-9 所示，硅片的尺寸随着时间的发展而逐步增大，从 2 英寸（50mm，1 英寸 ≈ 2.54cm）到 4 英寸（100mm）、5 英寸（125mm）、6 英寸（150mm）、8 英寸（200mm），到 2000 年的 12 英寸（300mm）。12 英寸硅片的下一站是 18 英寸（450mm）硅片，但由于设备研发难度较高，目前各芯片制造商对于 18 英寸硅片的推动力度并不大，主流工艺仍以 12 英寸和 8 英寸硅片为主。根据统计数据，2018 年全球 12 英寸和 8 英寸硅片合计约占整个硅片市场的 90%。

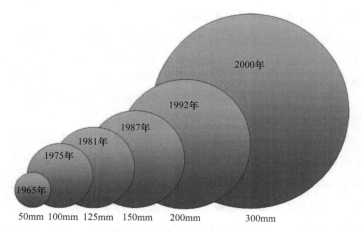

图 1-9 硅片尺寸发展历史

自 2016 年以来，受到汽车电子、指纹识别芯片、液晶市场爆发增长拉动，8 英寸硅片的出货面积同比不断上升。2018 年，工业电子、物联网领域的应用也开始拉动 8 英寸硅片的需求，加之国内功率器件、传感器的制造企业或者 IDM 企业的产能转移（从 150mm 转移至 200mm）。根据统计数据，截至 2018 年年底，全球 8 英寸硅片占整个硅片市场的份额已经提升至 26.3%。

12 英寸制造线自 2000 年全球首开以来，市场需求增加明显。2008 年出货量首次超过 8 英寸硅片，2009 年即超过其他尺寸硅片出货面积之和。2016—2018 年，随着人工智能、云计算、区块链等新兴技术的蓬勃发展，对数字逻辑芯片和存储芯片需求巨大，使得 12 英寸硅片年复合增长率为 8%。截至 2018 年年底，全球 12 英寸硅片占整个硅片市场的份额已经提升至 63.3%。未来，12 英寸硅片的市场占有率仍然会继续提高。

1.3 集成电路的分类

集成电路的应用范围广泛，门类繁多，其分类方法也多种多样，其中常见的分类方法包括按器件结构类型、集成电路规模、电路功能等进行分类。下面简要介绍按以上几种常见的分类方法进行分类的结果。

1.3.1 按器件结构类型分类

根据集成电路中有源器件的结构类型和工艺技术，可以将集成电路分为三类，它们分别为双极型集成电路、金属-氧化物-半导体（MOS）集成电路、双极-MOS 集成电路（即 BiMOS 集成电路）。

1. 双极型集成电路

这种结构的集成电路是半导体集成电路中最早出现的电路形式，1958 年制造出的世界上第一块集成电路就是双极型集成电路。在双极型集成电路中，有源器件为双极型晶体管，双极型晶体管是因它依赖于电子和空穴两种类型的载流子而得名的。

双极型集成电路的特点是速度高、驱动能力强，缺点是功耗较大、集成度相对较低。

2．金属-氧化物-半导体（MOS）集成电路

这种电路中所用的晶体管为 MOS 晶体管，故取名 MOS 集成电路。MOS 晶体管是由金属-氧化物-半导体结构组成的场效应晶体管，主要靠半导体表面电场感应产生的导电沟道工作。在 MOS 晶体管中，起主导作用的只有一种载流子（电子或空穴），因此为了与双极型晶体管对应，也称它为单极型晶体管。根据 MOS 晶体管类型的不同，MOS 集成电路又可以分为 NMOS、PMOS 和 CMOS（互补 MOS）集成电路。

与双极型集成电路相比，MOS 集成电路的主要优点是：输入阻抗高、抗干扰能力强、功耗低、集成度高。因此，进入超大规模集成电路时代以后，MOS 集成电路，特别是 CMOS 集成电路已经成为集成电路的主流。

3．双极-MOS（BiMOS）集成电路

同时包括双极型和 MOS 晶体管的集成电路称为 BiMOS 集成电路。根据前面的分析，双极型集成电路具有速度高、驱动能力强等优势，MOS 集成电路则具有功耗低、抗干扰能力强、集成度高等优势。BiMOS 集成电路则综合了双极型和 MOS 型器件的优点，但这种电路具有制作工艺复杂的缺点。随着 MOS 集成电路中器件特征尺寸的减小，MOS 集成电路的速度越来越高，已经接近双极型集成电路，因此，目前集成电路的主流技术仍然是 MOS 技术。

1.3.2 按集成电路规模分类

每块集成电路芯片中包含的元器件数目叫作集成度。根据集成电路规模的大小，通常将集成电路分为小规模集成电路（Small Scale IC，SSI）、中规模集成电路（Medium Scale IC，MSI）、大规模集成电路（Large Scale IC，LSI）、超大规模集成电路（Very Large Scale IC，VLSI）、特大规模集成电路（Ultra Large Scale IC，ULSI）和巨大规模集成电路（Gigantic Scale IC，GSI）等。

集成电路规模的划分主要根据集成电路中的元器件数目（即集成度）确定。同时，具体的划分标准还与电路的类型有关。目前，不同国家采用的标准并不一致，表 1-1 给出的是通常采用的标准。

表 1-1　划分集成电路规模的标准

类　别	数字集成电路/个		模拟集成电路/个
	MOS 集成电路	双极型集成电路	
SSI	$<10^2$	<100	<30
MSI	$10^2 \sim 10^3$	$100 \sim 500$	$30 \sim 100$
LSI	$10^3 \sim 10^5$	$500 \sim 2000$	$100 \sim 300$
VLSI	$10^5 \sim 10^7$	>2000	>300
ULSI	$10^7 \sim 10^9$		
GSI	$>10^9$		

1.3.3 按电路功能分类

根据集成电路的功能，可以将它分成数字集成电路、模拟集成电路和数模混合集成电路三类。

1. 数字集成电路（Digital IC）

数字集成电路是指处理数字信号的集成电路，即采用二进制方式进行数字计算和逻辑函数运算的一类集成电路。由于这些电路都具有某种特定的逻辑功能，因此也称它为逻辑电路。

数字集成电路按照产品形态可以进一步分为两大类：标准集成电路和专用集成电路（Application Specific Integrated Circuit，ASIC）。其中，标准集成电路又可分为通用标准产品和专用标准产品（Application Specific Standard Product，ASSP）。通用标准产品可以满足各类应用场景的需求，使用非常广泛，包括常见的 CPU、SRAM、DRAM 和 ROM 等。专用标准产品是指应用于特定领域的标准产品，如各类通信接口芯片、编解码芯片及信号处理芯片等，这类芯片通常作为一个系列进行生产和出售。专用集成电路是主要为某个特定目的和用途设计的专用芯片，内部包含特定的结构并需要进行特殊优化，包含各类专用通信基带芯片、多媒体芯片及各类专用控制芯片等。

数字集成电路按照开发方法又可分为全定制数字集成电路、半定制数字集成电路和可编程数字集成电路。半定制数字集成电路又可进一步分为基于门阵列集成电路和基于标准单元集成电路两大类，可编程数字集成电路又可分为基于 CPLD 集成电路、基于 FPGA 集成电路和基于可编程 SoC 集成电路三大类。

如果根据输入信号的时序关系，数字集成电路又可以分为组合逻辑电路和时序逻辑电路。前者的输出结果只与当前的输入信号有关，例如，反相器、与非门、或非门等属于组合逻辑电路；后者的输出结果则不仅与当前的输入信号有关，而且还与以前的逻辑状态有关，例如，触发器、寄存器、计数器等属于时序逻辑电路。

2. 模拟集成电路（Analog IC）

它是指处理模拟信号（连续变化的信号）的集成电路。模拟集成电路的用途很广，例如，在工业控制、测量、通信、家电等领域都有着很广泛的应用。

由于早期的模拟集成电路主要是指用于线性放大的放大器电路，因此这类电路长期以来被称为线性 IC，直到后来又出现了振荡器、定时器及数据转换器等许多非线性集成电路以后，才将这类电路叫作模拟集成电路。因此，模拟集成电路又可以分为线性集成电路和非线性集成电路两大类。线性集成电路又叫作放大集成电路，这是因为放大器的输出电压波形通常与输入信号的波形相似，只是被放大了许多倍，即两者之间是线性关系，如运算放大器、跟随器等。非线性集成电路则是指输出信号与输入信号之间是非线性关系的集成电路，如振荡器、定时器等电路。

3. 数模混合集成电路（Digital-Analog IC）

随着电子系统的发展，迫切需要既包含数字电路又包含模拟电路的新型电路，这种电路通常称为数模混合集成电路。最早发展起来的数模混合电路是数据转换器，它主要用来连接电子系统中的数字部件和模拟部件，用以实现数字信号和模拟信号的相互转换。因此，它可以分为数模（D/A）转换器和模数（A/D）转换器两种，目前各类转换器已经成为数字技术和微处理机在信息处理、过程控制等领域推广应用的关键组件。除此之外，数模混合电路还有电压-频率转换器和频率-电压转换器等。

前面简要介绍了几种常用的集成电路分类方法，除此以外，集成电路还有很多其他分类方法，例如，根据应用领域可以分为民用、工业用、军用、航空航天用等集成电路，还有根据速度、功率等进行的分类等，在此不一一介绍。同时，集成电路作为一种高速发展的技术，各种新型的集成电路层出不穷，这也是集成电路分类方法繁杂多样的一个原因。

1.4　集成电路设计制造流程和产业构成

集成电路虽然在结构、工艺和种类等方面存在诸多差异，但归纳起来其设计制造流程大概可分为 4 个阶段，即电路设计、加工制造、封装和测试。在过去，集成电路设计、制造、封装和测试基本都在同一公司完成，这类公司通常称为一体化制造商（Integrated Device Manufacturer，IDM），典型的如 Intel 和三星。然而，随着集成电路的发展，产业也进行了专门化分工，并以此形成了集成电路产业链。目前，与集成电路设计制造流程相对应，集成电路的产业链可大致分为设计、制造、封装和测试四个环节。

1.　集成电路设计

集成电路设计的目的是根据设计需求和相关的设计指标，构建可集成化的集成电路系统。目前的集成电路设计可简单分为前端设计和后端设计两大部分。其中，前端设计包括需求分析、逻辑设计与综合、输出门级网表等；后端设计包括布局布线、时钟树设计、时序分析等，对原有的逻辑、时钟、测试等进行优化，输出最终版图并交给生产厂商进行芯片制造。

目前，集成电路可以利用现有的成熟工具从零开始设计，也可以利用已有的电路系统库中成熟的知识产权（Intellectual Property，IP）核进行拼接或裁剪，形成新的系统。对于目前广泛使用的片上系统（System on Chip，SoC）芯片，其内部包含了大量的 IP 核，有效缩短了芯片的开发周期。同时随着芯片规模的增大和结构的日趋复杂，自动化设计工具也被大量采用，用以完成集成电路的系统设计、逻辑设计、电路设计、版图设计和测试码生成，提升了芯片的开发效率。

目前，专门从事集成电路设计的公司一般被称为 Fabless。随着集成电路规模日趋增大、内部结构更加复杂，为了提升电路设计效率、缩短上市周期，芯片设计行业也在不断演变，衍生出一大批 IP 核提供商、EDA 工具厂商及专业设计服务公司，它们共同服务于芯片设计企业。其中著名的 IP 核提供商包括 ARM、Imagination、Silicon Image 等，著名的 EDA 工具厂商包括 Synopsys、Cadence、Mentor Graphics 等，著名的专业设计服务公司包括 VeriSilicon、Brite、Alchip 等。

2.　集成电路制造

集成电路的加工制造是将设计好的版图，通过工艺加工最终形成集成电路芯片。工艺加工主要是在集成电路工艺线上完成的。目前，国际上有很多专门从事集成电路加工制造的厂商（又称代工厂，英文名称为 Foundry），如中国台湾的台积电（TSMC）、美国的格罗方德（Global Foundries）及我国的中芯国际（SMIC）等公司。迄今为止，集成电路的制造基本上仍然采用平面工艺，该工艺的核心要点是在半导体材料的表面依次沉积不同的薄膜材料，之后进行光刻和刻蚀，完成版图图形转移，进而实现集成电路的制造。

为了完成集成电路的加工制造，在产业链上诞生了一大批材料供应商和设备供应商，对代工厂进行强有力的支撑。其中著名的公司包括应用材料（Applied Materials）、阿斯麦（ASML）、泛林半导体（Lam Research）、东京电子（TEL）、日立（Hitachi）、杜邦（Dupon）、陶氏（Dow）等。

3．集成电路封装

集成电路的封装又称集成电路的后道工艺，主要是指圆片加工完之后的生产制造过程，包括晶圆减薄、划片、芯片粘接、键合、封装等具体工艺。对于塑封器件，还必须进行去毛刺、外引线镀锡和成形等后处理工序。通过这一系列的加工过程，将 IC 芯片封装成为实用的单片集成电路。封装的目的是使集成电路芯片免受机械损伤和外界气氛的影响而能够长期可靠地工作。根据封装材料的不同，封装可大致分为金属封装、陶瓷封装和塑料封装。其中，金属封装主要用于引脚数少、可靠性高的领域，陶瓷封装主要用于高可靠性领域，塑料封装由于可靠性相对较差、成本低的缘故，在民用消费电子领域应用得最为广泛。此外，封装的形式也多种多样，常见的有 TO 封装、SOT 封装、双列直插封装（DIP）、扁平封装（QFP/QFC）、针栅阵列（PGA）及球栅阵列（BGA）等。

早期由于集成电路的规模不大，集成电路的引脚数目不多，因此集成电路的后道工艺并没有引起人们的重视。但是随着芯片集成度的不断提高、功耗的不断增大及芯片引脚数目的不断增多，同时人们也要求芯片封装的尺寸和重量不断减小，芯片封装难度急剧增大，为封装技术的发展带来了新的挑战和机遇。

4．集成电路测试

集成电路测试是对制造后的芯片进行功能、性能及可靠性的测试分析和评估，保证芯片满足最初的设计要求。目前，集成电路的测试可大致分为中测和成测两个阶段，其中中测是指中间测试，在集成电路制造的晶圆上进行；成测是指成品测试，在集成电路封装好之后进行。随着集成电路规模的增大及功能的增强，如何在较短的时间内对每个集成电路进行功能和性能的完整测试是一项急剧挑战性的任务。因此，通常在设计阶段就要充分考虑如何对电路实现高效的测试，也就是进行可测性设计。可测性设计的目的是通过测试码的生成与优化，或利用电路自身特点与在芯片中嵌入简单电路相结合，实现对复杂电路系统的测试，力求使电路的测试时间缩短、测试故障覆盖率提高。

目前，在集成电路产业链上通常将封装和测试融为一体，统称为 Outsourced Semiconductor Assembly and Test（OSAT），目前国际知名的 OSAT 公司包括中国台湾的日月光集团（ASE）、美国的安靠（Amkor）及中国的长电科技（JCET）等。

1.5 微电子学的发展方向

微电子学是一门综合性很强的学科，其中包括半导体器件与物理、集成电路工艺和集成电路及系统的设计、测试等多个方面的内容，涉及固体物理学、量子力学、热力学与统计物理学、材料科学、电子线路、信号处理、计算机辅助设计、测试与加工、图论、化学等多个领域。

微电子学是一门发展极为迅速的学科，高集成度、低功耗、高性能、高可靠性是微电子学发展的方向。目前，信息技术发展的方向是智能化、网络化和个体化，要求信息系统获取和存储海量的多媒体信息，以极高的速度精确可靠地处理和传输这些信息，并及时地把有用信息显示出来或用于控制。所有这些都只能依赖于微电子技术的支撑才能够成为现实。超高容量、超小型、超高速、超高频、超低功耗是信息技术无止境追求的目标，也是微电子技术迅速发展的动力。此外，微电子学还具有渗透性极强等特点，它可以与其他学科结合，为其他学科赋能，进而诞生出一系列新的交叉学科。

目前，作为微电子学重要组成部分的集成电路，由于器件尺寸缩小的难度越来越大，因此使得整个微电子行业的发展面临着重大变革。2004 年集成电路的特征尺寸突破了 90nm，标志着微电子技术的发展进入纳电子时代。在集成电路 90nm 至 28nm 特征尺寸的发展阶段中，创新了应力硅工程，以解决 90nm 后提高 MOS 管中沟道电子迁移率的问题，

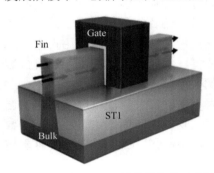

图 1-10　三维 FinFET 晶体管结构示意图

创新了金属-高 κ 栅介质，以解决 MOS 管的 1.2nm 厚 SiO_2 介质栅漏电流较大的问题。2011 年集成电路的特征尺寸突破了 22nm，为提高栅极对短沟道中载流子的控制能力，开始使用三维 FinFET 晶体管，结构如图 1-10 所示。目前，三维晶体管技术已经可以应用至 7nm 的工艺节点。然而，面对 7nm 节点及以下的工艺研发，由于成本过于高昂，因此全球众多代工厂已经纷纷退出，目前仅剩台积电和三星两家企业保持竞争。在小于 7nm 的工艺节点中，还需要哪些新技术来推动摩尔定律进一步向前发展呢？同时，随着特征尺寸的不断缩小，摩尔定律必然会走到尽头，那么之后的集成电路应该向什么方向演进发展呢？自 22nm 之后，先进工艺制程使得在集成度提高的同时，芯片的设计成本大幅增加。数据显示，22nm 制程之后每代技术的设计成本增加均超过 50%。设计一颗 28nm 芯片的成本约为 5000 万美元，而 7nm 芯片则需要 3 亿美元，3nm 芯片的设计成本可能达到 15 亿美元。过高的设计制造成本也极大地阻碍了先进制程的推广应用。上述这些问题都为微电子技术的发展带来了巨大挑战。

1.5.1　后 CMOS 纳米器件的发展

短期来看，集成电路突破 7nm 工艺制程后，还需要进一步往前走。为了进一步缩小晶体管的特征尺寸，提升单个晶体管性能，目前业界大概有三条技术路线。

技术路线之一是三维晶体管技术与更高迁移率半导体沟道材料相结合，形成 Ge CMOS FinFET、SiGe FinFET 和 InAs FinFET 等新器件。而三维晶体管或环栅晶体管发展到极限就成为后 CMOS 器件中的纳米线晶体管。目前，已经有环栅碳纳米线晶体管和环栅 InGaAs 纳米线 MOSFET 等新器件研发的报道。纳米栅技术和石墨烯二维晶体材料相结合，将使石墨烯晶体管的截止频率不断提高，采用纳米线加工技术可以制作出能在室温下工作的全 CMOS 集成的单电子晶体管电路。

技术路线之二是突破 CMOS 的亚阈值斜率为 60mA/decade 的限制。后 CMOS 器件中隧穿

FET 的研发也有了新的进展，已研制出调制型隧穿 FET 及 InAs-Si 异质结纳米线隧穿 FET。

技术路线之三是突破 CMOS 单体工作模式开关能耗为 "$3k_0 T\ln 2$"（k_0 为玻尔兹曼常数，T 为热力学温度）量级的限制。最新研究成果表明，将基于自旋电子学的非布尔计算（如神经形态的设计）用于图像处理、数据转换、认知计算、模式匹配和可编程逻辑中，比传统的 CMOS 设计所需要的计算能要低两个数量级。

未来 10 年，纳米电子学将要面对特征尺寸达到 3nm 及小于 3nm 的挑战。按照集成电路从第一篇论文出现到大生产的 12 年周期律，2012 年科学家们已预先描绘了终极 CMOS 的模型，该器件具有纳米线沟道、全环栅结构、高 κ 栅介质和导电的叠层栅电极，最小的沟道尺寸由量子限制效应和在原子尺度的散射来决定。面对终极 CMOS 器件，人们既要处理尺寸按比例缩小的已熟悉的技术挑战（沟道迁移率、短沟道控制、寄生电阻和电容），又要处理和原子尺度相关的新挑战（原子间距所限制的临界尺寸、支配物理结构的界面和支撑层及包含泄漏、限制和散射等量子效应）。要解决这些挑战，需要更好的原子尺度的材料（更高迁移率、更高电导率、更低介电常数和更低散射）和工艺技术（原子层工艺、结构材料工艺和自组装材料工艺）。在原子尺度的范围内，新的物理效应将会出现，将需要进行新的实验和理论研究去解决。

1.5.2 新一代半导体材料

第一代半导体材料主要是指硅（Si）和锗（Ge）。作为第一代半导体材料，它们在各类分立器件和应用极为普遍的集成电路、信息网络、计算机、手机、电视、航空航天、各类军事工程及迅速发展的新能源、硅光伏产业中都得到了极为广泛的应用，基于硅的半导体芯片在人类社会的每个角落都闪烁着它的光辉。

第二代半导体材料主要是指化合物半导体材料，如二元化合物半导体材料砷化镓（GaAs）、锑化铟（InSb）等；三元化合物半导体材料 GaAsAl、GaAsP 等；一些固溶体半导体，如 Ge-Si、GaAs-GaP；玻璃半导体（又称非晶态半导体），如非晶硅、玻璃态氧化物半导体；有机半导体，如酞菁、酞菁铜、聚丙烯腈等。第二代半导体材料主要用于制作高速、高频、大功率及发光电子器件，是制作高性能微波、毫米波器件及发光器件的优良材料。此外，随着信息高速公路和互联网的蓬勃发展，还被广泛应用于卫星通信、移动通信、光通信和 GPS 导航等领域。

第三代半导体材料主要是以碳化硅（SiC）、氮化镓（GaN）、氧化锌（ZnO）、金刚石、氮化铝（AlN）为代表的宽禁带（$E_g > 2.3\text{eV}$）半导体材料。和第一代、第二代半导体材料相比，第三代半导体材料具有更宽的禁带宽度、更高的击穿电压、更高的热导率、更高的电子饱和速率及更好的抗辐射能力，因而更适合于制作高温、高频、抗辐射及大功率器件。由于具备上述特性，因此这些材料通常被称为宽禁带半导体材料或高温半导体材料。在应用方面，根据第三代半导体的发展情况，目前主要应用于半导体照明、电力电子器件、微波器件、激光器和探测器等领域。

2018 年，美国、欧盟等继续加大对第三代半导体材料的研发支持力度，国际厂商积极、务实推进，商业化的碳化硅（SiC）、氮化镓（GaN）电力电子器件新品不断推出，其性能日益提升，应用逐渐广泛。国内受益于整个半导体行业宏观政策利好、资本市场追捧、地方积极推进、企业广泛进入等因素，第三代半导体产业也在稳步发展。

1.5.3 微型传感器

微机电系统（Micro-Electro-Mechanical System，MEMS）是微电子技术的拓宽和延伸，它将微电子技术和精密机械加工技术相互融合，实现了微电子与机械融为一体的系统，是微电子学与其他学科相互融合的典型案例。如图 1-11 所示，从广义上讲，MEMS 是指集微型传感器、微型执行器、信号处理和控制电路、接口电路、通信系统及电源于一体的系统，是一个典型的多学科交叉的前沿性研究领域。目前 MEMS 也在与光电子进行融合，形成微机光电系统（MEOMS，Micro-Electronic Optical Mechanical System），进一步拓宽了它的应用领域。

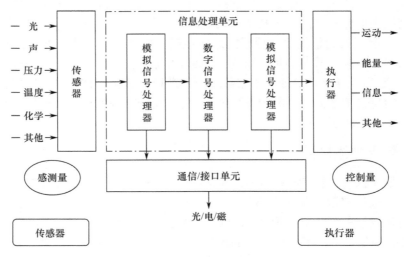

图 1-11　MEMS 结构图

MEMS 的发展开辟了一个全新的技术领域和产业，它不仅可以降低机电系统的成本，而且还可以完成许多大尺寸机电系统所不能完成的任务，在航空航天、汽车、生物医疗、高密度存储和显示、环境监测及军事等众多领域都有着十分广阔的应用。近年来，随着手持设备、可穿戴设备及物联网的大规模普及和广泛应用，MEMS 技术及其产品飞速发展，其中典型的产品包括微加速度计、微磁力计、微陀螺仪、微气压计和微红外探测仪等，MEMS 已经成为微电子领域举足轻重的一部分。

1.5.4 超越摩尔定律

由于摩尔定律的进一步发展越来越困难，近些年半导体行业提出了超越摩尔定律（More than Moore）的技术路线。与摩尔定律不同，超越摩尔定律技术的显著特点是多功能化的应用驱动、与产品和市场有着很高的关联度。

超越摩尔定律的特点之一是采用非 CMOS 的等比例缩小方法，将集成电感、电容等占据大量 PCB 空间的无源元件集成在封装体内，甚至是芯片上，从而使电子系统进一步小型化，以达到提高其性能的目的，这就需要对材料设计和工艺进行新的研究。超越摩尔定律的第二个特点是按需要向电子系统集成"多样化"的非数字功能，形成具有感知、通信、处理、执行等功能的微系统。这不仅需要不断发展模拟、射频、混合信号、无源、高电压等传统半导体工艺技术，还需要发展非传统的半导体工艺，以集成机械、热、声、化学传感器和执行器等功能。将来，纳米技术和生物技术也许会逐渐被加入超越摩尔定律中。

支撑超越摩尔定律的技术有很多，包括新型系统建模技术、设计技术、制造技术和测试技术，以及新材料、新器件和 3D 集成技术等。在超越摩尔定律中，目前最为主要的技术是系统级封装技术（System in Package，SiP）。从架构上来讲，SiP 是将多种功能芯片（包括处理器、存储器、传感器等多功能芯片）在封装层级进行高密度集成，从而实现一个基本完整的功能，与片上系统（SoC）相对应。不同的是，系统级封装是采用不同芯片进行并排或堆叠的封装方式，而 SoC 则是高度集成的芯片产品。与 SoC 相比，SiP 具有开发周期短、功能更多、功耗更低、性能更优良、成本价格更低、体积更小、质量更小等优点，已经在实际产品中得到的广泛应用。近年来，随着基于系统级封装的三维异质集成技术的迅猛发展，将超越摩尔定律的发展推上了一个新的台阶。三维异质集成技术已经逐步成为推动系统向高密度、轻型化发展的一种重要的技术手段。

同时，超越摩尔定律也面临很大的发展挑战，在超越摩尔定律的科学研究中，必须采用创新的、多学科交叉融合的方式进行研究，才能保持不断革新的步伐。

习　题　1

1. 简述微电子学的基本内涵。
2. 简述集成电路按功能可以分为哪几类。
3. 集成电路的设计制造流程通常分为哪四个阶段？
4. 简述微机电系统的结构特点，并对其功能应用进行举例。

参 考 文 献

[1] 张兴，黄如，刘晓彦. 微电子学概论[M]. 3 版. 北京：北京大学出版社，2010.

[2] Hong Xiao. Introduction to Semiconductor Manufacturing Technology[M]. 2nd ed. Washington: SPIE Press, 2012.

[3] KUHN K J. Considerations for ultimate CMOS scaling[J]. IEEE Transactions on Electron Devices, 2012,59(7): 1813-1828.

[4] NIKONOV D E, YOUNG I A. Uniform methodology for benchmarking beyond-CMOS logic devices[C]. Proceedings of 2012 IEEE International Electron Devices Meeting (IEDM). San Francisco, CA, USA, 2012: 25.4.1-25.4.4.

[5] Antonis P., Dimitrios S., Riko R., Three dimensional system integration[M]. Berlin: Springer-Verlag, 2011.

[6] Thomas M. Adams, Richard A. Layton. Introductory MEMS: Fabrication and Applications[M]. Berlin: Springer-Verlag, 2010.

[7] M. Quirk, J. Serda. Semiconductor Manufacturing Technology[M]. NewYork: Pearson, 2014.

第 2 章　半导体物理基础

半导体材料被广泛地用来制造各种电子元器件，一方面是因为它的导电性能介于导体和绝缘体之间，更重要的原因是由于它的许多特性与温度、光照、电场、磁场及掺杂等情况密切相关。例如，利用半导体的电阻率随温度或光照变化的特性，可以制造热敏电阻和光敏电阻；利用半导体特殊的表面性质，可以制造各种表面器件；若在半导体中掺入不同的杂质，就可以大幅度地改变它的导电能力和导电类型，这是利用半导体来制造各种晶体管和集成电路的基本依据。

2.1　固体晶格结构

本节主要介绍半导体材料的基本属性和电学特性。由于半导体材料大多是单晶体，而单晶材料的电学特性不仅与其化学组成相关，而且与晶体内的原子排列及原子间的价键结构密切相关，因此，有必要了解一下空间晶格结构和原子价键。

2.1.1　半导体材料

在固体材料中，根据其导电性能的差异，可分为金属、半导体和绝缘体。通常金属的电导率大于 10^3S/cm，绝缘体的电导率小于 10^{-8}S/cm，电导率在 $10^{-8} \sim 10^3$S/cm 之间的固体则称为半导体，如图 2-1 所示。然而在实际中，金属、半导体和绝缘体之间的界限并不是绝对的。通常，当半导体中的杂质含量很高时，电导率就会增大，呈现出一定的金属性。而纯净半导体在低温下的电阻率是很低的，呈现出绝缘性。

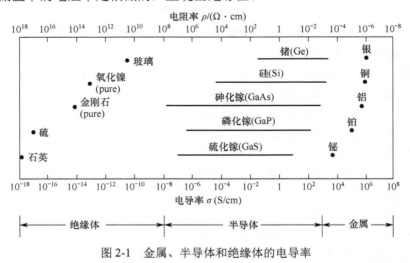

图 2-1　金属、半导体和绝缘体的电导率

一般半导体和金属的区别在于半导体中存在着禁带，而金属中不存在禁带。区分半导体和绝缘体则更加困难，通常根据它们的禁带宽度及其电导率的温度特性加以区分。

半导体的主要特点如下。

（1）在纯净半导体材料中，电导率随温度的上升而按指数增大，利用这一点可以制造热敏电阻；

（2）半导体中杂质的种类和数量决定着半导体的电导率，而且在掺杂情况下，温度对电导率的影响较弱；

（3）在半导体中可以实现非均匀掺杂；

（4）光的辐照、高能电子等的注入可以影响半导体的电导率。

半导体材料基本上可以分为两大类：元素半导体材料和化合物半导体材料。

由一种元素组成的半导体材料称为元素半导体材料，通常由元素周期表的Ⅳ族元素组成，如硅（Si）和锗（Ge）。硅是目前集成电路中最常用的半导体材料之一，而且将应用得越来越广泛。

由多种元素组成的半导体材料称为化合物半导体材料。目前常用的是双元素化合物半导体材料，如 GaAs 或 GaP，是由Ⅲ族和Ⅴ族元素化合而成的。GaAs 是其中应用最广泛的一种化合物半导体。它良好的光学性能使其在光学器件中广泛应用，同时也应用在需要高频、高速器件的特殊场合。我们也可以制造三元素化合物半导体，如 $Al_xGa_{1-x}As$，其中下标 x 是低原子序数元素的组分。甚至还可形成更复杂的半导体，这为选择材料属性提供了灵活性。

2.1.2　固体类型

半导体和其他固体一样，有晶体和非晶体之分。其中晶体具有一定的外形和固定的熔点，更重要的是，组成晶体的原子在较大范围内都是按一定的方式规则排列而成的。由此我们可以说，所谓晶体，就是指其组成的原子（或分子、离子等）是按一定的规律周期性地排列着的。而非晶体是指其中的原子（或分子、离子）的排列是无定型的。我们这里所讨论的半导体均指晶体。

晶体又有单晶体和多晶体之分。其中单晶体是指整块晶体中的原子（或分子、离子）均按同一规律周期性地排列着；而多晶体则是由许多小的单晶体杂乱组成的，而不同的小区域，原子排列的方向是不同的。

图 2-2 较为形象地说明了非晶体、单晶体和多晶体的区别。通过前面对它们的定义，可以很容易地判断，图（a）为非晶体，图（b）为多晶体，图（c）为单晶体。

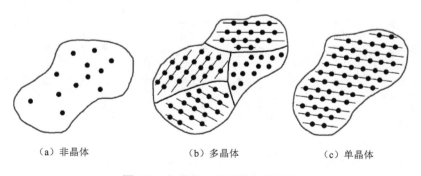

　　（a）非晶体　　　　　　　　（b）多晶体　　　　　　　（c）单晶体

图 2-2　非晶体、多晶体和单晶体

2.1.3 空间晶格结构

对于单晶体材料，内部原子或原子团在排列上具有几何周期重复性，晶体中这种周期性排列称为晶格；其中形成周期性排列的基本单元称为晶胞，通过晶胞的平移即可复制成整个晶体。晶胞的结构并非只有一种，通常把最小的晶胞结构称为原胞。

把晶体中每个原子都抽象为一个点，对于该点阵中最小的重复单元，称之为晶格。对于不同材料的固体结构，晶格有多种类型，按目前常用的划分方法，共有 14 种晶格类型，其中最简单的三种为简单立方、体心立方、面心立方，如图 2-3 所示。

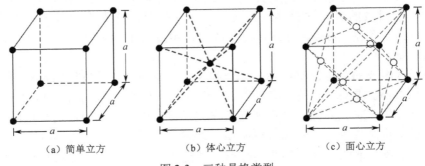

（a）简单立方　　　　　　（b）体心立方　　　　　　（c）面心立方

图 2-3　三种晶格类型

实际的晶体结构必然会终止在某一平面上，而半导体器件也通常制作在半导体材料的表面，因此表面特性会对器件（如 MOS 管）的工作特性产生重要影响。通常用晶面或晶向这两个概念来描述晶体的表面。

首先来介绍晶面。以简单立方为例，如图 2-4 所示，以其后下方的点作为原点，并引出 $\bar{a}$、$\bar{b}$、$\bar{c}$ 三个轴，对于某一晶面，可以用其相对于这三个轴的平面截距来描述。如图（a）所示的面与 $\bar{b}$、$\bar{c}$ 平行，因此截距为 $p=1$，$q=\infty$，$s=\infty$，三个截距项相应的倒数（h、k、l）为（1,0,0），因此图（a）中的阴影平面称为（100）晶面。图（b）和（c）中的阴影平面分别对应（110）晶面和（111）晶面。通常把（h、k、l）称为密勒指数。

除描述晶格平面外，还可以描述特定的晶向。仍以简单立方为例，其体对角线的矢量分量为 1,1,1。因此，简单立方对角线的晶向可以描述为[111]晶向，如图 2-4（c）所示。在这里，通常用方括号来表示晶向，以便与描述晶面的圆括号相区别。

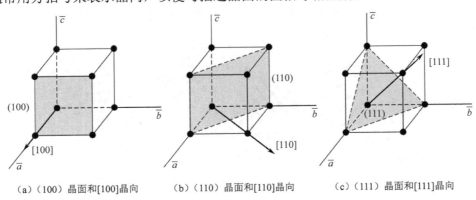

（a）（100）晶面和[100]晶向　　（b）（110）晶面和[110]晶向　　（c）（111）晶面和[111]晶向

图 2-4　三种晶面和晶向

　　下面对半导体中常用材料的晶格结构进行简单介绍。硅是最常见的元素半导体材料之一，对于单晶硅而言，其具有金刚石晶格结构，如图 2-5 所示。可以通过四面体来对该结构进行认识。1 个硅原子通过共价键与周围 4 个其他的硅原子进行互连，可以看作形成了一个四面体结构。对于单个四面体，一个硅原子位于四面体的中间，与 4 个顶角的硅原子以共价键进行互连。对于金刚石晶格结构，其上半部分和下半部分分别由两个四面体对角排列形成。

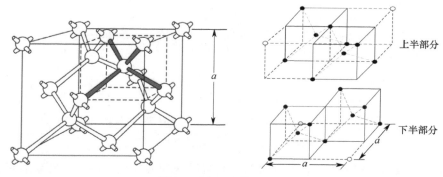

图 2-5　金刚石晶格结构

　　对于化合物半导体，目前常见的是 GaAs（III-V族化合物），其晶格为闪锌矿结构，如图 2-6 所示。其结构与金刚石结构类似，不同之处仅在于它的晶格中有两类不同的原子，每个 Ga 原子与 4 个 As 原子直接相连，每个 As 原子与 4 个 Ga 原子直接相连。

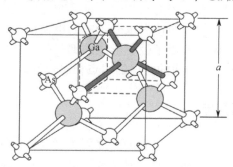

图 2-6　砷化镓的闪锌矿结构

2.1.4　原子价键

　　前面介绍了许多不同的单晶结构，人们也许会产生疑问，为什么特定的原子集合倾向于形成特定的晶格结构呢？这是由于不同类型的原子在形成固体时相互作用，产生特定价键结构的缘故。

　　元素周期表中靠近两端的原子（除惰性元素外）倾向于失去或得到电子，从而形成离子。例如，I 族元素倾向于失去一个电子形成正离子，而Ⅶ族元素倾向于得到一个电子形成负离子，这两种正离子和负离子很容易通过库仑力相互吸引并结合，形成离子键。其中最典型的例子是 NaCl。

　　原子间的另一种相互作用是通过共用电子对形成共价键，从而结合在一起的，目的是使得最外层电子被填满，Si 和 Ge 就倾向于形成共价键。对于硅而言，如图 2-7 所示，有 14 个电子围绕原子核运动，其中 4 个位于最外层，称为价电子，为了将最外层填满，需要另外 4 个电子，因此每个硅原子会与其他 4 个硅原子形成共用电子对，从效果上看，使得每个原子最外层都有 8 个电子。

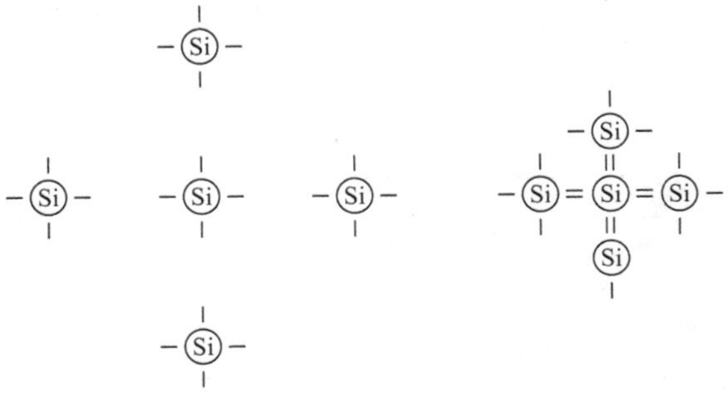

（a）硅的价电子　　　　　（b）硅的共价键结构

图 2-7　硅的价电子和硅的共价键结构

第三类原子键是金属键。金属中的原子通常以这种方式进行结合，在这种结构中，可以定性地认为每个原子将自己的最外层电子贡献出来，大量的电子在带正电的离子周围运动，也就是金属离子被负电子的海洋包围，固体内部各原子通过库仑力彼此紧密地结合在一起。

第四类原子键称为范德华键，它是最弱的化学键。例如，H_2O 分子是氧离子和氢离子通过离子键构成的。然而，在水分子的结构中，正电荷的有效中心并不与负电荷的有效中心完全重合，这种电荷的不均匀分布使得水分子成为电偶极子，能够与其他水分子相互吸引，发生作用，这种分子间通过偶极子吸引形成的键就是范德华键。由于范德华键的作用较弱，因此一般的基于范德华力形成的固体的熔点相对较低。

2.2　固体量子理论初步

能带理论是一个近似理论，它的建立为研究固体（晶体）中的电子运动状态奠定了基础。能带理论是利用晶体结构周期性的边界条件及微观理论求解电子波函数的薛定锷方程而得到的结果，详细的推导过程已经超出本书的介绍范围，本书仅从量子态和能级的概念入手，定性地对能带理论进行介绍。

2.2.1　量子态

首先介绍原子结构中电子的状态。单个原子中的电子是一种多壳层结构，每一壳层中的电子总数是由量子态的数目决定的，有 4 个量子数决定量子态的数目，具体如下。

（1）主量子数 n（$n=1,2,3,4,\cdots$）：描述电子离原子核的远近，以确定轨道能量的高低，是决定电子能量的主要因素。

（2）角量子数 l〔$l=0,1,2,3,\cdots,(n-1)$〕：决定电子轨道角动量的大小，对应于 s、p、d、f、g、h 等轨道（支壳层）及轨道的形状，共有 n 个可能的状态（n 为主量子数）。

（3）磁量子数 m_1（$m_1=0,\pm1,\pm2,\cdots,\pm l$）：决定电子轨道磁矩在空间中的方位，对于角

量子数 l，共有 $2l+1$ 个不同的状态。

（4）自旋量子数 m_s（$m_s = \pm 1/2$）：决定电子自旋的方向，因为自旋只可能有顺时针和逆时针两种状态，所以 m_s 有两种取值。在计入自旋后，每种可能的状态数乘以 2，当角量子数为 l 时，有 $2(2l+1)$ 个可能的状态数。

由此可知，当主量子数为 n 时，其可以包含的量子态总数 Z_n 为

$$Z_n = \sum_{l=0}^{n-1} 2(2l+1) = \frac{2+2[2(n-1)+1]}{2} \times n = 2n^2$$

例如，当 $n=1$（也称为 K 壳层）时，$l=n-1=0$（即 $1s$ 轨道），$m_l = \pm l = 0$，$m_s = \pm 1/2$。所以 K 壳层只包含 $1s$ 轨道，量子态数为 2。以此类推，可以列出壳层与量子态的对应情况，如表 2-1 所示。

表 2-1　壳层与量子态的对应表

壳　层	主量子数 n	支壳层	角量子数 l	磁量子数 m_l	自旋量子数 m_s	量子态数
K	1	$1s$	0	0	$\pm 1/2$	2
L	2	$2s$	0	0	$\pm 1/2$	2
		$2p$	1	$-1,0,+1$	$\pm 1/2$	6
M	3	$3s$	0	0	$\pm 1/2$	2
		$3p$	1	$-1,0,+1$	$\pm 1/2$	6
		$3d$	2	$-2,-1,0,+1,+2$	$\pm 1/2$	10

电子在原子核周围的排列要遵从两个基本原理，分别是泡利不相容原理和能量最小原理。

所谓泡利不相容原理（Pauli Exclusion Principle），是指原子中不能有两个或两个以上的电子具有完全相同的 4 个量子数（n,l,m_l,m_s）。也就是说，原子中的每个量子态只能容纳一个电子，如果某个量子态已被一个电子占据，那么其他电子就不能再占据这个量子态了。或者说，在每一组由（n,l,m_l）所确定的一个能级上，只能容纳自旋相反的两个电子。

所谓最小能量原理（Principle of Minimum Energy），是指原子中的电子总是先占据能量最低的量子态。由于 n 越大，能量越高，因此电子总是先占据 $n=1$ 的壳层，然后依次占据能量较高壳层中的量子态。

2.2.2　能级

前面的讨论中实际上暗含着一个重要的基本概念，即微观粒子在微观领域内的运动是不服从牛顿力学规律的。其中，微观领域是指空间线度在 10^{-8}cm 以内的领域。所谓不服从牛顿力学规律的，即指牛顿定律 $f=ma$ 不再适用，能量不连续。例如，上述的电子在原子核周围的运动及后面将要讲的电子在晶体中的运动，都不服从牛顿力学规律，而服从量子力学规律。但是要指出，不能笼统地说电子的运动不服从牛顿定律，只能说电子在微观领域内的运动不服从牛顿定律，而在宏观领域内仍是服从牛顿定律的，例如，在宏观尺度的电子管内或电子枪中，电子的运动是服从牛顿定律的。

那么服从量子力学规律的电子的微观运动，其基本特点是什么呢？它主要包含以下两

种运动形式。

（1）电子做稳恒运动，具有完全确定的能量。这种稳恒运动状态称为量子态，而且同一个量子态上只能有一个电子。这一点从前面所讲的泡利不相容原理中可以知道。

（2）在一定条件下，电子可以发生从一个量子态转移到另一个量子态的突变。这种突变称为量子跃迁。

电子在不同的量子状态上具有不同的能量，即电子允许拥有的能量是量子化的，我们把电子确定的能量状态称为能级。因此，量子态的一个根本特点就是只能取某些特定的分离值，而不能随意取值。

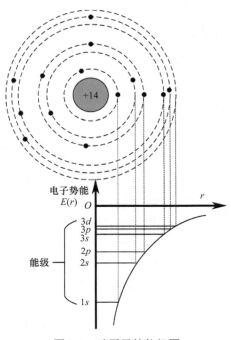

图 2-8　硅原子的能级图

以硅原子为例，如图 2-8 所示，其最里层的轨道（1s）就是量子态所能取得的最低能级，再高的能级就是第二层的轨道（2s），再向外依次是 2p、3s、3p 能级，在各能级之间不存在其他量子态。由于硅只有 14 个电子，因此其 3d 能级为空。所以可以得到单个原子的能级具有两个主要特点：（1）能级是不连续的、离散的；（2）能级之间的间隔不同，即两个能级之间的能量差不同。

以上只是简单分析了单个原子的量子态结构，在实际的半导体中存在许多种类的量子态。硅、锗中构成共价键的电子属于一类量子态，它们摆脱共价键后在半导体中做自由运动的状态属于另一类量子态。另外，掺入半导体中的杂质原子可以把电子束缚在它四周运动，又是一类量子态。我们将在之后的章节中逐步介绍。

2.2.3　能带理论

上节描述了单个孤立原子中电子的运动状态。但在实际中，半导体内包含着大量的原子，而且原子之间的距离很近。在这种情况下，原子之间就会相互影响、相互作用，这种作用的结果会使单个量子化的能级分裂形成多个间距特别小的离散能级。这种一个量子态分裂成多个量子态是符合泡利不相容原理的。

下面举个例子来模拟这种相互作用造成的能级分裂。假设赛道上有两辆相距很远的赛车同向行驶，它们之间没有相互影响，因此要想都达到某种速度，就必须为每辆赛车都提供相同的动力。然而，当其中一辆车紧紧跟在另一辆车的后面时，就会产生一种空气拖拽的作用，两辆车之间会表现出一定程度的牵引力。因受到落后车的牵引，领先车必须加大动力才能保持原来的速度。而因受到领先车的牵引，落后车必须减小动力才能保持速度，这就使得两辆相互影响的赛车产生了动力（能量）分裂。

以最简单的氢原子为例做进一步分析。现在，如果以一定规律将原本相距很远的氢原子按一定规律紧密排列在一起，一旦这些原子聚集起来，那么最初的量子化能级就会分裂形成分离的能带。这种效果如图 2-9 所示，其中 r_0 代表规律排列的氢原子的原子间距。如果将氢原子彼此拉开距离（远大于 r_0），则各个原子之间的相互影响很弱，各个电子具有独立的能级。然而在 r_0 处时，各个原子相互影响，形成能带（能带中的能量仍是离散）。这实际也是由泡利不相容原理决定的，即原子聚集所形成的系统无论大小如何变化，都不会改变量子态总数，由于任意两个电子都不会具有相同的量子态，因此一个能级就必须分裂为一个能带，以保证每个电子占据独立不同的量子态。

对于有规律的、周期性排列的原子，每个原子都包含不止一个电子。假设对于一个单晶体，其最外层电子处于 $2p$ 能级上。如果最初原子的相互距离很远，相邻原子的电子不相互影响，而是各自占据分立能级。当把这些原子聚集在一起时，在 $2p$ 最外壳层上的电子就会首先开始相互作用，并使能级分裂成能带。如果原子继续靠近，在 $2s$ 壳层上的电子就会开始相互作用并分裂成能带。最终，如果原子间的距离足够小，在最里层 $1s$ 的电子也开始相互作用，从而导致分裂出能带。这些能级的分裂被定性地表示在图 2-10 中。

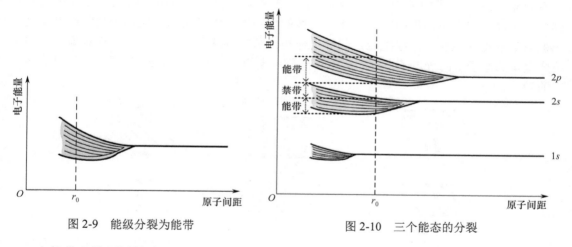

图 2-9　能级分裂为能带　　　　　　　　　图 2-10　三个能态的分裂

由能带理论可以算出：

（1）各个能带中所能包含的能级或量子态数。

例如，由 N 个原子组成的晶体，与 s 轨道对应的能带包含 N 个能级，每个能级都可容纳自旋相反的 2 个电子，故可容纳 $2N$ 个电子；而与 p 轨道对应的能带则可容纳 $6N$ 个电子（$3N$ 个能级）。

（2）能带中相邻能级的间距。

能带的宽度由电子轨道交叠的程度决定，即由原子间距来决定，交叠越多，相互作用越大，能级分裂越大，能带越宽。一个能带的宽度通常处于 $1\mathrm{eV}$ 的数量级。由此可见，能带中分裂能级的间距是很小的。

例如，对于 Si 而言，其原子密度为 $N=5\times10^{22}/\mathrm{cm}^3$，$1\mathrm{cm}^3$ 的 Si 晶体中 s 轨道对应的能带中有 5×10^{22} 个能级，则此能带中的能级间距约为 $1\mathrm{eV}/5\times10^{22}=2\times10^{-23}\mathrm{eV}$。

在本例中假设所有能级均是等间距的，这只是为了该例题的一种假设情况，在实际半导体中，能带中各能级间距是不相等的，但这个间距的数值通常都是非常小的。

在图 2-10 中，能带之间的间隙称为"禁带"，禁带宽度即为从一个能带到另一个能带的能量差。电子填充能带也遵守"泡利不相容原理"和"能量最低原理"，由低到高依次填充各能带的能级。对于一个能带而言，如果完全没有被电子填充，则称为空带；如果全部被电子填充占满，则称为满带；如果被电子部分占据，则称为半满带。

2.2.4　导体、半导体、绝缘体的能带

所有固体中均含有大量的电子，但其导电性却相差很大。量子力学与固体能带理论的发展，使人们认识到固体的导电性可以根据电子填充能带的情况来进行解释。依此可以把固体分为导体、半导体、绝缘体。下面将对它们的导电性进行分析。

固体能够导电，是固体中的电子在外电场作用下做定向运动的结果。电场力对电子的加速作用使电子的运动速度和能量都发生了变化。换言之，即电子与外电场间发生能量交换。从能带论来看，电子的能量变化就是电子从一个能级跃迁到另一个能级上去。对于满带，其中的能级已被电子占满，在外电场的作用下，满带中的电子并不形成电流，对导电没有贡献。通常原子中的内层电子都占据了满带中的能级，因而内层电子对导电没有贡献。对于部分被电子占据的能带，在外电场的作用下，电子可从外电场中吸收能量跃迁到未被电子占据的能级，形成电流，起导电作用，故常称这种能带为导带。在金属中，由于组成金属的原子中的价电子占据的能带是部分占满的，如图 2-11（c）所示，所以金属是良好的导体。

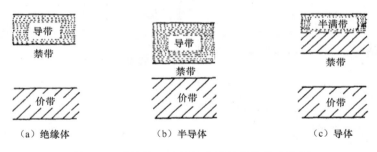

图 2-11　绝缘体、半导体和导体的能带示意图

绝缘体和半导体的能带类似，如图 2-11（a）、（b）所示，即下面是已被价电子占满的满带（其下面还有被内层电子占满的若干满带未画出），也称价带，中间为禁带，上面的导带中没有电子。然而不同的是，半导体的禁带宽度较小（对于硅，E_g=1.12eV；GaAs，E_g=1.42eV），当温度升高或有光照时，价带中有少量电子吸收能量可能跃迁到上面的导带中去，使导带底部附近有了少量电子，因而在外电场的作用下，这些电子将参与导电；同时，价带中由于少了一些电子，在价带顶部附近出现了一些空的量子状态，价带变成了部分占满的能带，在外电场的作用下，仍留在价带中的电子也能够起导电作用。对于绝缘体而言，其禁带宽度很大，激发电子需要很大能量，在通常的温度下，能激发到导带去的电子很少，所以导电性很差。

2.3　半导体的掺杂

我们在前面已经提过，半导体的导电性可以通过掺入微量的杂质（简称"掺杂"）来控制，而这也正是半导体能够制成各种器件，从而获得广泛应用的一个重要原因。因此，了

解半导体的掺杂就成为学习和应用半导体首先遇到的一个问题，本节将定性地对半导体的掺杂进行介绍。

2.3.1 半导体中的载流子

半导体中的载流子有电子和空穴两种。以硅为例，在硅单晶体中，如果共价键中的电子获得足够的能量，就可以摆脱共价键的束缚，成为可以自由运动的电子。同时在原来的共价键上留下一个缺位，由于相邻共价键上的电子随时可以跳过来填补这个缺位，从而使缺位转移到相邻共价键上，即可以认为缺位也是能够移动的，这种可以自由移动的缺位称为空穴。根据电中性的要求，可以认为这个空穴带有正电荷。

如果从能带的角度来讲，如图 2-12 所示，图中"·"表示价带内的电子，与共价键上的电子相对应，假设电子填满价带中的所有能级。E_V 称为价带顶，它是价带电子的最高能量。在一定温度下，共价键上的电子依靠热激发，有可能获得能量脱离共价键，即从价带跃迁到导带中，成为准自由电子，脱离共价键所需的最低能量就是禁带宽度 E_g。E_C 称为导带底，它是导带电子的最低能量。电子跃迁到导带中后，会在价带中留下一个空位，即空穴。半导体就是依靠电子和空穴的移动而导电的，而所谓载流子，就是半导体中自由移动的电子和空穴的统称，这一概念将在后面的介绍中经常提到。

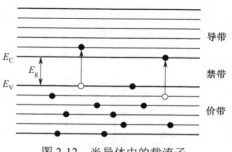

图 2-12 半导体中的载流子

在描述载流子的运动状态时，通常希望借助于经典运动力学的相关方程，例如，当施加外加电场 ε 时，电子和空穴会被加速。以电子为例，假设电子质量和电荷分别为 m 和 $-q$，如果按照经典运动力学方程，其运动状态（加速度 a）可描述如下

$$\alpha = -\frac{q\varepsilon}{m} \tag{2-1}$$

然而对于半导体中的载流子而言，其在运动过程中除了受到外加电场的作用，还会受到内部晶格周期性势场的影响。在周期性势场中运动的电子和自由运动的电子是有区别的，精确分析必须考虑电子的波动性，即求解薛定谔方程，然而这个过程较为复杂。为了近似简化，提出有效质量的概念来描述载流子的运动，即将周期性势场对载流子的影响包含到有效质量中。在这里记 m_n 为电子的有效质量，m_p 为空穴的有效质量。由式（2-1）可得

$$\alpha_n = -\frac{q\varepsilon}{m_n}$$
$$\alpha_p = \frac{q\varepsilon}{m_p} \tag{2-2}$$

如表 2-2 所示，不同材料载流子的有效质量是不同的，通常载流子的有效质量要比自由状态下的质量小，同时电子的有效质量要比空穴的有效质量小。结合式（2-2），在同样的外加电场条件下，电子的加速度要比空穴的加速度大，也就是说，电子要比空穴运动得更快。

表 2-2 不同材料电子和空穴的有效质量（与自由电子质量进行归一化）

	Si	Ge	GaAs
m_n/m_0	0.26	0.12	0.068
m_p/m_0	0.39	0.30	0.50

2.3.2 本征半导体

在介绍杂质半导体之前，首先需要了解一个概念，即本征半导体。简单来说，本征半导体是指纯净的没有掺杂的半导体。从微观角度来讲，半导体中的载流子为导带中的电子和价带中的空穴，如果这些电子和空穴都是来源于价带电子在非零温度下向导带的热激发，则称这种半导体为本征半导体，称相应的激发形式为本征激发。因为本征激发在导带和价带中同时产生等量的电子和空穴，所以导带电子数量和价带空穴数量相等是本征半导体或半导体本征状态的主要特点，通常用 n_i 来表示本征半导体中的载流子浓度。

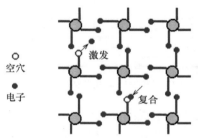

图 2-13 本征激发和复合的过程

进一步讲，本征半导体中的自由电子和空穴总是成对出现的，同时又不断复合，在一定温度下会达到动态平衡，载流子便维持一定数目。通过图 2-13 可以形象地看到本征激发与复合的过程。当温度升高时，电子运动加剧，更容易获得能量脱离原来的位置成为自由电子，因此，温度越高，载流子数目越多，导电性能也越好。所以，温度对半导体器件性能的影响很大。

但总体来说，在常温下，仅通过本征激发产生的载流子数目是非常少的，它们对硅的导电性的影响也十分微小。因此，常温下本征半导体的电导率非常小。

2.3.3 杂质半导体及其杂质能级

在对本征半导体掺入特定数量的杂质原子后，其导电特性会发生巨大变化，这也是半导体材料被广泛应用的根本原因。目前，在硅中常用的掺杂原子是Ⅲ族或Ⅴ族元素。把掺入杂质的本征半导体称为杂质半导体。

在对本征半导体掺入杂质，即杂质原子进入本征半导体内后，杂质原子的存在方式主要有以下两种：（1）杂质原子位于晶格原子间的间隙位置；（2）杂质原子取代晶格原子而位于晶格点处。第一种方式对应的杂质称为间隙式杂质，第二种方式对应的杂质称为替位式杂质。

如图 2-14 所示，以硅单晶体为例，图中 A 为间隙式杂质，B 为替位式杂质。间隙式杂质原子一般比较小，如锂原子（Li）。一般在形成替位式杂质时，要求替位式杂质原子的大小与被取代的晶格原子的大小相近，并且还要求它们的价电子壳层结构较为相似。如硅、锗是Ⅳ族元素，与Ⅲ、Ⅴ族元素的原子大小及价电子结构比较相近，所以Ⅲ、Ⅴ族元素在硅、锗晶体中都是以替位式杂质存在的。为便于量化分析，通常把单位体积中的杂质原子数称为掺杂浓度，用以表示半导体晶体中杂质含量的多少。

1．施主杂质、施主能级

如上所述，Ⅲ、Ⅴ族元素在硅、锗晶体中是以替位式杂质存在的。因此，首先以硅中掺入磷（P）为例，讨论Ⅴ族杂质的作用及其对能级的影响。如图 2-15 所示，由于磷原子外层有 5 个价电子，在其以替位方式占据硅原子的位置后，其中的 4 个价电子会与周围的 4 个硅原子相互结合，形成共价键。此时，磷原子还剩余一个价电子，这个剩余的价电子相比共价键中的电子而言，受到的束缚作用较弱，只需要吸收很小的一部分能量即可摆脱磷原子的束缚，即发生杂质电离。电离后，这个多余的价电子即变为导电电子，可以在晶格中自由运动，而磷原子则成为一个带单位电荷的正离子中心，记为 P^+。由于Ⅴ族原子在硅中发生杂质电离时，能够释放导电电子并形成正电荷中心，因此通常称它们为施主杂质（Doner）或 N 型杂质，Ⅴ族原子释放电子的过程也被称为施主电离。施主杂质未电离时是中性的，称为束缚态或中性态，电离后成为正电中心，称为离化态。

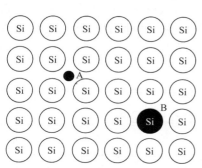

图 2-14　硅中的间隙式杂质和替位式杂质

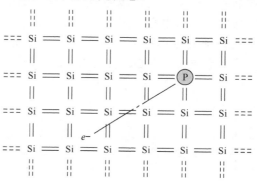

图 2-15　单晶硅中掺入磷杂质

在施主电离过程中，使多余的价电子挣脱束缚成为导电电子所需要的能量称为施主电离能，用 ΔE_D 表示。在硅、锗晶体中，常见杂质元素的施主电离能可以通过实验测得，结果如表 2-3 所示。从表中结果可以看出，不同杂质的施主电离能虽有差别，但与硅、锗等晶体材料的禁带宽度相比，其值都是很小的。

表 2-3　硅、锗晶体中Ⅴ族杂质的施主电离能（单位：eV）

晶　体	杂　质	
	P	As
Si	0.044	0.049
Ge	0.0126	0.0127

可以采用能带理论来分析施主杂质的电离过程，如图 2-16 所示。首先需要确认多余价电子被施主杂质束缚时所处的能级位置（一般记为施主能级 E_D），因为电子得到能量 ΔE_D 以后，可从束缚态跃迁到导带成为导电电子，所以电子被施主杂质束缚时的能量应该比导带底 E_C 小 ΔE_D，同时因为 $\Delta E_D \ll E_g$，所以施主能级 E_D 应该位于距离导带底非常近的禁带中。在一般应用中，掺杂原子浓度远小于硅的原子密度，因此杂质原子之间相距很远，彼此之间的相互作用可以忽略，所以在能带图中杂质的施主能级是一些具有相同能量的孤立能级，用不连续的短线来表示，每条短线对应一个施主杂质原子。如果施主杂质处于束缚态，即电子未发生电离，则在施主能级 E_D 上画一个小黑点。当施主杂质发生电离，即电子

跃迁到导带中时,在施主能级处画一个⊕号表示施主杂质发生电离以后带正电荷。掺入施主杂质并发生电离后,会使得导带电子增多,这种依靠导带电子导电的半导体通常被称为N型半导体。

2. 受主杂质、受主能级

以硅晶体中掺入硼(B)为例来分析Ⅲ族杂质的作用及其对能级的影响。如图 2-17 所示,由于硼原子的外层有 3 个价电子,当其以替位方式占据硅原子的位置时,其中的 3 个价电子会与周围的 3 个硅原子相互结合,形成共价键。此时,硼在与第 4 个硅原子形成共价键时缺少了一个电子,也就是说在第 4 个共价键中形成了一个空穴。要使共价键形成,必须从其他地方夺取一个电子,而在夺取电子后硼原子会形成带负电的硼离子(B⁻)。从另一个角度来讲,空穴吸收很小的一部分能量就能摆脱硼原子的束缚,摆脱束缚后的空穴可以在晶格中自由运动,成为导电空穴。由于Ⅴ族原子在硅中能够接收电子而产生导电空穴,并形成负电荷中心,因此通常称它们为受主杂质(Acceptor)或 P 型杂质。空穴挣脱受主杂质束缚的过程称为受主电离,受主杂质未电离时是电中性的,称为束缚态或中性态,电离后形成负电中心,称为受主离化态。

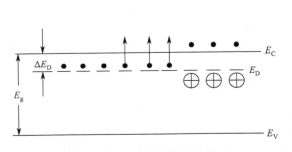

图 2-16　施主能级和施主电离

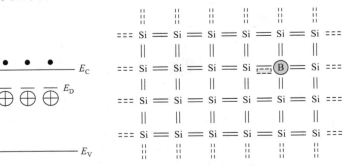

图 2-17　单晶硅中掺入硼杂质

在受主电离过程中,使空穴挣脱受主杂质束缚成为导电空穴所需要的能量称为受主电离能,用 ΔE_A 表示。在硅、锗晶体中,常见杂质元素的受主电离能可以通过实验测得,结果如表 2-4 所示。从表中结果可以看出,不同杂质的受主电离能虽有差别,但与硅、锗等晶体材料的禁带宽度相比,其值都是很小的。

表 2-4　硅、锗晶体中Ⅲ族杂质的受主电离能(单位:eV)

晶　　体	杂　　质		
	B	Al	Ga
Si	0.045	0.057	0.065
Ge	0.01	0.01	0.011

下面采用能带理论来分析受主杂质的电离过程,如图 2-18 所示。首先需要确认空穴被受主杂质束缚时所处的能级位置(一般记为受主能级 E_A),因为电子得到能量 ΔE_A 以后,可从束缚态跃迁到价带成为价带空穴,所以空穴被受主杂质束缚时的能量应该比价带顶 E_V 低 ΔE_A,同时因为 $\Delta E_A \ll E_g$,所以受主能级 E_A 位于距离价带顶非常近的禁带中。在一般应用中,掺杂原子浓度远小于硅的原子密度,因此杂质原子之间相距很远,彼此之间的相

互作用可以忽略，所以在能带图中杂质的受主能级是一些具有相同能量的孤立能级，用不连续的短线来表示，每条短线对应一个受主杂质原子。如果受主杂质处于束缚态，即空穴未发生电离，则在受主能级 E_A 上画一个小圆圈。当受主杂质发生电离，即电子跃迁到导带中时，在受主能级处画一个⊖号，表示受主杂质发生电离以后带负电荷。掺入受主杂质并发生电离后，会使得价带空穴增多，这种依靠价带空穴导电的半导体通常被称为 P 型半导体。

在这里需要明确的是，受主电离过程本质上是电子的运动，是价带中的电子得到能量 ΔE_A 后跃迁到受主能级上，再与束缚在受主能级上的空穴复合，并在价带中产生了一个可以自由运动的导电空穴，同时也就形成一个不可移动的受主离子。

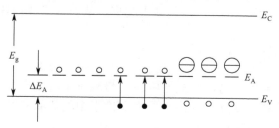

图 2-18　受主能级和受主电离

综上所述，Ⅲ、Ⅴ族杂质会在硅中分别引入受主能级和施主能级，并成为受主杂质和施主杂质，其中受主能级比价带顶高 ΔE_A，施主能级则比导带底低 ΔE_D。杂质在掺入硅中之后，能够以束缚态和离化态两种形态存在，通常硅中Ⅲ、Ⅴ族杂质的 ΔE_A 和 ΔE_D 都很小，常温下，这些杂质能够通过吸收晶格热振动的能量而全部电离。

2.3.4　杂质的补偿作用

当在半导体中的同一区域同时掺入施主杂质和受主杂质时，会发生杂质的补偿，也就是施主杂质和受主杂质之间会产生抵消作用，最终半导体呈现出的特性由施主杂质和受主杂质的浓度差决定。如图 2-19 所示，N_D 表示施主掺杂浓度，N_A 表示受主掺杂浓度，n 表示导带中的电子浓度，p 表示价带中的空穴浓度，假设施主杂质和受主杂质全部电离，下面详细分析杂质的补偿作用。

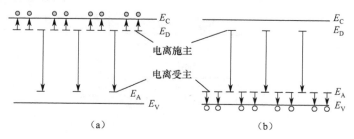

图 2-19　杂质的补偿作用

如图 2-19（a）所示，当 $N_D \gg N_A$ 时，由于受主能级的位置低于施主能级，根据最小能量原理，施主杂质的电子将优先向下跃迁并填满受主能级（共 N_A 个），此时还剩 $N_D - N_A$ 个电子在施主能级上，在杂质全部电离的条件下，它们会跃迁到导带中。这时，导带电子浓度 $n = N_D - N_A$，整个半导体呈现 N 型半导体的特性。通常把 $N_D - N_A$ 称为有效施主浓度。

如图 2-19（b）所示，当 $N_A \gg N_D$ 时，施主能级上的全部电子跃迁到受主能级后，受主能级上还有 N_A-N_D 个空穴，这些剩余空穴会全部跃迁到价带中成为导电空穴，所以，价带空穴浓度 $p=N_A-N_D$，整个半导体呈现 P 型半导体的特性。通常把 N_A-N_D 称为有效受主浓度。

当 $N_D \approx N_A$ 时，此时施主杂质的电子刚好全部跃迁到受主能级并与空穴发生复合，因此半导体中虽然含有很多杂质，但整体会呈现出近似本征半导体的特性，这种现象称为杂质的高度补偿。

杂质补偿在现代半导体器件中应用得非常广泛，通过控制半导体中某一区域的杂质类型和掺杂浓度，可以灵活改变这一区域的导电类型，从而形成各种各样的器件结构。

2.4　半导体中载流子的统计分布

由能带理论可知，半导体的性质及导电能力与载流子（电子和空穴）的浓度和分布状况密切有关，而载流子的浓度分布取决于导带和价带中能级状态被电子占据的情况。为计算载流子的浓度分布状态，需要知道：

（1）导带或导带底、价带或价带顶附近的量子态按能量的分布情况（状态密度）；

（2）电子在这些量子态中的占据概率（分布规律）。

为了更好地理解上述两个概念，参照图 2-20，若要计算图中电子的数目，首先计算在一定的能量 E_i 附近包含多少个量子态（即状态密度），之后计算 E_i 附近的量子态被电子占据的概率（即分布规律），最后将状态密度与分布规律相乘即可得到电子的数目。

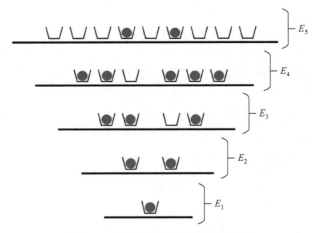

图 2-20　状态密度与分布规律实例图

2.4.1　状态密度

半导体的导带和价带是由一系列分离能级组成的，如图 2-21 所示，然而这些能级的间隔非常小，因此，可以近似地认为能带中的能级是连续的。

状态密度是指在能带中能量 E 附近每单位能量间隔内的量子态数。假定在能带中能量 $E \sim (E + dE)$ 无限小的能量间隔内有

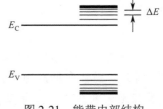

图 2-21　能带内部结构

$\mathrm{d}Z$ 个量子态，则状态密度 $g(E)$ 可以定义为

$$g(E) = \frac{\mathrm{d}Z}{\mathrm{d}E} \tag{2-3}$$

只要能求出 $g(E)$，就得到了量子态按能量的分布情况。采用固体物理相关理论，借助于波矢空间进行转换（在此不做详细论述，请参考半导体物理相关资料），可以求得导带底附近的状态密度 $g_C(E)$ 为

$$g_C(E) = \frac{4\pi(2m_n^*)^{3/2}}{\hbar^3}(E - E_C)^{1/2}, \; E \geqslant E_C \tag{2-4}$$

$g_C(E)$ 与 E 的关系曲线如图 2-22 所示。可以看到导带底附近单位能量间隔内的量子态数目，会随着电子的能量增加按抛物线关系增大，即电子能量越大，状态密度越大。

同样，对价带顶附近的情况进行类似的计算，也可以得到价带顶附近状态密度 $g_V(E)$ 为

$$g_V(E) = \frac{4\pi(2m_p^*)^{3/2}}{\hbar^3}(E_V - E)^{1/2}, \; E \leqslant E_V \tag{2-5}$$

在图 2-22 中也画出了 $g_V(E)$ 与 E 的关系曲线。这里需要注意的是 $g_C(E)$ 和 $g_V(E)$ 的单位是每立方厘米每个 eV 中的量子态数目。

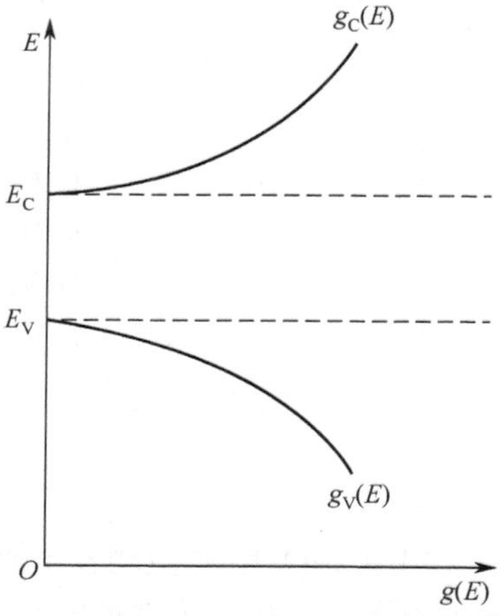

在式（2-4）和式（2-5）中，m_n^* 和 m_p^* 分别被称为电子和空穴的状态密度有效质量，与表 2-2 所示的有效质量的意义并不相同，表 2-2 的有效质量主要用于描述载流子的运动状态及导电性。对于硅而言，状态密度有效质量 $m_n^* = 1.08m_0$，$m_p^* = 0.56m_0$。

2.4.2　热平衡和费米分布函数

当没有外界条件（包括电场、磁场或光照等）作用于半导体上时，称半导体处于热平衡状态，这时材料的所有属性均与时间没有关系。当半导体处于热平衡状态（温度 >0K）时，内部载流子会与晶格振动等发生作用。从单个载流子的运动状态来看，它的能量时大时小、不断变化。然而，由于半导体内部载流子数目非常庞大，在固定的温度下，能量较高的能级被电子占据的概率会较小，能量较低的能级被电子占据的概率会较大，也就是说，电子占据特定能级的概率会呈现一定的分布规律。可以根据热力学与统计力学的相关理论对这个概率分布进行计算，服从泡利不相容原理的电子应服从费米统计分布律，对于能量为 E 的一个量子态，被电子占据的概率 $f(E)$ 可以表示为

$$f(E) = \frac{1}{1 + \exp\left(\dfrac{E - E_F}{k_0 T}\right)} \tag{2-6}$$

$f(E)$ 被称为费米分布函数或费米-狄拉克分布函数，其中，k_0 是玻尔兹曼常数，T 是热力学温度，E_F 被称为费米能级或费米能量。上述方程描述了热平衡状态下，电子占据能量

图 2-22　导带底和价带顶的状态密度

为 E 的量子态的概率大小。费米分布函数的示意图如图 2-23 所示。在能级较高的区域，电子占据的概率逐步趋于 0。一种特殊情况是，当 $E - E_F \gg k_0 T$ 时，由于 $\exp\left(\dfrac{E - E_F}{k_0 T}\right) \gg 1$，因此费米分布函数可以简化为玻尔兹曼近似，表示如下

$$f_B(E) = \exp\left(-\frac{E - E_F}{k_0 T}\right) = \exp\left(\frac{E_F}{k_0 T}\right)\exp\left(-\frac{E}{k_0 T}\right)$$

记 $A = \exp\left(\dfrac{E_F}{k_0 T}\right)$，则

$$f_B(E) = A\exp\left(-\frac{E}{k_0 T}\right) \tag{2-7}$$

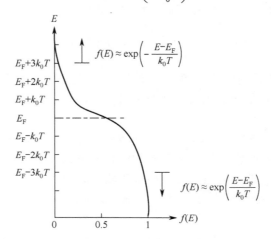

图 2-23　费米分布函数及玻尔兹曼近似

式（2-6）中的 $f(E)$ 表示能量为 E 的量子态被电子占据的概率，因而 $1-f(E)$ 就是能量为 E 的量子态不被电子占据的概率，也就是量子态被空穴占据的概率，其结果为

$$1 - f(E) = \frac{1}{1 + \exp\left(\dfrac{E_F - E}{k_0 T}\right)} \tag{2-8}$$

同样，对于上式空穴的分布，当 $E_F - E \gg k_0 T$ 时，分母中的 1 可以略去，若设 $B = \exp(-E_F/k_0 T)$，则

$$1 - f(E) = B\exp\left(\frac{E}{k_0 T}\right) \tag{2-9}$$

式（2-9）称为空穴的玻尔兹曼近似。它表明当 $E \ll E_F$ 时，空穴占据能量为 E 的量子态的概率很小，即这些量子态几乎都被电子占据了。

在通常的计算过程中，当 $E - E_F \geqslant 3k_0 T$ 时，即可采用玻尔兹曼近似进行简化计算。在半导体中，最常遇到的情况是费米能级 E_F 位于禁带内，而且与导带底或价带顶的距离远大于 $k_0 T$。所以，半导体导带中的电子分布、价带中的空穴分布，通常用玻尔兹曼近似来分析处理。

　　下面进一步对费米分布函数进行讨论。在费米分布函数中，E_F 是一个很重要的物理参数，只要知道了 E_F 的数值，在一定的温度下，电子在各量子态上的统计分布就完全确定了。需要特别注意的是，对于一个热平衡系统而言，其内部具有一个统一的费米能级。通常费米能级和温度、半导体材料的导电类型、杂质的含量及能量零点的选取有关。

　　下面主要讨论温度对费米分布函数 $f(E)$ 的影响。图 2-24 分别标出了 T 为 0K、300K、1000K 时 $f(E)$ 与 E 的关系曲线。

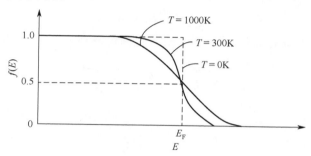

图 2-24　费米分布函数与温度的关系曲线

　　在热力学零度时，能量比 E_F 小的量子态被电子占据的概率是 100%，即这些量子态全部被电子占据。而能量比 E_F 大的量子态被电子占据的概率是零。因此，在热力学零度时，费米能级 E_F 可看成量子态是否被电子占据的一个界限。

　　当温度大于 0K 并逐渐升高时，电子逐渐由低能级的量子态跃迁到高能级的量子态，即由 $E<E_F$ 的量子态跃迁到 $E>E_F$ 的量子态。所以，对于一个热平衡的系统而言，当内部温度大于 0K 时，如果量子态的能量比费米能级低，则该量子态被电子占据的概率大于 50%，但是小于 100%。若量子态的能量比费米能级高，则该量子态被电子占据的概率大于 0，且小于 50%。而当量子态的能量等于费米能级时，该量子态被电子占据的概率始终是 50%，所以费米能级的位置是电子占据量子态情况的标志，通常用费米能级表示电子填充能级的水平。

　　比较图 2-24 中温度为 300K、1000K 时费米分布函数 $f(E)$ 与 E 的曲线，可以看出，随着温度的升高，电子更容易获得较大的能量，电子占据能量小于费米能级的量子态的概率下降，而占据能量大于费米能级的量子态的概率增大。

2.4.3　电子和空穴的平衡分布

　　在弄清楚状态密度和载流子分布规律之后，就可以计算热平衡状态下半导体中载流子的浓度。对于导带，可以近似认为其中的能级分布是连续的，则在能量 $E\sim(E+\mathrm{d}E)$ 之间有 $\mathrm{d}Z=g_C(E)\mathrm{d}E$ 个量子态。而电子占据能量为 E 的量子态的概率是 $f(E)$，故在 $E\sim(E+\mathrm{d}E)$ 间有 $f(E)g_C(E)\mathrm{d}E$ 个量子态被电子占据。根据泡利不相容原理，每个被占据的量子态上仅有一个电子，所以在 $E\sim(E+\mathrm{d}E)$ 间有 $f(E)g_C(E)\mathrm{d}E$ 个电子。为了求得导带中的电子总数，只需要把所有能量区间中的电子数相加，即从导带底到导带顶对 $f(E)g_C(E)\mathrm{d}E$ 进行积分，就得到了热平衡状态下导带中的电子浓度，其计算公式为

$$n_0 = \int g_C(E)f(E)\mathrm{d}E \qquad\qquad (2\text{-}10)$$

　　同样，可以采用相同的方法计算得到热平衡状态下价带中的空穴浓度。图 2-25 分别画

出了能带、函数 $f(E)$、$1-f(E)$、$g_C(E)$、$g_V(E)$ 及 $g_C(E)f(E)$ 和 $g_V(E)(1-f(E))$ 等曲线，其中图 2-25（b）为导带底的放大图，导带电子分布 $n(E)$ 等于 $f(E)$ 和 $g_C(E)$ 的乘积，图 2-25（c）为价带顶的放大图，价带空穴分布 $p(E)$ 等于 $1-f(E)$ 和 $g_V(E)$ 的乘积。曲线下包围的面积分别代表导带电子和价带空穴的浓度。

下面对式（2-10）进行计算。一般地，导带中电子的能量 E 要远大于费米能级 E_F，即 $E-E_F \gg k_0T$，所以式（2-10）中的费米分布函数可以用玻尔兹曼近似简化，即

$$n_0 = \int g_C(E)f_B(E)\mathrm{d}E$$

将玻尔兹曼函数及 $g_C(E)$ 表达式代入上式，化简可得到

$$n_0 = 2\left(\frac{m_n^* k_0 T}{2\pi^2 \hbar^2}\right)^{3/2} \exp\left(-\frac{E_C - E_F}{k_0 T}\right)$$

令

$$N_c = 2\left(\frac{m_n^* k_0 T}{2\pi^2 \hbar^2}\right)^{3/2}$$

得到

$$n_0 = N_c \exp\left(-\frac{E_C - E_F}{k_0 T}\right) \tag{2-11}$$

式中，N_c 称为导带的有效状态密度，它是温度的函数，可以被理解为导带中所有能级被等效压缩为一个能级 E_C，而这个 E_C 能级可以容纳 N_c 个电子，因此，式（2-11）可以简单理解为 N_c 与能级 E_C 被电子占据概率的乘积。

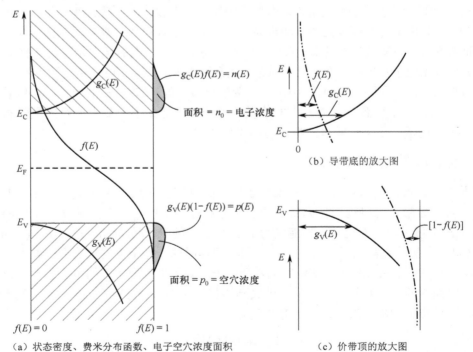

（a）状态密度、费米分布函数、电子空穴浓度面积　　　　（c）价带顶的放大图

图 2-25　状态密度、费米分布函数、电子空穴浓度面积，导带底的放大图，价带顶的放大图

同理，在热平衡状态下，可以计算得到价带中的空穴浓度 p_0 为

$$p_0 = 2\left(\frac{m_\mathrm{p}^* k_0 T}{2\pi\hbar^2}\right)^{3/2} \exp\left(\frac{E_\mathrm{V} - E_\mathrm{F}}{k_0 T}\right)$$

令

$$N_\mathrm{v} = 2\left(\frac{m_\mathrm{p}^* k_0 T}{2\pi\hbar^2}\right)^{3/2}$$

得到

$$p_0 = N_\mathrm{v} \exp\left(\frac{E_\mathrm{V} - E_\mathrm{F}}{k_0 T}\right) \tag{2-12}$$

式中，N_v 称为价带的有效状态密度。对于恒定温度下给定的半导体材料，其有效状态密度 N_c 和 N_v 的值为常数。常见半导体材料的 N_c 和 N_v 值列于表 2-5 中。对于 Si 来说，N_c 和 N_v 的值大概在 $10^{19}\mathrm{cm}^{-3}$ 左右，二者之间的差别主要由电子、空穴的状态密度有效质量的差别造成。

表 2-5　常见材料的 N_c 和 N_v 值（300K 时）

	Ge	Si	GaAs
$N_\mathrm{c}/\mathrm{cm}^{-3}$	1.04×10^{19}	2.8×10^{19}	4.7×10^{17}
$N_\mathrm{v}/\mathrm{cm}^{-3}$	6.0×10^{18}	1.04×10^{19}	7.0×10^{18}

对式（2-11）和式（2-12）进行分析可以看到，在一定温度下，只要确定了费米能级 E_F，半导体导带中的电子浓度、价带中的空穴浓度就可以计算出来。若将式（2-11）和式（2-12）相乘，可以得到热平衡状态下两种载流子浓度的乘积，如下

$$n_0 p_0 = N_\mathrm{c} N_\mathrm{v} \exp\left(-\frac{E_\mathrm{C} - E_\mathrm{V}}{k_0 T}\right) = N_\mathrm{c} N_\mathrm{v} \exp\left(-\frac{E_\mathrm{g}}{k_0 T}\right) \tag{2-13}$$

对式（2-13）进行分析，可以看到电子和空穴的浓度乘积与费米能级、所含杂质等均没有关系，只与温度和禁带宽度 E_g 有关。对给定的半导体材料，因为禁带宽度 E_g 是一定的，所以乘积 $n_0 p_0$ 只与温度 T 有关。这里需要注意的是，无论是本征半导体还是杂质半导体，只要处于热平衡状态下，式（2-13）给出的结论都适用，也就是说，对于热平衡状态下的半导体，其内部电子浓度增大，则空穴浓度必然就要减小，反之亦然。

2.4.4　本征半导体的载流子浓度

对于本征半导体，导带中的电子浓度 n_0 应等于价带中的空穴浓度 p_0，即 $n_0 = p_0$。为简化，通常用 n_i 来表征本征载流子浓度。根据式（2-13）有

$$n_\mathrm{i} = n_0 = p_0 = (N_\mathrm{c} N_\mathrm{v})^{1/2} \exp\left(-\frac{E_\mathrm{g}}{2k_0 T}\right) \tag{2-14}$$

从式（2-14）看出，对于不同的半导体材料，在同一温度条件下，禁带宽度 E_g 越大，本征载流子浓度 n_i 就越小。表 2-6 列出了 $T=300\mathrm{K}$ 时硅、锗和砷化镓的 n_i 公认值。对于给定的半导体材料，其本征载流子浓度 n_i 只与温度有关，当温度升高时，本征载流子浓度迅

速增大。利用式（2-14）可以得到硅、锗、砷化镓中 n_i 关于温度的函数曲线，如图 2-26 所示。对于这些半导体材料，随着温度在适度范围内变化，n_i 的值可以很容易地改变几个数量级。

表 2-6　T=300K 时的 n_i 公认值

Si	n_i=1.5×10^{10}cm^{-3}
Ge	n_i=2.4×10^{13}cm^{-3}
GaAs	n_i=1.8×10^{16}cm^{-3}

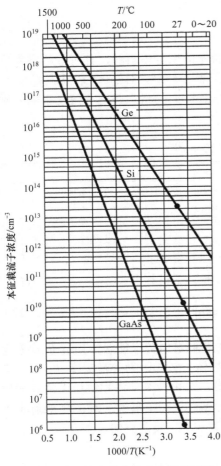

图 2-26　硅、锗和砷化镓的本征载流子浓度与温度的关系函数

对于式（2-14），通过简单变形可以得到

$$n_0 p_0 = n_i^2$$

上式说明，在一定温度下，无论半导体是 N 型还是 P 型，热平衡状态下载流子浓度的乘积 $n_0 p_0$ 等于该温度下的本征载流子浓度 n_i 的平方，与所含杂质无关。

下面对本征半导体的费米能级进行分析。由于电子浓度和空穴浓度相等，令式（2-11）和式（2-12）相等，则有

$$N_c\left(-\frac{E_C - E_F}{k_0 T}\right) = N_v \exp\left(-\frac{E_F - E_V}{k_0 T}\right)$$

取对数后，解得

$$E_i = E_F = \frac{E_C + E_V}{2} + \frac{k_0 T}{2}\ln\frac{N_v}{N_c} \tag{2-15}$$

将 N_c、N_v 的表达式代入上式得

$$E_i = E_F = \frac{E_C + E_V}{2} + \frac{3k_0 T}{4}\ln\frac{m_p^*}{m_n^*}$$

其中，第一项 $(E_C + E_V)/2$ 是禁带中央位置，第二项由电子和空穴的状态密度有效质量（即 m_p^*、m_n^*）决定。对于硅、锗两种半导体材料，其对应的 $\ln(m_p^* / m_n^*)$ 的绝对值均小于 2，故 E_F 约在禁带中央附近 $1.5k_0 T$ 的范围内。在室温（300K）下，$k_0 T \approx 0.026\text{eV}$，而硅、锗的禁带宽度约为 1eV，因而上式中的第二项小得多，所以可以近似认为本征硅的费米能级 E_i 位于禁带中央的位置，即

$$E_i \approx \frac{E_C + E_V}{2} \tag{2-16}$$

2.4.5　杂质半导体的载流子浓度

1. 电子占据杂质能级的概率

在杂质半导体中，施主杂质和受主杂质要么处于未电离的束缚态，要么电离成为离化

态。以施主杂质为例，电子占据施主能级时整体呈电中性，离化后杂质形成正电中心。因为费米分布函数的推导前提是泡利不相容原理，一个能级可以容纳自旋方向相反的两个电子。然而对于施主杂质能级而言，其要么被一个任意自旋方向的电子占据（电中性），要么没有被电子占据（离化态），因此电子占据施主能级的概率不能简单套用式（2-6）所示的费米分布函数，在这种情况下电子占据施主能级 E_D 的概率为

$$f_D(E) = \frac{1}{1 + \dfrac{1}{g_D}\exp\left(\dfrac{E_D - E_F}{k_0 T}\right)} \tag{2-17}$$

式中，g_D 是施主能级的基态简并度，通常称为简并因子。同样，空穴占据受主能级的概率为

$$f_A(E) = \frac{1}{1 + \dfrac{1}{g_A}\exp\left(\dfrac{E_F - E_A}{k_0 T}\right)} \tag{2-18}$$

式中，g_A 是受主能级的基态简并度。对锗、硅和砷化镓等材料而言，$g_D = 2$，$g_A = 4$。

2. 杂质半导体的载流子浓度

以 N 型半导体为例，其内部存在着带负电的导带电子（浓度为 n_0）、带正电的价带空穴（浓度为 p_0）、电离施主杂质（浓度为 n_D^+），因此电中性条件为

$$-qn_0 + qp_0 + qn_D^+ = 0 \tag{2-19}$$

化简得到

$$n_0 = p_0 + n_D^+ \tag{2-20}$$

这里，假设施主掺杂浓度为 N_D，那么施主能级上的电子浓度（即未电离的施主掺杂浓度）就是 N_D 与电子占据杂质能级的概率的乘积

$$n_D = N_D f_D(E) = \frac{N_D}{1 + \dfrac{1}{2}\exp\left(\dfrac{E_D - E_F}{k_0 T}\right)} \tag{2-21}$$

电离施主掺杂浓度（发生电离的掺杂浓度）为

$$n_D^+ = N_D - n_D = \frac{N_D}{1 + 2\exp\left(-\dfrac{E_D - E_F}{k_0 T}\right)} \tag{2-22}$$

将式（2-11）、式（2-12）、式（2-22）代入式（2-20），得到

$$N_c \exp\left(-\frac{E_C - E_F}{k_0 T}\right) = N_v \exp\left(-\frac{E_V - E_F}{k_0 T}\right) + \frac{N_D}{1 + 2\exp\left(-\dfrac{E_D - E_F}{k_0 T}\right)} \tag{2-23}$$

通过求解上式可得到 E_F，进而可以得出 n_0、p_0 等值。然而求解式中的 E_F 是比较困难的，通常分情况进行简化讨论。

（1）当 $T > 100K$ 时。

实验表明，当硅中掺杂浓度不太高，并且所处的温度高于 100K 时，杂质一般是全部

离化的，即 $n_D \approx 0$，$n_D^+ \approx N_D$。故式（2-20）可以写成

$$n_0 = p_0 + N_D$$

将其与 $n_0 p_0 = n_i^2$ 联立求解，就得到了 N 型半导体杂质全部电离时的导带电子浓度 n_0 为

$$n_0 = \frac{N_D + \sqrt{N_D^2 + 4n_i^2}}{2}$$

在上述 n_0 的表达式中，只有本征载流子浓度 n_i 会随着温度的变化而变化。一般硅平面三极管中的掺杂浓度 N_D 不低于 $5 \times 10^{14} \, \text{cm}^{-3}$，而室温下硅的本征载流子浓度 n_i 为 $1.5 \times 10^{10} \, \text{cm}^{-3}$，也就是说在室温范围及附近的一定区域，本征激发产生的 n_i 与全部电离的施主浓度 N_D 相比是可以忽略的，即 $n_0 \approx N_D$。因此，该范围也被称为强电离区或非本征区，如图 2-27 所示。

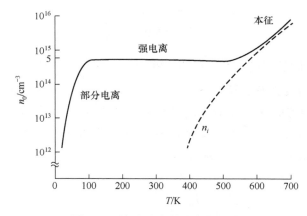

图 2-27　电子浓度与温度的关系

由于本征载流子浓度 n_i 是温度的强函数，因此当温度超出一定范围时，热激发生成的电子、空穴开始占主导地位，称这时半导体处于本征区，此时，半导体将失去其非本征的相关特性，如图 2-26 所示。对于硅，在典型掺杂浓度下，当温度大于 550K 时，其将进入本征区。

一般地，根据载流子数目，把 N 型半导体中的电子和 P 型半导体中的空穴称为多数载流子（简称多子），而把 N 型半导体中的空穴和 P 型半导体中的电子称为少数载流子（简称少子）。对于 N 型半导体，其中的少子 p_0 计算如下

$$p_0 = \frac{n_i^2}{n_0} \approx \frac{n_i^2}{N_D}$$

在器件正常工作的强电离的温度区间，多子浓度 $n_0 \approx N_D$ 基本不变，而 n_i^2 是温度的强函数，也就是说，在器件正常工作的较宽温度范围内，随着温度的改变，少子浓度将发生显著变化。因此，依靠少子工作的半导体器件的性能必然会受到温度的强烈影响。对 P 型半导体的讨论与上述类似，这里就不详细叙述了。

（2）当 $T=0K$ 时。

此时的情况与完全电离相反。热力学零度时，所有的电子都处于最低的能量状态，这就是说，对于 N 型半导体，所有的施主能级都没有电离，没有电子从施主能级热激发到导

带中，因此，$n_D \approx N_D$，$n_D^+ \approx 0$，这种现象称为束缚态。

（3）当 0K < T < 100K 时。

在 T=0K 时的束缚态与 T=100K 时的强电离态之间，施主原子存在部分电离，因此也称这段区域为部分电离区。

3. 费米能级的位置

当处于强电离区时，导带电子浓度 $n_0 \approx N_D$，与温度几乎无关。若将式（2-11）代入，可以得到

$$N_c \exp\left(-\frac{E_C - E_F}{k_0 T}\right) = N_D$$

则

$$E_F = E_C + k_0 T \ln\frac{N_D}{N_c} \tag{2-24}$$

可以采用本征费米能级 E_i 对上式进行变形，即

$$N_c \exp\left(-\frac{E_C - E_F}{k_0 T}\right) = N_c \exp\left(-\frac{E_C - E_i + E_i - E_F}{k_0 T}\right) = n_i \exp\left(-\frac{E_i - E_F}{k_0 T}\right) = N_D$$

则

$$E_F = E_i + k_0 T \ln\frac{N_D}{n_i} \tag{2-25}$$

式（2-24）和式（2-25）分别是 N 型半导体在强电离区以导带底 E_C 和本征费米能级 E_i 为参考的费米能级 E_F 的表达式。由于掺杂是为了控制半导体的导电类型（N 型和 P 型）及导电能力的，因此在器件正常工作的温度范围内，式（2-25）中的 N_D 总是大于 n_i 的，所以 N 型半导体的 E_F 总是位于 E_i 之上。同时，在一般的掺杂浓度下，N_D 又小于导带有效状态密度 N_c，因而式（2-24）中的第二项为负，也就是 E_F 位于 E_C 之下，所以一般 N 型半导体的 E_F 位于 E_i 之上、E_C 之下的禁带中。可以看出，E_F 既与温度有关，又与掺杂浓度 N_D 有关。一定温度下，掺杂浓度越大，费米能级 E_F 距导带底 E_C 越近；如果掺杂浓度一定，温度越高，E_F 距 E_C 越远，也就是越趋向于 E_i。

对于 P 型半导体，可以采用相似的方法进行推导分析。如图 2-28 所示为不同掺杂浓度条件下硅中 E_F 与温度的关系曲线。

【例 2-1】 试计算 N 型掺杂半导体的费米能级在能带中的位置。已知温度为 300K，电子浓度为 10^{17}cm^{-3}。

解：由式（2-11）可得

$$\begin{aligned}
E_C - E_F &= k_0 T \cdot \ln(N_c / n_0) \\
&= 0.026 \ln(2.8 \times 10^{19} / 10^{17}) \\
&\approx 0.146 \text{eV}
\end{aligned}$$

因此，费米能级 E_F 处于导带底 E_C 下方 0.146eV 处。

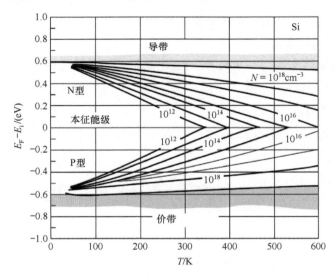

图 2-28　硅的费米能级与温度及掺杂浓度的关系

2.5　载流子的漂移与半导体的导电性

半导体中的导带电子犹如金属中的自由电子一样，在电场的作用下会沿电场反方向运动，从而产生沿电场方向的电流。同时，半导体中还有金属所没有的空穴，作为带正电的载流子，它会沿电场方向运动，也产生沿电场方向的电流。因此，电子和空穴虽然在同一电场中的运动方向相反，但因携带电荷的极性也相反，故对电流的贡献完全一致。

半导体中的载流子在电场作用下的定向运动称为漂移运动，以下通过对漂移运动的研究来讨论半导体导电性的表征方法及其决定因素。

2.5.1　载流子的热运动

在半导体材料中，即使没有外加电场，内部的载流子也时刻处于运动状态。对于电子而言，其平均动能可以通过如下方式进行计算

$$电子的平均动能 = \frac{总动能}{电子总数} = \frac{\int g_C(E)f(E)(E-E_C)\mathrm{d}E}{\int g_C(E)f(E)\mathrm{d}E}$$

对上式在整个导带范围内对其进行积分，通过近似计算，可以得到

$$电子的平均动能 = \frac{3}{2}k_0 T \tag{2-26}$$

式（2-26）对电子和空穴都适用。通过电子的平均动能，可以对电子的平均运动速率 $\bar{v}$ 进行估算。因为

$$电子的平均动能 = \frac{1}{2}m_n(\bar{v})^2 \tag{2-27}$$

所以联立式（2-26）和式（2-27），可以得到

$$\bar{v} = \sqrt{\frac{3k_0 T}{m_n}} \tag{2-28}$$

【例 2-2】 试估算室温下，硅中电子的平均热运动速率。

解：室温下 $T=300\text{K}$，对于硅而言，电子有效质量 $m_\text{n}=0.26m_0$，因此

$$\overline{v} = \sqrt{\frac{3k_0T}{m_\text{n}}} = \sqrt{\frac{3\times1.38\times10^{-23}\,\text{J}/\text{K}\times300\text{K}}{0.26\times9.1\times10^{-31}\,\text{kg}}}$$

$$\approx 2.3\times10^5\,\text{m/s}$$

依据同样的方法可以计算得到硅中空穴的平均运动速率约为 $2.2\times10^5\,\text{m/s}$。由上述结果可知，硅中载流子的平均运动速率远小于光速，约为光速的千分之一。

虽然载流子以上述热运动速率在半导体材料中运动，然而由于存在半导体内部原子的振动及含有杂质等原因，因此载流子在运动过程中会不停地发生碰撞和散射，从而使得运动方向不停地变化，如图 2-29 所示。从统计意义上分析，室温下两次碰撞的平均时间为 10^{-13}s 左右，也就是说，在两次碰撞之间，载流子的平均运动距离为几十纳米。由于大量载流子在不停地发生这种无规则运动，因此在一定时间内，沿特定方向载流子的净运动速率为零。从宏观上来看，载流子的这种热运动并不表现出沿特定方向的流动，因此也不产生定向电流。

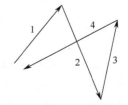

图 2-29　载流子的无规则运动

2.5.2　载流子的漂移运动和迁移率

当外加电场 ε 作用于半导体两端时，半导体内部载流子的净运动速率并不为零，载流子会在外加电场的作用下发生定向运动，这种现象称为载流子的漂移运动。载流子的定向运动速度称为漂移速度，通常用 $\overline{v_\text{d}}$ 表示。对于半导体而言，漂移速度非常重要，通常希望载流子能够有较大的漂移速度，从而可以制造出速度更快的电路。

可以采用图 2-30 来描述漂移速度。这里以空穴运动为例，假设空穴在两次碰撞之间的平均自由时间为 τ_{m_p}，每次碰撞后漂移载流子都会失去其全部漂移动量 $m_\text{p}\overline{v_\text{d}}$。由于载流子的动量来源是电场力的作用，也就为 $q\varepsilon\tau_{m_\text{p}}$，因此有

$$m_\text{p}\overline{v_\text{d}} = q\varepsilon\tau_{m_\text{p}} \tag{2-29}$$

故

$$\overline{v_\text{d}} = \frac{q\varepsilon\tau_{m_\text{p}}}{m_\text{p}} \tag{2-30}$$

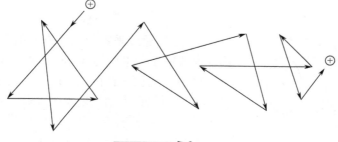

图 2-30　电场作用下载流子的漂移运动

这里引入一个特殊量——迁移率，通常用 μ 表示，对于空穴的迁移率 μ_p，定义如下

$$\mu_p = \frac{q\tau_{m_p}}{m_p} \tag{2-31}$$

因此有

$$\overline{v_d} = \mu_p \varepsilon \tag{2-32}$$

式（2-32）阐明了空穴漂移速度与电场强度之间是线性相关的，其中的相关系数即为空穴的迁移率。因此，迁移率表示单位场强下空穴的漂移速度，单位是 $m^2 \cdot V^{-1} s^{-1}$ 或 $cm^2 \cdot V^{-1} s^{-1}$。对于电子而言，同样能够得到电子的迁移率 μ_n 及漂移速度

$$\mu_n = \frac{q\tau_{m_n}}{m_n} \tag{2-33}$$

$$\overline{v_d} = -\mu_n \varepsilon$$

迁移率是反映半导体中载流子导电能力的重要参数，对半导体器件的工作速度有直接影响。在同样的掺杂浓度下，载流子的迁移率越大，那么在同样的电场强度下，载流子的漂移速度就越快，半导体材料的电导率就会越大，导电性能越好。

在不同的半导体材料中，电子和空穴这两种载流子的迁移率是不同的。从式（2-31）和式（2-33）可以看出，迁移率与载流子的有效质量密切相关，由于电子的有效质量一般比空穴的有效质量小，因此电子的迁移率要大于空穴的迁移率。表 2-7 列出了在常温下较高纯度的硅、锗、砷化镓材料中电子和空穴的迁移率。可以看出，砷化镓中电子的迁移率要远远大于硅中电子的迁移率，所以在通信等领域中大规模应用的高速晶体管一般采用砷化镓材料进行制备。

表 2-7 常温时较高纯度的硅、锗、砷化镓材料中电子和空穴的迁移率

迁 移 率	硅	锗	砷 化 镓
μ_n / $cm^2 \cdot V^{-1} s^{-1}$	1350	3900	8500
μ_p / $cm^2 \cdot V^{-1} s^{-1}$	480	1900	400

2.5.3 迁移率和半导体的导电性

下面分析迁移率与半导体导电性的关系，以进一步了解迁移率对半导体导电性的影响。首先，回顾电流密度的定义，其是指通过垂直电流方向的单位面积的电流，即

$$J = \frac{\Delta I}{\Delta s} \tag{2-34}$$

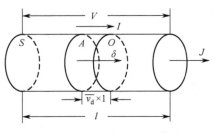

图 2-31 电流密度分析模型

ΔI 是指通过垂直于电流方向的面积元 Δs 的电流强度，电流密度的单位为 A / m^2 或 A / cm^2。

以电子为例，在图 2-31 中，设在导体内任作一截面 A，其面积记为 S，电流强度是一秒钟内通过截面 A 的电量。在 A 面右方 $\overline{v_d} \times 1$ 处作一截面 O，则 OA 截面间的电子在一秒内均能通过 A 面。设 n 为电子浓度，则 OA 间的电子数为 $n \overline{v_d} \times 1 \times S$，乘以电子电量即为电流强

度，所以

$$I = -nq\overline{v_\mathrm{d}} \times 1 \times S \tag{2-35}$$

由式（2-34），电子定向运动形成的电流密度为

$$J_\mathrm{n} = -nq\overline{v_\mathrm{d}} \tag{2-36}$$

将式（2-33）中电子的漂移速度代入式（2-36），得到

$$J_\mathrm{n} = nq\mu_\mathrm{n}\varepsilon \tag{2-37}$$

同样，空穴定向运动形成的电流密度为

$$J_\mathrm{p} = pq\mu_\mathrm{p}\varepsilon \tag{2-38}$$

在半导体中，由于存在电子、空穴两种载流子，当两端加以电压时，如图 2-32 所示，在半导体内部就形成了电场，方向为从左向右。因为电子带负电，空穴带正电，所以两者漂移运动的方向不同，电子反电场方向漂移，空穴沿电场方向漂移。但是，形成的电流都是沿着电场方向的。因此，半导体中的导电作用应该是电子导电和空穴导电的总和，总的电流密度应该是电子和空穴的电流密度之和，即

$$J = J_\mathrm{n} + J_\mathrm{p} = (nq\mu_\mathrm{n} + pq\mu_\mathrm{p})\varepsilon \tag{2-39}$$

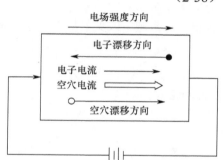

图 2-32　电子漂移电流和空穴漂移电流

在电场强度不太大时，J 与 ε 之间应该满足欧姆定律式的微分形式，即 $J=\sigma\varepsilon$（σ 为电导率）。与式（2-39）进行比较，则得到半导体的电导率 σ 为

$$\sigma = nq\mu_\mathrm{n} + pq\mu_\mathrm{p} \tag{2-40}$$

式（2-40）表明了半导体材料的电导率与载流子浓度和迁移率间的关系。

特别地，对于 N 型半导体而言，由于 $n \gg p$，因此空穴对电流的贡献可以忽略，因此，电导率可以简化为

$$\sigma_\mathrm{n} = nq\mu_\mathrm{n} \tag{2-41}$$

对于 P 型半导体，由于 $p \gg n$，因此电导率可以简化为

$$\sigma_\mathrm{p} = pq\mu_\mathrm{p} \tag{2-42}$$

对于本征半导体，由于 $n = p = n_\mathrm{i}$，因此电导率可以表示为

$$\sigma_\mathrm{i} = n_\mathrm{i}q(\mu_\mathrm{n} + \mu_\mathrm{p}) \tag{2-43}$$

2.5.4　载流子的散射

载流子在半导体中运动时，会不断与半导体内部的晶格原子和杂质离子等发生作用，导致其运动速度的大小和方向不断发生改变，这种现象称为载流子的散射。当有外加电场时，载流子的实际运动轨迹应该是热运动和漂移运动的叠加。从散射产生的机理上，半导体中的散射可以分为两类：晶格振动散射和电离杂质散射。

1. 晶格振动散射

晶体中的原子通常都在其平衡位置附近做往复振动，这种振动并不破坏晶格整体的规则排列，称为晶格振动。由晶格振动引起的载流子散射称为晶格散射。若用 μ_L 表示只有晶

格散射时载流子的迁移率，则根据散射理论，有如下近似

$$\mu_L \propto T^{-3/2} \tag{2-44}$$

温度对晶格振动散射有着直接、重要的影响。当温度升高时，晶格振动和载流子运动速度都会增强，散射作用将会加剧，从而使得载流子的迁移率减小。一般地，在低掺杂浓度的半导体中，迁移率随温度的升高而大幅度减小就是由晶格振动散射引起的。

2. 电离杂质散射

半导体中掺入的杂质电离后会形成正、负电荷中心。带电中心对载流子有吸引或排斥作用，当载流子经过它们附近时，就会发生"散射"而改变运动方向。如图 2-33 所示为正电中心对电子吸引和对空穴排斥所产生的载流子散射作用。在掺杂半导体中，除了极低温度时的情况，通常施主或受主基本上是全部电离的，它们是对载流子产生散射的主要带电中心。

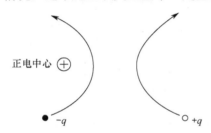

图 2-33 正电中心的载流子散射作用

若用 μ_I 表示只有电子杂质散射时载流子的迁移率，$N_D + N_A$ 表示总的掺杂浓度，则根据散射理论，有如下近似

$$\mu_I \propto T^{3/2} / (N_D + N_A) \tag{2-45}$$

电离杂质散射的影响与掺杂浓度有关。杂质越多，载流子和电离杂质相遇而被散射的概率也就越大，即电离杂质散射会随掺杂浓度的增大而增强。在常温（300K）下，当掺杂浓度达到 $10^{15} \sim 10^{16} \mathrm{cm}^{-3}$ 时，迁移率已经下降一半，说明在这样的掺杂浓度下，散射已加强了一倍，即电离杂质散射已经可以和晶格振动散射相比拟了。

同样，电离杂质散射的强弱也和温度有关。由于载流子的热运动速度随温度的升高而增大，对于同样的吸引或排斥作用，载流子的运动速度越大，受到的吸引和排斥越小，所受的影响相对越小。因此，对于电离杂质散射来说，温度越高，载流子运动越快，散射作用越弱，这与晶格振动散射的作用是相反的。所以当掺杂浓度较高时，电离杂质散射随温度变化的趋势与晶格振动散射相反，作用相互抵消，迁移率随温度的变化较小。

对于掺杂浓度非常高的情况，在较低温度下电离杂质散射占优势。由于电离杂质散射随温度的上升而减弱，可以观察到，载流子的迁移率随温度的上升而增大。在较高的温度下，晶格振动散射逐渐占优势，晶格振动散射随温度的上升而增强，载流子的迁移率在较高温度下会随温度的上升而减小。

2.5.5 影响迁移率的主要因素

如前所述，晶格振动散射和电离杂质散射是影响迁移率的两种主要因素，并且晶格振动散射与温度密切相关，电离杂质散射与掺杂浓度、温度相关，因此，掺杂浓度和温度是影响迁移率的两个主要因素。事实上，除此之外，电场也是一个影响迁移率的主要因素，下面来具体分析。

（1）掺杂浓度对迁移率的影响。

当掺杂浓度不同时，迁移率会发生变化。图 2-34 给出了常温（300K）下 N 型和 P 型锗、硅、砷化镓中载流子迁移率和掺杂浓度的关系。在低掺杂浓度的范围内，电子和空穴的迁移率基本与掺杂浓度无关，保持比较确定的迁移率数值。当掺杂浓度超过 $10^{16} \mathrm{cm}^{-3}$ 以

后，迁移率随掺杂浓度的增大而显著减小。

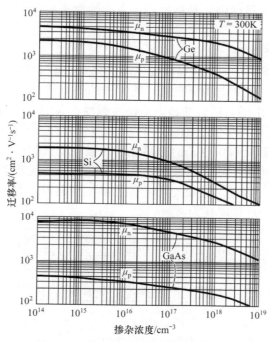

图 2-34　$T=300K$ 时锗、硅和砷化镓中载流子迁移率与掺杂浓度的关系

（2）温度对迁移率的影响。

载流子的迁移率还与温度有关。图 2-35 分别给出了不同掺杂浓度下 N 型和 P 型硅中载流子的迁移率随温度变化的曲线，其中，插图为"近似"本征硅情况。从图中可以看到，

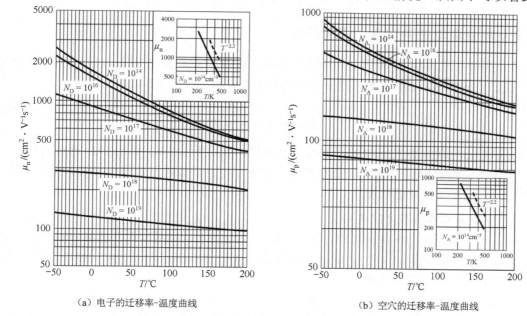

（a）电子的迁移率-温度曲线　　　　　（b）空穴的迁移率-温度曲线

图 2-35　不同掺杂浓度下，硅中载流子的迁移率随温度变化的曲线

当掺杂浓度较低时，温度对迁移率的影响较为明显，迁移率随温度的升高而大幅度减小，也就是说，在轻掺杂的半导体中，晶格散射是主要散射机构；而当掺杂浓度较高时，迁移率随温度的变化较平缓。

（3）电场对迁移率的影响。

硅、锗和砷化镓中载流子的漂移速度与电场的关系如图 2-36 所示。由这些曲线可以看到，当 $E < 10^3 \text{V/cm}$ 时，在弱电场情况下，载流子的平均漂移速度与电场强度成正比。在电场强度超过 10^3V/cm 之后，所有曲线渐渐偏离线性。其中，硅的电子和空穴的漂移速度都在 10^5V/cm 左右的强电场下趋于饱和。半导体物理中称此现象为热载流子效应，是半导体中普遍存在的现象。砷化镓中电子的漂移速度在强电场下的行为与硅很不相同，它不仅偏离线性，而且还随着电场的增大而减小，从而出现负微分迁移率现象，这种现象与砷化镓特殊的能带结构有关。因此，在讨论半导体的导电问题时，只能在 $E < 10^3 \text{V/cm}$ 的弱电场条件下才能将载流子的迁移率视为常数。

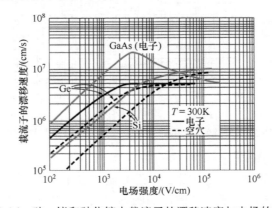

图 2-36 硅、锗和砷化镓中载流子的漂移速度与电场的关系

2.5.6 电阻率与掺杂浓度、温度的关系

在实际的器件制备过程中，半导体电阻率可以较容易地通过四探针法测量得到，因此在实际工作中习惯用电阻率来讨论半导体的导电性问题。由式（2-40）可以得到

$$\rho = \frac{1}{\sigma} = \frac{1}{nq\mu_n + pq\mu_p} \tag{2-46}$$

可以看出电阻率取决于载流子浓度和迁移率，而这两者均与掺杂浓度和温度有关，所以，半导体的电阻率也是随掺杂浓度和温度而变化的。下面进一步讨论半导体的电阻率随掺杂浓度、温度而变化的情况。

1. 电阻率和掺杂浓度的关系

锗、硅、砷化镓和磷化镓等材料在 300K 时的电阻率与掺杂浓度的关系如图 2-37（a）、（b）所示。这些曲线在实际工艺中会经常用到，通过测得材料的电阻率，对照图中曲线即可大致得到材料中的掺杂浓度。

从图 2-36 可以看出，轻掺杂（掺杂浓度 $10^{16} \sim 10^{18} \text{cm}^{-3}$）时，电阻率随掺杂浓度的变化曲线近似为直线，这是由于室温下轻掺杂时迁移率随掺杂浓度的变化不大，可以认为是常数。因而，由式（2-46）可得电阻率与掺杂浓度之间是简单的反比关系，掺杂浓度越高，电阻率越小。然而，当掺杂浓度增大时，曲线严重偏离直线。之所以这样，主要有两个方面的原因：一是重掺杂时，杂质在室温下不能全部电离；二是迁移率随掺杂浓度的增大将显著减小。

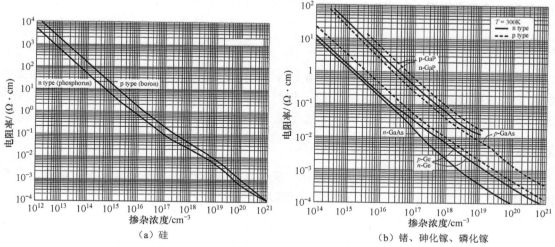

图 2-37　在 T=300K 时电阻率和掺杂浓度的关系

2. 电阻率和温度的关系

对于本征半导体材料，室温下载流子的迁移率变化不大。根据式（2-46），电阻率主要由本征载流子浓度决定，而本征载流子浓度会随温度的上升而急剧增大。一般地，在室温附近，温度每升高 8℃，硅的本征载流子浓度就会增大为原来的 2 倍，所以电阻率将相应地降低为原来的一半左右。本征半导体这种电阻率随温度的升高而单调减小的特点，是半导体区别于金属的一个重要特征。

对于杂质半导体，由于杂质电离和本征激发同时存在，且包含电离杂质散射和晶格振动散射两种散射机构，因而电阻率随温度的变化关系要复杂些。一定掺杂浓度下硅的电阻率与温度的关系曲线如图 2-38 所示，其可大致分为三段，下面对每段进行单独讨论。

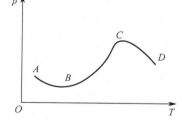

图 2-38　一定掺杂浓度下硅的电阻率与温度的关系曲线

AB 段：此时温度较低。从载流子浓度方面考虑，本征激发可忽略，载流子主要由杂质电离提供，因而载流子浓度会随温度的升高而增大。从散射角度看，此时的散射主要由电离杂质散射决定，迁移率也随温度的升高而增大。所以根据式（2-46），电阻率随温度的升高而减小。

BC 段：从载流子浓度方面考虑，随着温度的进一步升高，杂质已经全部电离，但由于温度不高，本征激发还不十分显著，载流子浓度基本上不随温度变化。从散射角度看，晶格振动散射发挥主要作用，迁移率随温度升高而减小。所以根据式（2-46），这个阶段电阻率随温度的升高而增大。

CD 段：温度达到较高的值，对于硅，温度大于 250℃。在此温度下，本征激发非常剧

烈，本征导电占主导，产生的本征载流子数量远远超过迁移率减小对电阻率的影响，因此电阻率将随温度的升高而急剧减小，表现出与本征半导体相似的特性。对于不同半导体材料，由于禁带宽度不一样，本征激发的难易程度不同，因此进入本征导电的温度也会有所差别。通常的情况是，禁带宽度越大，进入本征导带的温度越高。例如，砷化镓通常在450℃以上才会进入本征导电区域，所以砷化镓器件可以在较高的温度下正常工作。

2.6 非平衡载流子

之前讨论的半导体特性均是在热平衡状态下的。当受到外部作用，如外加电压和光照等时，半导体将进入非平衡状态。此时，相对于热平衡状态，导带和价带会分别产生额外的电子和空穴。本节将对非平衡状态下的载流子情况及半导体的特性进行讨论。

2.6.1 非平衡载流子的产生与复合

如前所述，处于热平衡状态的半导体，无论其处于本征状态还是内部掺有杂质，只要温度固定，其内部的电子浓度和空穴浓度就满足如下关系

$$n_0 p_0 = N_v N_c \exp\left(-\frac{E_g}{k_0 T}\right) = n_i^2 \qquad (2\text{-}47)$$

当温度发生改变，如温度突然升高时，会使得热产生的电子和空穴速率增大，从而导致它们的浓度发生变化，但经过一段时间后，半导体会达到一个新的平衡状态，在新的温度条件下仍然满足式（2-47）。因此，式（2-47）是判断半导体是否处于热平衡状态的重要依据。

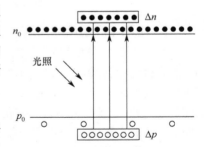

图 2-39 光照产生非平衡载流子

当对半导体施加外界作用（常见的如光照、电压等）时，就会打破半导体内部的热平衡，称此时的半导体处于非平衡状态。以光照为例，如图 2-39 所示，当光子照到半导体上且光子能量大于半导体的禁带宽度时，光子就会激发价带中的电子跃迁并进入导带。此时不仅在导带中产生了一个电子，价带中也会同时产生一个空穴，即形成一个电子-空穴对。这种额外产生的电子和空穴被称为过剩载流子。假设用 Δn 和 Δp 分别表示额外产生的电子和空穴数目，那么有 $\Delta n = \Delta p$。

进一步，假设被光照射的半导体为 N 型半导体，则其内部载流子 $n_0 \gg p_0$，即电子是多子、空穴是少子。这种描述方法同样适用于非平衡载流子。对于 N 型半导体，一般把光照产生的 Δn 称为非平衡多数载流子（简称非平衡多子），把 Δp 称为非平衡少数载流子（简称非平衡少子）。对于 P 型半导体则刚好相反，把非平衡空穴 Δp 称为非平衡多子，而把非平衡电子 Δn 称为非平衡少子。也常把通过光照使半导体内部产生非平衡载流子的过程称为非平衡载流子的光注入。

对于光注入，一般情况下，注入产生的非平衡载流子浓度远小于平衡时的多数载流子浓度。对 N 型半导体而言，即

$$\Delta n \ll n_0, \quad \Delta p \ll n_0 \qquad (2\text{-}48)$$

满足上述条件的注入被称为小注入。虽然是小注入，但产生的非平衡少子的浓度还是

可以比平衡少子浓度大得多，即

$$\Delta p \gg p_0 \tag{2-49}$$

所以，对于非平衡状态下的半导体，非平衡少子的作用非常重要，也是我们研究的主要对象。相对地，非平衡多子的影响就可以忽略，故通常所说的非平衡载流子一般都指的是非平衡少数载流子。

光注入会引起载流子数目的增加，那么不可避免地会使得半导体的电导率增大，即引起附加电导率

$$\Delta \sigma = \Delta n q \mu_n + \Delta p q \mu_p \tag{2-50}$$

这个附加电导率可以通过实验测得，从而检验非平衡载流子的注入。除了光照，还可以用其他方法产生非平衡载流子。最常用的是用电的方式，称为非平衡载流子的电注入。后面将讲到的 PN 结正向工作，其实就是电注入。

在产生非平衡载流子的外部作用撤除以后，半导体内部产生的非平衡载流子会逐渐复合消失，并最终恢复到原来的平衡状态，这个过程称为非平衡载流子的复合。根据材料的不同，非平衡载流子的复合时间在毫秒到微秒量级。

下面以 N 型半导体的小注入情况为例分析非平衡载流子的复合。在光照停止后，非平衡载流子随时间而逐渐减少。这里用 τ 来表示非平衡载流子的平均生存时间，τ 也称为非平衡载流子的寿命。由于我们的关注点是非平衡少子，故 τ 也通常指非平衡少子的寿命。

对于非平衡载流子，它们的平均生存时间越短，说明它们的复合概率越大，故可以用 $1/\tau$ 表示单位时间内非平衡载流子的复合概率。若用 $\Delta p(t)$ 表示不同时间点非平衡载流子的数目，那么单位时间单位体积内复合消失的电子-空穴对可以表示为 $\Delta p(t)/\tau$。

从另一个角度，用微分形式表示单位时间内非平衡载流子的减少，则应该为 $\mathrm{d}\Delta p(t)/\mathrm{d}t$，因此有

$$\frac{\mathrm{d}\Delta p(t)}{\mathrm{d}t} = -\frac{\Delta p(t)}{\tau}$$

对于小注入，τ 是一个恒量，上式的通解为

$$\Delta p(t) = C\mathrm{e}^{-t/\tau}$$

设 $t=0$ 时，$\Delta p(0) = (\Delta p)_0$，则 $C = (\Delta p)_0$，故上式可写为

$$\Delta p(t) = (\Delta p)_0 \mathrm{e}^{-t/\tau} \tag{2-51}$$

这就是非平衡载流子浓度随时间的变化规律，其数值按指数进行衰减，如图 2-40 所示。当 $t=\tau$ 时，$\Delta p(t) = (\Delta p)_0/\mathrm{e}$，所以寿命 τ 标志着非平衡载流子浓度减小至原来的 $1/\mathrm{e}$ 所经历的时间。不同半导体材料中非平衡载流子寿命与材料中所含杂质的类型与浓度有很大关系，目前常用半导体材料的 τ 如表 2-8 所示。

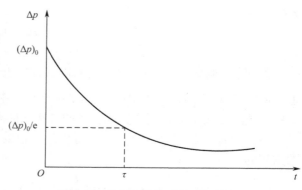

图 2-40　非平衡载流子随时间的衰减

表 2-8　常用半导体材料的非平衡载流子的寿命

	硅	锗	砷化镓
非平衡载流子的寿命	$20\sim50\mu s$	$20\sim200\mu s$	$1\sim10ns$

2.6.2　准费米能级

当半导体中的载流子处于热平衡态时，其标志特征是内部具有统一的费米能级。当半导体受到外部作用，内部热平衡被打破时，半导体内部就不再存在统一的费米能级了。但是对于半导体内的价带或导带而言，因为带内能级间隔非常小，载流子的跃迁非常频繁，所以能够在极短的时间内达到带内的热平衡，也就是使得价带或导带各自内部拥有统一的费米能级。在此引入导带费米能级 E_{Fn} 和价带费米能级 E_{Fp}，它们都是局部的费米能级，故也被称为准费米能级。因此，半导体内部导带和价带的非平衡状态就表现为它们的准费米能级不重合。一般地，导带的准费米能级也称电子准费米能级，价带准费米能级也称为空穴准费米能级。引入准费米能级后，非平衡状态下的载流子浓度（记为 n、p）也可以用与平衡载流子浓度类似的公式来表示

$$n = n_0 + \Delta n = N_c \exp\left(-\frac{E_C - E_{Fn}}{k_0 T}\right)$$
$$p = p_0 + \Delta p = N_v \exp\left(-\frac{E_{Fp} - E_V}{k_0 T}\right)$$

（2-52）

进一步地，可以结合式（2-11）、式（2-12）对上式进行变形，有

$$n = N_c \exp\left(-\frac{E_C - E_{Fn}}{k_0 T}\right) = n_0 \exp\left(\frac{E_{Fn} - E_F}{k_0 T}\right)$$
$$p = N_v \exp\left(-\frac{E_{Fp} - E_V}{k_0 T}\right) = p_0 \exp\left(\frac{E_F - E_{Fp}}{k_0 T}\right)$$

（2-53）

对上式进行分析可以看出，准费米能级与 E_F 的偏离程度直接由非平衡载流子与平衡载流子的浓度比例决定。非平衡载流子产生得越多（如 n 与 n_0 差别越大），准费米能级与 E_F 的距离也就越大，但是 E_{Fn} 和 E_{Fp} 偏离 E_F 的程度是不一样的。以 N 型半导体为例，在小注入情况下有

$$n = n_0 + \Delta n \approx n_0$$
$$p = p_0 + \Delta p \gg p_0$$

（2-54）

因而 E_{Fn} 偏离 E_F 很小，只是略微向导带靠近，但是 E_{Fp} 会明显偏离 E_F，且距离价带更近，如图 2-41 所示。一般地，在非平衡半导体中，总是多数载流子的准费米能级和平衡时的费米能级偏离不多，而少数载流子的准费米能级则偏离很多。

进一步地，将式（2-53）中的两个公式相乘，得到非平衡状态下电子浓度和空穴浓度的乘积为

$$np = n_0 p_0 \exp\left(\frac{E_{Fn} - E_{Fp}}{k_0 T}\right) = n_i^2 \exp\left(\frac{E_{Fn} - E_{Fp}}{k_0 T}\right)$$

（2-55）

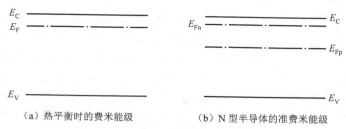

（a）热平衡时的费米能级　　　　　（b）N 型半导体的准费米能级

图 2-41　准费米能级偏离能级的情况

其中，E_{Fn} 和 E_{Fp} 的差值大小反映了半导体偏离热平衡状态的程度，两者靠得越近，说明半导体越接近平衡状态。当两者重合时，形成统一的费米能级，半导体处于平衡状态。

【例 2-3】 对于 N 型半导体硅，假设掺杂浓度 $N_d = 10^{17} \text{cm}^{-3}$，请计算：

（1）费米能级 E_F 的位置；

（2）当产生的非平衡载流子浓度 $\Delta n = \Delta p = 10^{15} \text{cm}^{-3}$ 时，准费米能级的位置。

解：（1）$n_0 = N_c \exp\left(-\dfrac{E_C - E_F}{k_0 T}\right) \approx N_d = 10^{17} \text{cm}^{-3}$

因此

$$E_C - E_F = k_0 T \ln \frac{N_c}{10^{17} \text{cm}^{-3}} = 2.6 \text{meV} \times \ln \frac{2.8 \times 10^{19} \text{cm}^{-3}}{10^{17} \text{cm}^{-3}} \approx 0.15 \text{eV}$$

即 E_F 在导带底下方约 0.15eV 处。

（2）$n = n_0 + \Delta n = N_c \exp\left(-\dfrac{E_C - E_{Fn}}{k_0 T}\right) \approx N_d + \Delta n = 1.01 \times 10^{17} \text{cm}^{-3}$

得到

$$E_C - E_{Fn} \approx 0.15 \text{eV}$$

因此 E_{Fn} 相较于 E_F 而言，变化很小。而

$$p = p_0 + \Delta p = \frac{n_i^2}{N_d} + \Delta p = 10^3 \text{cm}^{-3} + 10^{15} \text{cm}^{-3} \approx 10^{15} \text{cm}^{-3}$$

$$p = N_v \exp\left(-\frac{E_{Fp} - E_V}{k_0 T}\right)$$

联立解得

$$E_{Fp} - E_V = 0.24 \text{eV}$$

因此 E_{Fp} 偏离 E_F 较远，离价带顶很近。

2.6.3　载流子的扩散运动

在 2.5 节中讨论过载流子的漂移运动，与之相应地，载流子还有一种很重要的运动方式，就是扩散运动。载流子的扩散运动是指载流子从浓度高的地方向浓度低的地方进行的运动。对于金属等导电特性非常好的材料而言，内部的扩散运动通常不考虑。然而对于半导体而言，其导电性能并不特别好，而且内部载流子浓度经常会呈不均匀分布，因此扩散现象就显得非常重要。

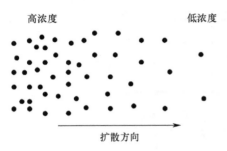

高浓度　　　　　　　低浓度

扩散方向

图 2-42　粒子扩散运动示意图

扩散是微观粒子从浓度高的地方向浓度低的地方进行热运动的一种宏观表现，如图 2-42 所示，左边的粒子浓度较高，右边的粒子浓度较低，那么粒子会自发地向右边进行扩散。一般地，粒子的扩散速率由其浓度梯度决定，浓度梯度越大，扩散速率越大。对于电子而言，当其空间分布上存在浓度差时，会自发扩散，从而使得分布更加均匀，那么在扩散过程中就会形成扩散电流。电子扩散引起的电流可以用如下公式进行描述

$$(J_n)_{扩} = (-q) \times D_n \times \left(-\frac{\mathrm{d}n}{\mathrm{d}x}\right) = qD_n\frac{\mathrm{d}n}{\mathrm{d}x} \tag{2-56}$$

式中，$\mathrm{d}n/\mathrm{d}x$ 表示电子的浓度梯度，由于扩散是从高浓度向低浓度进行的，因此前面要加一个负号；$-q$ 表示单个电子所带的电荷；D_n 是电子的扩散系数。当环境固定时，扩散系数为常数，较大的扩散系数表明电子的扩散速率会更大。

同样，对于空穴也有

$$(J_p)_{扩} = -qD_p\frac{\mathrm{d}p}{\mathrm{d}x} \tag{2-57}$$

式中，$-\mathrm{d}p/\mathrm{d}x$ 表示空穴的浓度梯度，D_p 是空穴的扩散系数。对于半导体而言，载流子的漂移运动与扩散运动共同对其中的电流产生贡献。当浓度梯度和电场同时存在时，漂移电流及扩散电流会同时存在。

在任意位置的总电子电流密度可表示为

$$J_n = (J_n)_{漂} + (J_n)_{扩} = qn\mu_n\varepsilon + qD_n\frac{\mathrm{d}n}{\mathrm{d}x} \tag{2-58}$$

总空穴电流密度可表示为

$$J_p = (J_p)_{漂} + (J_p)_{扩} = qp\mu_p\varepsilon - qD_p\frac{\mathrm{d}p}{\mathrm{d}x} \tag{2-59}$$

由电子和空穴共同形成的总电流密度为

$$J = J_p + J_n \tag{2-60}$$

下面结合一个例子进行分析。如图 2-43 所示为一块 N 型的均匀半导体，沿 x 方向加一均匀电场 ε，同时在 $x=0$ 处施加光照，光注入产生非平衡载流子。

因此电流的计算结果如下

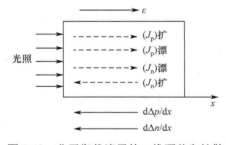

图 2-43　非平衡载流子的一维漂移和扩散

$$J = J_p + J_n$$

$$J_n = q(n_0 + \Delta n)\mu_n\varepsilon + qD_n\frac{\mathrm{d}(n_0 + \Delta n)}{\mathrm{d}x} = qn\mu_n\varepsilon + qD_n\frac{\mathrm{d}\Delta n}{\mathrm{d}x} \tag{2-61}$$

$$J_p = q(p_0 + \Delta p)\mu_p\varepsilon - qD_p\frac{\mathrm{d}(p_0 + \Delta p)}{\mathrm{d}x} = qp\mu_p\varepsilon - qD_p\frac{\mathrm{d}\Delta p}{\mathrm{d}x}$$

2.6.4　爱因斯坦关系式

下面分析一种特定的半导体材料中载流子的运动规律，这个半导体材料为 N 型不均匀掺杂（左侧浓度高，右侧浓度低）并处于热平衡状态的材料。其能带结构如图 2-44 所示，由于该半导体处于热平衡状态，因此内部具有统一的费米能级，在半导体中由于左侧较右侧的掺杂浓度高，故左侧的 E_C 与 E_F 靠得更近。由于能带中 E_C 并不是一个常数，因此内部会形成一个内建电场，且电场强度大小为

$$\varepsilon = \frac{1}{q}\frac{dE_C}{dx} \tag{2-62}$$

图 2-44　不均匀掺杂的 N 型半导体的能带结构

当上述半导体处于平衡状态时，内部电流密度应该为 0，即 $J_n=0$，$J_p=0$。对于 J_n，结合式（2-58），有

$$J_n = 0 = qn\mu_n\varepsilon + qD_n\frac{dn}{dx} \tag{2-63}$$

结合式（2-11），电子浓度为

$$n = N_c \exp\left(-\frac{E_C - E_F}{k_0 T}\right)$$

则

$$\frac{dn}{dx} = -\frac{N_c}{k_0 T}\exp\left(-\frac{E_C - E_F}{k_0 T}\right)\frac{dE_C}{dx}$$

$$= -\frac{n}{k_0 T}\frac{dE_C}{dx}$$

$$= -\frac{n}{k_0 T}q\varepsilon$$

将上式代入式（2-63），有

$$qn\mu_n\varepsilon - qD_n\frac{n}{k_0 T}q\varepsilon = 0$$

化简可得

$$\frac{D_n}{\mu_n} = \frac{k_0 T}{q} \tag{2-64}$$

同理，对于空穴，推导可得

$$\frac{D_p}{\mu_p} = \frac{k_0 T}{q} \tag{2-65}$$

式（2-64）和式（2-65）称为爱因斯坦关系式。爱因斯坦关系式表明，在一定温度下，半导体内部载流子的扩散系数和迁移率的比例是恒定的，这个关系式对于平衡载流子和非平衡载流子均适用。在这里，可以这么理解，半导体内部的散射机构（晶格振动散射和电离杂质散射）会对载流子的迁移产生影响，同样也会对载流子的扩散产生影响，因此二者

内部必定存在着特定联系。

根据爱因斯坦关系，由已知的迁移率，可以得到扩散系数。例如，当温度为 300K 时
$$k_0 T / q = 25.8\text{mV}$$

对掺杂浓度不太高的硅，利用表 2-7 中的数据：$\mu_n = 1350\text{cm}^2 \cdot \text{V}^{-1}\text{s}^{-1}$，$\mu_p = 480\text{cm}^2 \cdot \text{V}^{-1}\text{s}^{-1}$，可以算得
$$D_n = 34.83\text{cm}^2/\text{s}$$
$$D_p = 12.38\text{cm}^2/\text{s}$$

2.6.5 连续性方程

由于非平衡载流子在器件的实际工作中起着非常重要的作用，因此本节将详细讨论当漂移运动和扩散运动同时存在时，非平衡载流子的运动规律。如图 2-45 所示，在一块 N 型半导体左侧（$x=0$）通过光照注入产生非平衡载流子，同时在整个半导体中施加沿 x 方向的电场，那么非平衡载流子空穴将在电场和浓度差的作用下同时发生漂移运动与扩散运动，空穴浓度不仅是位置 x 的函数，而且随时间 t 变化。

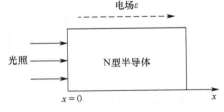

图 2-45　载流子的漂移与扩散

由于扩散，在 x 处单位时间单位体积内积累的空穴数为
$$-q \frac{\partial (J_p)_{\text{扩}}}{\partial x} = D_p \frac{\partial^2 p}{\partial x^2} \tag{2-66}$$

由于漂移，在 x 处单位时间单位体积内积累的空穴数为
$$-\frac{1}{q} \frac{\partial (J_P)_{\text{漂}}}{\partial x} = -\frac{1}{q} \frac{\partial (q p \mu_p \varepsilon)}{\partial x} = -\mu_p \varepsilon \frac{\partial p}{\mathrm{d}x} - \mu_p p \frac{\partial \varepsilon}{\mathrm{d}x} \tag{2-67}$$

在小注入条件下，单位时间单位体积中复合消失的空穴数是 $\dfrac{\Delta p}{\tau}$，同时用 g_P 表示由于其他因素所引起的空穴浓度变化。因此，单位体积内空穴随时间的变化率为
$$\frac{\partial p}{\partial t} = D_p \frac{\partial^2 p}{\partial x^2} - \mu_p \varepsilon \frac{\partial p}{\partial x} - \mu_p p \frac{\partial \varepsilon}{\partial x} - \frac{\Delta p}{\tau} + g_P \tag{2-68}$$

这就是漂移、扩散同时存在时载流子所遵循的运动方程，称为连续性方程。由于该方程非常复杂，通常结合特定的场景对其进行简化求解。在上述的例子中，若表面光照恒定，且 $g_p=0$，则 p 不随时间变化，即 $\dfrac{\partial p}{\partial t} = 0$，这时的连续性方程称为稳态连续性方程。

如果材料是均匀的，则平衡载流子浓度 p_0 与 x 无关，电场是均匀的，则 $\dfrac{\partial \varepsilon}{\partial x} = 0$。在只考虑一维情况和非平衡载流子时，式（2-68）可以简化为
$$D_p \frac{\mathrm{d}^2 \Delta p}{\mathrm{d}x^2} - \mu_p \varepsilon \frac{\mathrm{d}\Delta p}{\mathrm{d}x} - \frac{\Delta p}{\tau} = 0 \tag{2-69}$$

边界条件为：$x=0$ 处，$\Delta p = (\Delta p)_0 =$ 常值。

方程（2-69）的解为

$$\Delta p = \Delta p_0 \mathrm{e}^{\lambda x} \tag{2-70}$$

其中

$$\lambda = \frac{L_\mathrm{p}(\varepsilon) - \sqrt{L_\mathrm{p}^2(\varepsilon) + 4D_\mathrm{p}\tau}}{2D_\mathrm{p}\tau} \tag{2-71}$$

$L_\mathrm{p}(\varepsilon) = \varepsilon\mu_\mathrm{p}\tau$，定义为空穴在电场的作用下，在寿命 τ 时间内所漂移的距离，也称为空穴的牵引长度。式（2-70）表明，非平衡载流子的浓度随 x 按指数规律递减。

【例 2-4】　一块电阻率为 $3\Omega\cdot\mathrm{cm}$ 的 N 型硅样品，空穴寿命 $\tau_\mathrm{p}=5\mu\mathrm{s}$，在其外形某表面处有稳定的空穴注入，产生的过剩浓度 $(\Delta p)_0=10^{13}\mathrm{cm}^{-3}$。计算从这个表面扩散进入半导体内部的空穴电流密度，以及在离表面多远处过剩空穴浓度等于 $10^{12}\mathrm{cm}^{-3}$。

解：上述情况，过剩空穴遵循的连续性方程为

$$D_\mathrm{p}\frac{\mathrm{d}^2\Delta p}{\mathrm{d}x^2} - \frac{\Delta p}{\tau} = 0$$

考虑其边界条件为

$$x = 0, \Delta p(0) = 10^{13}\,\mathrm{cm}^{-3}$$
$$x = \infty, \Delta p(\infty) = 0$$

求解方程可得

$$\Delta p(x) = \Delta p_0 \mathrm{e}^{-\frac{x}{L_\mathrm{p}}}, L_\mathrm{p} = \sqrt{D_\mathrm{p}\tau_\mathrm{p}}$$

因此，扩散进入半导体内部的空穴电流密度为

$$J_\mathrm{p} = qD_\mathrm{p}\frac{\mathrm{d}\Delta p}{\mathrm{d}x}\Big|_{x=0} = qD_\mathrm{p}\frac{\Delta p_0}{L_\mathrm{p}} = q\sqrt{\frac{D_\mathrm{p}}{\tau_\mathrm{p}}}\Delta p$$

当过剩空穴浓度等于 $10^{12}\mathrm{cm}^{-3}$ 时，即

$$\Delta p_0 \mathrm{e}^{-\frac{x}{L_\mathrm{p}}} = 10^{12}$$

解得

$$x = -L_\mathrm{p}\ln\frac{10^{12}}{10^{13}} = L_\mathrm{p}\ln 10$$

习　题　2

1．一个简单立方晶格的晶格常数 $a=4.83\text{Å}$，计算最近平行平面间距：（1）（100）平面；（2）（110）平面。

2．画出体心立方和面心立方晶格结构中的原子在（100）、（111）面上的排列方式。

3．指出立方晶格（111）面与（100）面、（111）面与（110）面的交线的晶向。

4．计算硅中的价电子密度。

5．分别列出三种 N 型掺杂杂质和 P 型掺杂杂质。

6．以 As 掺入 Ge 中为例，说明什么是施主杂质、施主杂质电离过程和 N 型半导体。

7．举例说明杂质补偿的作用。

8．实际半导体和理想半导体的主要区别有哪些？

9．什么是费米能级？

10．状态密度函数的意义是什么？

11．费米-狄拉克概率函数的意义是什么？

12．当 $E-E_F$ 为 $1.5k_0T$、$4k_0T$、$10k_0T$ 时，分别用费米分布函数和玻尔兹曼分布函数计算电子占据各该能级的概率。

13．计算硅在−78℃、25℃、300℃时的本征费米能级，试分析"硅的本征费米能级位于禁带中央"这一结论是否合理。

14．计算施主掺杂浓度分别为 10^{16}cm^{-3}、10^{18}cm^{-3}、10^{19}cm^{-3} 的硅在室温下的费米能级，并假定杂质是全部电离的。再用计算出的费米能级核对上述假定是否在各种情况下都成立。计算时，取施主能级在导带底下 0.05eV 处。

15．若硅中施主杂质电离能 $\Delta E_D = 0.01\text{eV}$，施主掺杂浓度分别为 $N_D = 10^{14}\text{cm}^{-3}$ 及 10^{17}cm^{-3}，计算：（1）99%电离；（2）90%电离；（3）50%电离时温度各为多少。

16．施主浓度为 10^{13}cm^{-3} 的 N 型硅，计算 400K 时的本征载流子浓度、多子浓度、少子浓度和费米能级的位置。

17．什么情况下，本征费米能级处于禁带中央？

18．分别绘制出费米能级随温度和掺杂浓度变化的曲线。

19．试计算本征 Si 在室温时的电导率，设电子和空穴的迁移率分别为 $1450\text{cm}^2 \cdot \text{V}^{-1} \cdot \text{s}^{-1}$ 和 $1800\text{cm}^2 \cdot \text{V}^{-1} \cdot \text{s}^{-1}$，试求本征 Ge 的载流子浓度。

20．两块半导体材料 A 和 B 除了禁带宽度不同，其他参数完全相同。A 的禁带宽度为 1.0eV，B 的禁带宽度为 1.2eV。求 T=300K 时两种材料的 n_i 的比值。

21．载流子迁移率的单位是什么？

22．电阻率为 $10\Omega \cdot \text{m}$ 的 P 型硅样品，试计算室温时的多数载流子浓度和少数载流子浓度。

23．一块半导体材料的寿命 τ=10μs，光照在材料中会产生非平衡载流子，光照突然停止 20μs 后，其中非平衡载流子将衰减到原来的百分之多少？

24．爱因斯坦关系是什么？

25．N 型硅中，掺杂浓度 N_D=10^{16}cm^{-3}，光注入的非平衡载流子浓度Δn=Δp=10^{14}cm^{-3}。计算无光照和有光照时的电导率。

26．设空穴浓度是线性分布的，在 3μm 内浓度差为 10^{15}cm^{-3}，μ_p=$400\text{cm}^2 \cdot \text{V}^{-1} \cdot \text{s}^{-1}$。试计算空穴扩散电流密度。

27．写出电子和空穴的扩散电流密度方程。

28．室温下，P 型锗半导体中的电子寿命为 τ_n=350μs，电子迁移率 μ_n=$3600\text{cm}^2 \cdot \text{V}^{-1} \cdot \text{s}^{-1}$，试求电子的扩散长度。

参 考 文 献

[1]　钱伯初. 量子力学[M]. 北京：高等教育出版社，2006.

[2]　黄昆. 固体物理学[M]. 北京：北京大学出版社，2014.

[3]　刘恩科，朱秉升，罗晋生. 半导体物理学[M]. 7 版. 北京：电子工业出版社，2008.

[4]　Donald A. Neamen. Semiconductor Physics and Devices: Basic Principles[M]. 4th ed. NewYork: Mc Graw Hill, 2011.

[5]　张兴，黄如，刘晓彦. 微电子学概论[M]. 3 版. 北京：北京大学出版社，2010.

[6]　Kittel. C. Introduction to Solid State Physics[M]. 7th ed. Berlin: Springer-Verlag, 1993.

[7]　Li. S. S. Semiconductor Physical Electronics[M]. New York: Plenum Press, 1993.

[8]　McKelvey. J. P. Solid State Physics for Engineering and Materials Science[M]. Malabar, FL: Krieger, 1993.

第3章 半导体器件物理基础

3.1 PN 结

PN 结理论是结型半导体器件的理论基础。所谓结型器件，是指一切由 PN 结构成的半导体器件，包括晶体二极管、双极型晶体管、结型场效应管，以及由这些器件构成的集成电路等。此外，半导体激光器、发光器件、太阳能电池等也都是由 PN 结构成的。因此，PN 结理论对于理解这些半导体器件的工作原理和特性是极其重要的。本节主要讨论 PN 结的形成及其特性。

3.1.1 PN 结的形成

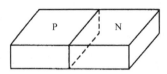

图 3-1 PN 结的基本结构

在一块本征半导体中掺入不同的杂质，使其中的一部分成为 P 型半导体，另一部分成为 N 型半导体，那么在这两部分的交界处就会形成一个具有特殊电学性能的过渡区域。这个具有特殊电学性能的过渡区域称为 PN 结，P 区和 N 区的交界面称为结。PN 结的基本结构如图 3-1 所示。

制作 PN 结的工艺方法有很多，形成的杂质分布也各不相同，但可简单地分为突变结和缓变结两大类。

如果 P 区和 N 区内部的杂质分布均匀，而在交界面处的杂质类型突变，也就是说，P 区中的受主掺杂浓度为 N_A，而且均匀分布，N 区中的施主掺杂浓度为 N_D，也是均匀分布的，在交界面处的掺杂浓度突然由 N_A 变为 N_D，具有这种杂质分布的 PN 结称为突变结。突变结的掺杂浓度分布曲线如图 3-2（a）所示。在以后的讨论中，如果没有特别说明，所讨论的 PN 结都是突变结。

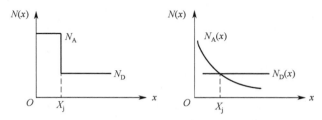

（a）突变结的掺杂浓度分布曲线　　（b）缓变结的掺杂浓度分布曲线

图 3-2 PN 结杂质分布

设 PN 结的结面位置在 X_j 处，则突变结的掺杂浓度 $N(x)$ 分布可表示为

$$\begin{cases} N(x) = N_A, x < X_j \\ N(x) = N_D, x > X_j \end{cases} \tag{3-1}$$

与突变结不同，如果 P 区和 N 区的杂质分布由杂质补偿决定，则杂质分布的特点是掺杂浓度由表面向内部逐渐减小，在结附近掺杂浓度是渐变的，具有这种杂质分布的 PN 结

称为缓变结。缓变结的掺杂浓度分布曲线如图 3-2（b）所示。

若 PN 结的位置在 $x = X_j$ 处，则缓变结中的掺杂浓度 $N(x)$ 分布可表示为

$$\begin{cases} N_A(x) > N_D(x),\ x < X_j \\ N_D(x) > N_A(x),\ x > X_j \end{cases} \tag{3-2}$$

在 PN 结内部远离 P 型半导体和 N 型半导体相互接触的区域中，在 P 型半导体区域，空穴是多数载流子，电子是少数载流子；在 N 型半导体区域，电子是多数载流子，空穴是少数载流子。在这些区域，虽然载流子浓度分布不一致，但都是电中性的。然而，当 P 型半导体和 N 型半导体相互接近并接触时，在它们的交界面处就会发生一些变化。

由于在交界面处存在着载流子浓度的差别，载流子会进行扩散运动。N 区中的电子要向 P 区扩散，P 区中的空穴要向 N 区扩散。在 P 区，空穴离开后，就留下了不可移动的带负电荷的杂质离子，这些负离子在 PN 结的 P 区一侧形成了一个负电荷区。同样，在 N 区，电子离开后就出现了不可移动的带正电荷的杂质离子，这些正离子在 PN 结的 N 区一侧形成了一个正电荷区。这个交界的区域就是 PN 结，包括负电荷区和正电荷区。通常把 PN 结的这些电离施主和电离受主所带的电荷称为空间电荷，把它们所在的区域称为空间电荷区。

空间电荷区的出现会导致电场的形成，该电场称为空间电荷区自建电场。空间电荷区的自建电场方向由带正电的 N 区指向带负电的 P 区。该电场会导致载流子的漂移运动。在电场力的作用下，P 区带负电的电子沿电场相反的方向向 N 区做漂移运动，N 区带正电的空穴沿电场方向向 P 区做漂移运动，如图 3-3 所示。在空间电荷区内，自建电场引起的载流子的漂移运动方向与它们的扩散运动方向正好相反。因此，自建电场阻碍了多数载流子的扩散，加速了少数载流子的漂移。

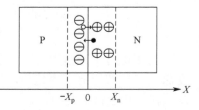

图 3-3　PN 结空间电荷区的形成

随着载流子扩散运动的进行，空间电荷的数量不断增加，空间电荷区不断拓宽，电场强度越来越大。而电场的增强又会导致载流子的漂移运动不断增强。最后，载流子的扩散运动和漂移运动达到了平衡，此时少数载流子的漂移运动和多数载流子的扩散运动相互抵消，也就是二者数量相等、方向相反，空间电荷数量和空间电荷区宽度不再变化，整个空间电荷区趋于稳定。需要强调的是，PN 结的这种平衡是动态平衡，因为载流子的漂移运动和扩散运动并没有停止，而是还在进行，只是二者的效果相互抵消了。平衡后，由于空间电荷区内部缺少多数载流子，空间电荷区呈现高阻特性，因此空间电荷区又被称为耗尽区或耗尽层。

3.1.2　平衡 PN 结

平衡 PN 结是指在没有外电场或光照等的情况下处于热平衡状态的 PN 结。下面讨论平衡 PN 结的主要特性。

1. 平衡 PN 结的电中性

在平衡状态下，理想突变结中远离空间电荷区以外的 P 区及 N 区的空间电荷密度及电场强度都等于零，是电中性的。

如果构成 PN 结所用的是非均匀分布的半导体材料，那么远离空间电荷区的 N 区、P 区

是否仍然呈现电中性呢？考虑一块孤立的 N 型半导体晶体，其杂质是非均匀分布的，如图 3-4（a）所示，称这种分布为缓变杂质分布。假定未达到简并状态，那么一旦晶体形成，常温下施主就全部电离化，多数载流子浓度与掺杂浓度几乎相等。由于存在浓度梯度，电子就要从高浓度区向低浓度区扩散，而电离化的杂质中心是固定不动的，导致掺杂浓度高的区域带正电，掺杂浓度低的区域带负电。正、负电荷的分离使得半导体内部建立电场，称为内建电场，如图 3-4（b）所示。内建电场的出现使得载流子又进行漂移运动。平衡时，空间任意位置上的漂移趋势恰好抵消扩散趋势，维持电流等于零，最终建立稳定的空间电荷、电场及电势分布。这一电场称为缓变杂质分布内建电场，其电场强度用 $\varepsilon_{\mathrm{BG}}$ 表示。

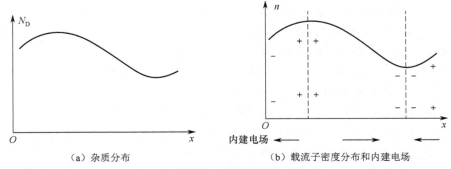

（a）杂质分布　　　　　　　　　　（b）载流子密度分布和内建电场

图 3-4　缓变杂质分布区的内建电场

在非均匀半导体中，不仅多数载流子存在浓度梯度及扩散趋势，少数载流子也存在浓度梯度及扩散趋势，内建电场同时也阻止少数载流子扩散。平衡时少数载流子的扩散趋势及漂移趋势也恰好抵消，使少数载流子电流等于零，因此可以写出

$$\begin{cases} J_{\mathrm{n}} = q\mu_{\mathrm{n}}n\varepsilon_{\mathrm{BG}} + qD_{\mathrm{n}}\dfrac{\mathrm{d}n}{\mathrm{d}x} = 0 \\[2mm] J_{\mathrm{p}} = q\mu_{\mathrm{p}}p\varepsilon_{\mathrm{BG}} - qD_{\mathrm{p}}\dfrac{\mathrm{d}p}{\mathrm{d}x} = 0 \end{cases} \tag{3-3}$$

式中，J_{n} 为电子电流密度，μ_{n} 为电子迁移率，D_{n} 为电子扩散系数，J_{p} 为空穴电流密度，μ_{p} 为空穴迁移率，D_{p} 为空穴扩散系数。根据式（3-3），利用爱因斯坦关系可求出

$$\begin{cases} \varepsilon_{\mathrm{BG}} = -\dfrac{KT}{q}\dfrac{1}{n}\dfrac{\mathrm{d}n}{\mathrm{d}x} \\[2mm] \varepsilon_{\mathrm{BG}} = \dfrac{KT}{q}\dfrac{1}{p}\dfrac{\mathrm{d}p}{\mathrm{d}x} \end{cases} \tag{3-4}$$

为最终求出 $\varepsilon_{\mathrm{BG}}$，需要在缓变杂质分布区解泊松方程，一般也得不到解析解。但是对于某些特殊的杂质分布，能很容易地求出 $\varepsilon_{\mathrm{BG}}$。例如，当施主杂质在晶体中按式（3-5）所示的指数函数分布时，式中的 N_0 及 x_0 为常数

$$N_D = N_0 \mathrm{e}^{-\frac{x}{x_0}} \tag{3-5}$$

根据式（3-4）求出 $\varepsilon_{\mathrm{BG}} = \dfrac{KT}{q}\dfrac{1}{x_0}$ =常数，电中性条件必然成立，$N=N_{\mathrm{D}}$。

在当前实用半导体器件中，多半采用离子注入或扩散技术获得缓变杂质分布。其典型

分布规律为高斯函数或余误差函数，这两种分布都十分接近于指数函数分布，因此在这类缓变杂质分布区里可使用准中性近似，即认为

$$\begin{cases} \varepsilon_{BG} = -\dfrac{KT}{q}\dfrac{1}{N_D(x)}\dfrac{dN_D(x)}{dx} & \text{（N型）} \\[3mm] \varepsilon_{BG} = \dfrac{KT}{q}\dfrac{1}{N_A(x)}\dfrac{dN_A(x)}{dx} & \text{（P型）} \end{cases} \tag{3-6}$$

总之，PN 结除空间电荷区以外，若杂质均匀分布，则电中性条件成立。常见的杂质缓变分布区可采用准中性近似，因而 PN 结除空间电荷区以外的部分被称为中性区。采用了准中性近似，虽然空间电荷浓度近似视为零，但其内建电场是不可忽视的，内建电场的方向及强度都对器件性能有重要影响。

假设平衡 PN 结的空间电荷区向结面两侧伸展的距离分别为 x_p、x_n，根据正、负电荷相等的电中性条件，应该有

$$\int_{-x_p}^{0} \rho_1(x)dx + \int_{0}^{x_n} \rho_2(x)dx = 0 \tag{3-7}$$

式中，$\rho_1(x)$、$\rho_2(x)$ 表示空间电荷区 P 侧和 N 侧的电荷分布函数。

2. 平衡 PN 结的能带

平衡 PN 结的状态可以用能带图表示。如图 3-5（a）所示为 P 型、N 型两块半导体的能带图，图中 E_{Fp} 表示 P 型半导体的费米能级，E_{Fn} 表示 N 型半导体的费米能级。当两块半导体结合形成 PN 结时，按照费米能级的意义，电子将从费米能级高的 N 区流向费米能级低的 P 区，空穴则从 P 区流向 N 区，因而 E_{Fn} 不断下移，E_{Fp} 不断上移，直至 $E_{Fp} = E_{Fn}$。这时 PN 结处于平衡状态，整个 PN 结中有统一的费米能级 E_F。平衡 PN 结的能带如图 3-5（b）所示。

事实上，E_{Fn} 是随着 N 区能带一起下移，E_{Fp} 随着 P 区能带一起上移的。能带相对移动的原因是 PN 结空间电荷区中存在内建电场。随着从 N 区指向 P 区的内建电场的不断增大，空间电荷区内电势 $V(x)$ 由 N 区向 P 区不断降低，而电子的电势能 $-qV(x)$ 则由 N 区向 P 区不断升高，所以，P 区的能带相对 N 区上移，而 N 区的能带相对 P 区下移，直至费米能级处处相等时，能带才停止相对移动，PN 结达到平衡状态。因此，PN 结中费米能级处处相等标志了每种载流子的扩散电流与漂移电流互相抵消，没有净电流通过 PN 结。

从图 3-5（b）看出，在 PN 结的空间电荷区，能带发生了弯曲，这是因为空间电荷区的电势能发生了变化。能带弯曲的结果导致电子从势能低的 N 区向势能高的 P 区运动时，必须爬升这一势能"高坡"，才能达到 P 区。同理，空穴也必须爬升这一势能"高坡"，才能从 P 区到达 N 区。这一势能"高坡"被称为 PN 结的势垒，因此空间电荷区又称为势垒区。势能"高坡"的高度为 qV_D，其中 V_D 为 PN 结空间电荷区两侧的电势差。

总之，PN 结的能带具有如下特点：

（1）P 型区导带底比 N 型区导带底高 qV_D，P 型区价带顶比 N 型区价带顶高 qV_D；

（2）能带图中，禁带宽度处处相等；

（3）在空间电荷区内，PN 结的能带是弯曲的。

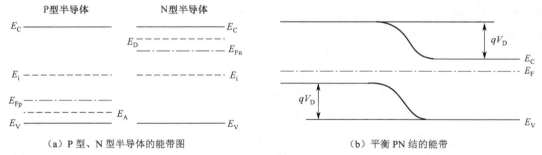

图 3-5　PN 结能带图

3. 平衡 PN 结的接触电势差 V_D

平衡 PN 结的空间电荷区两端的电势差 V_D 称为 PN 结的接触电势差或内建电势差。相应的电子电势能之差即能带的弯曲量 qV_D 称为 PN 结的势垒高度。势垒高度正好补偿了 N 区和 P 区的费米能级之差，使平衡 PN 结的费米能级处处相等，因此

$$qV_D = E_{Fn} - E_{Fp} \tag{3-8}$$

N 区和 P 区的平衡电子浓度分别用 n_{n0}、n_{p0} 表示，对非简并半导体，有

$$n_{n0} = n_i \exp\left(\frac{E_{Fn} - E_i}{k_0 T}\right)$$

$$n_{p0} = n_i \exp\left(\frac{E_{Fp} - E_i}{k_0 T}\right)$$

两式相除取对数得

$$\ln \frac{n_{n0}}{n_{p0}} = \frac{1}{k_0 T}\left(E_{Fn} - E_{Fp}\right)$$

因为 $n_{n0} \approx N_D$，$n_{p0} \approx n_i^2 / N_A$，所以

$$V_D = \frac{1}{q}\left(E_{Fn} - E_{Fp}\right) = \frac{k_0 T}{q}\left(\ln \frac{n_{n0}}{n_{p0}}\right) = \frac{k_0 T}{q}\left(\ln \frac{N_D N_A}{n_i^2}\right) \tag{3-9}$$

式（3-9）表明，V_D 和 PN 结两边的掺杂浓度、温度、材料的禁带宽度有关。在一定的温度下，突变结两边的掺杂浓度越高，接触电势差 V_D 越大；禁带宽度越大，n_i 越小，V_D 也越大。

对于理想的突变结，由于硅的禁带宽度比锗的禁带宽度大得多，因此硅 PN 结的 V_D 比锗 PN 结的 V_D 大。若 $N_A = 10^{17}\text{cm}^{-3}$，$N_D = 10^{15}\text{cm}^{-3}$，在室温下可以算得硅的 $V_D = 0.7\text{V}$，锗的 $V_D = 0.32\text{V}$。

对于线性缓变结，由于结面附近的掺杂浓度梯度可视为一常数 a_j，即

$$\left.\frac{dN(x)}{dx}\right|_{x=x_j=0} = a_j$$

可以得到

$$V_D = \frac{2kT}{q}\ln\left(\frac{a_j x_m}{2n_i}\right) \tag{3-10}$$

式中，x_m 是 PN 结空间电荷区的总宽度。

4. 平衡 PN 结空间电荷区内载流子的浓度分布

现在来计算平衡 PN 结中各处的载流子浓度。空间电荷区中任意一点 x 的电势记为 $V(x)$，电势能记为 $E(x)$。在空间电荷区内部，从 P 区一侧到 N 区一侧，电势逐步升高，N 区边界的电势比 P 区边界的电势高 V_D。设 P 区的电势为零，则 $V(x)$ 为正值。如图 3-6 所示，$V(-x_p)=0$，$V(x_n)=V_D$，图中的 x_n、$-x_p$ 分别为 N 区一侧和 P 区一侧的空间电荷区边界。空间电荷区中电子的电势能为 $E(x)=-qV(x)$。在空间电荷区的两个边界，电子的电势能 $E(-x_p)=0$，$E(x_n)=E_{cn}=-qV_D$。空间电荷区内点 x 处的电势能为 $E(x)$，比 N 区高 $qV_D-qV(x)$。

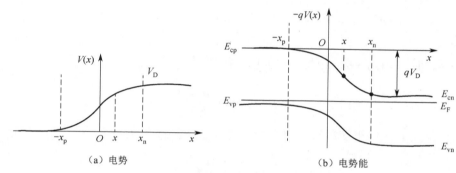

图 3-6　平衡 PN 结中的电势和电势能

对非简并材料，点 x 处的电子浓度为

$$n(x)=\int_{E(x)}^{\infty} \frac{1}{2\pi^2}\frac{(2m_{dn})^{3/2}}{\hbar^3}\exp\left(\frac{E_F-E}{k_0T}\right)\left[E-E(x)\right]^{1/2}\mathrm{d}E \tag{3-11}$$

令 $Z=\left[E-E(x)\right]/(k_0T)$，则式（3-11）变为

$$n(x)=\frac{1}{2\pi^2}\frac{(2m_{dn})^{3/2}}{\hbar^3}(k_0T)^{3/2}\exp\left(\frac{E_F-E(x)}{k_0T}\right)\int_0^{\infty}Z^{1/2}\mathrm{e}^{-Z}\mathrm{d}Z$$

$$=\frac{2}{\hbar^3}\left(k_0T\frac{m_{dn}k_0T}{2\pi}\right)^{3/2}\exp\left(\frac{E_F-E(x)}{k_0T}\right) \tag{3-12}$$

$$=N_c\exp\left(\frac{E_F-E(x)}{k_0T}\right)$$

考虑到 $E(x)=-qV(x)$，$n_{n0}=N_c\exp\left(\dfrac{E_F-E_{cn}}{k_0T}\right)$，$E_{cn}=-qV_D$，式（3-12）又可写为

$$n(x)=n_{n0}\exp\left[\frac{E_F-E(x)}{k_0T}\right]=n_{n0}\exp\left[\frac{qV(x)-qV_D}{k_0T}\right] \tag{3-13}$$

当 $x=x_n$ 时，$V(x)=V_D$，根据式（3-13）得到

$$n(x_n)=n_{n0}$$

当 $x=-x_p$ 时，$V(x)=0$，根据式（3-13）得到

$$n(-x_p)=n_{n0}\exp\left(\frac{-qV_D}{k_0T}\right)$$

$n(x_n)$ 就是 N 区中平衡载流子电子的浓度 n_{n0}，$n(-x_p)$ 就是 P 区中平衡载流子电子的浓度 n_{p0}。二者有如下关系

$$n_{p0} = n_{n0} \exp\left[-\frac{qV_D}{k_0 T}\right] \tag{3-14}$$

同理，可以求出点 x 处的空穴浓度为

$$p(x) = p_{n0} \exp\left[\frac{qV_D - qV(x)}{k_0 T}\right] \tag{3-15}$$

式中，p_{n0} 是 N 区中平衡载流子空穴的浓度。

当 $x = x_n$ 时，$V(x) = V_D$，根据式（3-15）得到

$$p(x_n) = p_{n0}$$

当 $x = -x_p$ 时，$V(x) = 0$，根据式（3-15）得到

$$p(-x_p) = p_{n0} \exp\left(\frac{qV_D}{k_0 T}\right)$$

$p(-x_p)$ 就是 P 区中平衡载流子空穴的浓度 p_{p0}，与 p_{n0} 的关系为

$$p_{p0} = p_{n0} \exp\left(\frac{qV_D}{k_0 T}\right) \tag{3-16}$$

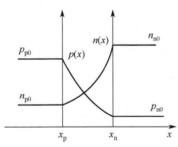

图 3-7　平衡 PN 结中的电子和空穴的
浓度分布

式（3-13）和式（3-15）表示平衡 PN 结中的电子和空穴的浓度分布。式（3-14）和式（3-16）表示同一种载流子在空间电荷区两边的浓度关系服从玻尔兹曼分布函数的关系。利用式（3-13）和式（3-15）得到平衡 PN 结中的电子和空穴的浓度分布，如图 3-7 所示。

下面通过实例进一步讨论空间电荷区载流子浓度的分布情况。例如，空间电荷区内某点 x 处，电势能比 N 区导带底 E_{cn} 高 0.1eV。根据式（3-11）可估算此处的电子浓度为

$$n(x) = n_{n0} e^{-\frac{0.1}{0.026}} \approx \frac{n_{n0}}{50} \approx \frac{N_D}{50}$$

如果势垒高度为 0.7eV，根据式（3-15）可估算出此处的空穴浓度为

$$p(x) = p_{n0} \exp\left[\frac{qV_D - qV(x)}{k_0 T}\right]$$

$$= p_{p0} \exp\left[-\frac{qV(x)}{k_0 T}\right]$$

$$= p_{p0} e^{-\frac{0.6}{0.026}} \approx 10^{-10} p_{p0} \approx 10^{-10} N_A$$

也就是说，在空间电荷区中势能比 N 区导带底高 0.1eV 处，空穴浓度为 P 区多数载流子的 10^{-10} 倍，而该处的电子浓度为 N 区多数载流子的 1/50。无论是电子还是空穴，浓度

都远远低于 N 区和 P 区的多数载流子浓度。实际情况是，在室温下，对于绝大部分空间电荷区，其中杂质虽然都已电离，但载流子浓度比 N 区和 P 区的多数载流子浓度仍小得多，好像已经耗尽了。所以通常空间电荷区又称为耗尽区或耗尽层，即认为其中的载流子浓度很小，可以忽略，空间电荷密度就等于电离掺杂浓度。

3.1.3　PN 结的正向特性

当在 PN 结上施加偏置电压时，PN 结不再处于平衡状态，有净电流流过 PN 结。一般规定 PN 结的 P 区接电源正极为正向偏置，简称正偏；否则为反向偏置，简称反偏。

为了简化问题，方便分析，做以下假设：

（1）P 型区域和 N 型区域的宽度远远大于少数载流子的扩散长度；

（2）P 型区域和 N 型区域的体电阻足够小，外加的偏置电压基本完全降落在空间电荷区；

（3）空间电荷区的宽度远远小于少数载流子的扩散长度，即在空间电荷区不存在载流子的产生与复合；

（4）载流子在 PN 结中做一维运动；

（5）非平衡载流子的注入为小注入，即注入的非平衡少数载流子浓度远远小于 P 区和 N 区中的多数载流子浓度。

PN 结正向偏置的连接图如图 3-8 所示。当在 PN 结上施加正向偏压时，根据前面的假设，外加电压几乎全部降落在空间电荷区，在空间电荷区产生了一个外电场。该外电场方向与空间电荷区的自建电场方向相反，二者叠加削弱了空间电荷区中的电场强度。空间电荷区电场强度的减小打破了原有的载流子扩散运动和漂移运动之间的动态平衡，结果使载流子的扩散运动加强，漂移运动减弱。这时，将有源源不断的电子从 N 区扩散到 P 区，以及源源不断的空穴从 P 区扩散到 N 区，分别成为 P 区和 N 区的非平衡载流子。由 PN 结正向偏置而产生非平衡载流子的现象称为 PN 结正向注入效应。

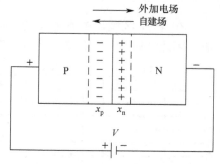

图 3-8　PN 结正向偏置的连接图

注入的非平衡载流子会做扩散运动。由 N 区注入 P 区的电子在 P 区做扩散运动，由 P 区注入 N 区的空穴在 N 区做扩散运动。尽管这些注入的电子和空穴所做的扩散运动方向相反，但由于它们所带电荷的符号相反，因此扩散运动形成的电流方向是相同的，都是从 P 区流向 N 区。这两股电流构成了 PN 结的正向电流。

PN 结电流的基本公式如式（3-17）所示，其中 V 是施加在 PN 结上的偏压，p_{n0}、n_{p0} 分别是空间电荷区边界处的少数载流子浓度，L_n、L_p 分别是电子和空穴的扩散长度，D_n、D_p 分别是电子和空穴的扩散系数。

$$j = q\left(\frac{n_{p0}D_n}{L_n} + \frac{p_{n0}D_p}{L_p}\right)\left(e^{\frac{qV}{kT}} - 1\right) \tag{3-17}$$

由于空间电荷区中电场减弱，空间电荷区所包含的空间电荷将会减少，导致空间电荷区宽度变窄，势垒高度降低，P 区与 N 区之间的电势能差值减小。若外加正向偏压为 V_A，则势垒高度就从 qV_D 减小为 $q(V_D - V_A)$。与平衡 PN 结相比，非平衡 PN 结的能带图将发生明显变化，如图 3-9 所示，图中虚线表示平衡 PN 结的能带，x_m、x_{m1} 分别表示 PN 结平衡状态和正向偏置时空间电荷区的宽度。

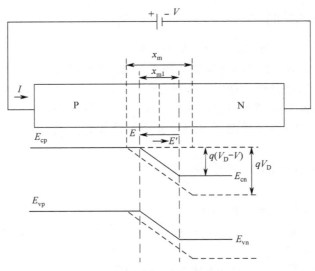

图 3-9　正偏 PN 结的能带图

在 P 型区域，电流主要是空穴的漂移电流；在 N 型区域，电流主要是电子的漂移电流。因此，通过 PN 结的电流就存在一个从电子电流转换为空穴电流的转换问题。如图 3-10

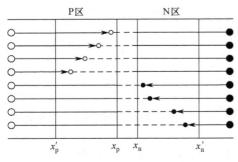

图 3-10　正向 PN 结电流的传输与转换过程

所示为正向 PN 结电流的传输与转换过程。图中虚线代表电子或空穴的扩散电流，实线代表漂移电流，x_p、x_n 表示空间电荷区的边界，$x_n \sim x'_n$ 为空穴扩散区，$x_p \sim x'_p$ 为电子扩散区。x_p、x'_p 之间的距离大概为电子扩散长度 L_n 的 3~5 倍，x_n、x'_n 之间的距离大概为空穴扩散长度 L_p 的 3~5 倍。以从 P 型区域注入 N 型区域的空穴电流为例进行说明，在外电场的作用下，P 型区域的空穴向空间电荷区方向做漂移运动，并越过空间电荷区。这些空穴越过 x_n 之后，进入 N 型区域，成为注入的非平衡载流子，开始向 N 型区域深处方向做扩散运动。这些空穴在扩散过程中，会不断与 N 型区域漂移过来的电子进行复合，并在 x'_n 处基本完全与电子复合而消失。这个空穴复合和消失的过程，就是空穴电流向电子电流转换的过程。从 N 区注入 P 区的电子电流的情况与此类似。

在 PN 结的不同区域，电子电流和空穴电流的大小并不一定相等，但二者之和始终是相等的，只是载流子的类型发生了改变。这说明电流转换并不是电流的中断，而仅仅是形成电流的载流子类型发生了改变，但 PN 结内部的电流是连续的。

平衡 PN 结具有统一的费米能级 E_F。但当 PN 结加有正向偏压 V_A 时，PN 结平衡被破坏，这时 P 区和 N 区将没有统一的费米能级，N 区费米能级 E_{Fn} 相对 P 区费米能级 E_{Fp} 会

随之抬高 qV_A，即 N 区与 P 区的费米能级之差为

$$E_{Fn} - E_{Fp} = qV_A \qquad (3\text{-}18)$$

由于外加电压的作用，N 区向 P 区注入电子，P 区向 N 区注入空穴，并各自向体内扩散。$x_n \sim x_n'$ 为空穴扩散区，$x_p \sim x_p'$ 为电子扩散区，在这些区域内都有非平衡载流子，说明在扩散区和势垒区，电子和空穴没有统一的费米能级，这时必须用电子准费米能级 E_{Fn}' 和空穴准费米能级 E_{Fp}' 来表示，如图 3-11 所示。

在电子扩散区内，空穴准费米能级 E_{Fp}' 不发生变化，等于 P 区的费米能级 E_{Fp}，这是因为在电子扩散区中空穴是多数载流子，虽然为了满足电中性条件，当电子浓度增大 Δn 时，空穴浓度也增大 Δp，且 $\Delta n = \Delta p$，但因为是小注入，$\Delta p \ll p_p^0$（p_p^0 为平衡状态时 P 区中的空穴浓度），可以认为空穴浓度基本没有变化，因而在此区域内 $E_{Fp}' = E_{Fp}$。同理，在空穴扩散区内，电子的准费米能级 $E_{Fn}' = E_{Fn}$。

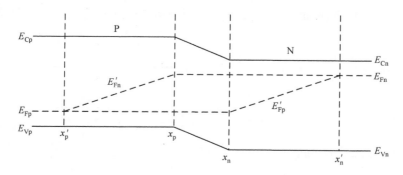

图 3-11　正向 PN 结的费米能级

在空间电荷区中，由于忽略了电子和空穴的复合，因此电子和空穴的浓度保持不变，使得准费米能级保持水平。

在 P 区的电子扩散区内，由于电子浓度很小，而且存在复合作用，电子浓度显著地减小，因此电子的准费米能级也将随之急剧地发生变化（下降）。在 N 区的空穴扩散区内，由于空穴浓度很小，而且存在复合作用，空穴浓度显著地减小，因此空穴的准费米能级也将随之急剧地发生变化（上升）。

在引入电子准费米能级 E_{Fn}' 和空穴准费米能级 E_{Fp}' 后，非平衡状态下的载流子浓度仍然可以按类似于平衡状态下的情况来处理，从而得到如图 3-12 所示的少子浓度分布。

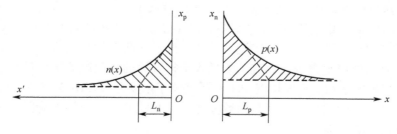

图 3-12　正向 PN 结的少子浓度分布

3.1.4　PN 结的反向特性

当在 PN 结上施加反向偏压时，外加电压方向与自建电场方向相同，如图 3-13 所示。外加电压方向与自建电场叠加的结果是使得空间电荷区中的电场强度增大。空间电荷区中电场强度的增大打破了 PN 结中载流子扩散运动和漂移运动的动态平衡，其结果是载流子的漂移运动加强，扩散运动减弱。P 区中的电子和 N 区中的空穴都向空间电荷区方向做漂移运动。这时，N 区中的空穴一旦到达空间电荷区的边界，就会被电场拉向 P 区。同样，P 区中的电子一旦到达空间电荷区的边界，就会被电场拉向 N 区。这样就形成了从 N 区向 P 区的反向电流，这种现象称为 PN 结的反向抽取作用。

空间电荷区中的电场增大了，使得空间电荷区所包含的空间电荷增多，空间电荷区的宽度加大，势垒高度升高，P 区与 N 区之间的电势能差值变大。若外加反向偏压为 V_A，则势垒高度就从 qV_D 增大为 $q(V_D + V_A)$。反向偏置 PN 结的能带图如图 3-14 所示，图中的虚线表示平衡 PN 结的能带，x_m、x_{m2} 分别表示 PN 结平衡状态和反向偏置时空间电荷区的宽度。

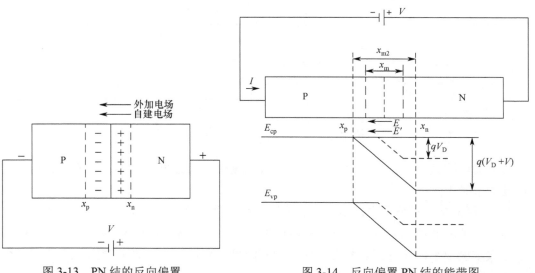

图 3-13　PN 结的反向偏置　　　　　　　图 3-14　反向偏置 PN 结的能带图

空间电荷区载流子的漂移运动大于扩散运动，使得空间电荷区 x_n 附近的空穴浓度和 x_p 附近的电子浓度低于平衡值。由于反向抽取作用，在 N 区 x_n 附近的空穴浓度低于平衡浓度，存在空穴浓度梯度；在 P 区 x_p 附近的电子浓度低于平衡浓度，存在电子浓度梯度。浓度梯度的存在将使少数载流子向空间电荷区的边界扩散，即 P 区的电子和 N 区的空穴都会向空间电荷区的边界扩散，必然使在载流子浓度低于平衡值的临近边界区域有载流子的净产生。当单位时间内产生的少数载流子数量等于扩散掉的少数载流子数量时，便形成了稳定的少数载流子浓度分布。反向偏置 PN 结的载流子浓度分布如图 3-15 所示。在空间电荷区附近，少数载流子的浓度分布也是指数分布，只是随着接近空间电荷区，少数载流子的浓度由平衡值逐渐趋于零。

反向 PN 结对 N 区和 P 区少数载流子的抽取作用所形成的 PN 结反向电流，称为反向

扩散电流（又称反向电流）。反向电流的方向为由 N 区流向 P 区，大小为

$$j = q\left(\frac{n_{p0}D_n}{L_n} + \frac{p_{n0}D_p}{L_p}\right)\left(e^{\frac{qV}{kT}} - 1\right) \tag{3-19}$$

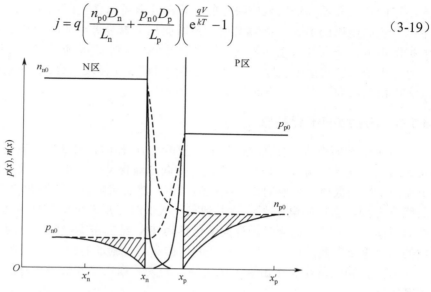

图 3-15　反向偏置 PN 结的载流子浓度分布

反向电流公式与正向电流公式的形式完全相同，区别在于正向 PN 结的偏压 V 为正值，反向 PN 结的偏压 V 为负值。PN 结反向偏置时，如果偏压 V 的绝对值稍大，则 $e^{\frac{qV}{kT}} \to 0$，式（3-19）可简化为

$$j = -q\left(\frac{n_{p0}D_n}{L_n} + \frac{p_{n0}D_p}{L_p}\right) \tag{3-20}$$

式（3-20）表明，反向电流会趋于一个与反向偏压大小无关的饱和值。该饱和值仅与少数载流子浓度、扩散长度、扩散系数等有关，称为反向饱和电流。

反向电流是由 PN 结附近产生的而又扩散到边界处的少数载流子形成的。P 区中只有在厚度等于电子扩散长度的区域（即 $x_p \sim x_p'$ 区域）内产生的电子，才有机会扩散到边界，在反向 PN 结的抽取作用下拉入 N 区，成为多子漂移电流。N 区中厚度等于空穴扩散长度的区域的空穴也有类似的情况。

可以把 PN 结的正向电流和反向电流统一写成

$$j = q\left(\frac{n_{p0}D_n}{L_n} + \frac{p_{N0}D_p}{L_p}\right)\left(e^{\frac{qV}{kT}} - 1\right) \tag{3-21}$$

式（3-21）统一概括了 PN 结正向和反向的电流-电压关系。$V > 0$ 代表正向电压，这时 $j > 0$，代表电流由 P 区流向 N 区；$V < 0$ 代表反向电压，这时 $j < 0$，代表电流由 N 区流向 P 区。

PN 结的伏安特性曲线如图 3-16 所示。从中可以明显看出 PN 结具有单向导电性，即正向偏置时通过 PN 结的电

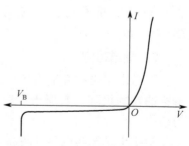

图 3-16　PN 结的伏安特性曲线

流会较大，而反向偏置时通过 PN 结的电流非常小（反向饱和电流）。PN 结的单向导电性是由正向注入和反向抽取效应决定的。正向注入可以使空间电荷区边界附近的少数载流子浓度随正向偏压的增大而指数增长，会增加几个数量级，从而形成很大的浓度梯度和很大的扩散电流。反向抽取使边界的少数载流子浓度减小，并随反向偏压的增大很快趋于零，边界处少子浓度的变化量最大不会超过平衡时的少子浓度。因此，PN 结正向电流随电压的增大而快速增大，而反向电流却很快趋于饱和。

3.1.5　PN 结的击穿特性

由 PN 结的电流-电压特性可知，当加反向电压时，开始时反向电流随反向电压的增大略有增大，随后随着反向电压的增大，反向电流保持一个很小的数值而不再发生变化，这个反向电流的数值就是反向饱和电流的大小。然而从实验测得的如图 3-16 所示的 I-V 特性曲线可看到，当反向电压继续增大到某一数值时，反向电流突然变大，这种现象称为 PN 结的反向击穿。发生击穿时的反向偏压称为 PN 结的击穿电压，记为 V_B。击穿电压是 PN 结的一个重要参数，稳压二极管就是利用击穿特性制造的。

击穿分为电击穿和热击穿，电击穿又分为雪崩击穿和隧道击穿。下面分别介绍这三种击穿机理。

1．雪崩击穿

当 PN 结反向偏置时，PN 结的反向电流主要是由 P 区扩散到 N 区的电子和由 N 区扩散到 P 区的空穴形成的。由于二者的浓度都比较低，因此反向电流比较小。随着 PN 结反向偏压的增大，空间电荷区中的电场增强，通过空间电荷区的电子和空穴在电场的作用下就可以获得很高的速度，具有很大的动能。这些载流子在空间电荷区中运动时，不断地与晶格原子发生"碰撞"。这些电子和空穴的能量足够大，通过这种碰撞，可以使晶格原子中的满带电子激发到导带，成为导电的电子，同时产生一个空穴，即形成电子-空穴对，这种现象称为碰撞电离。新产生的电子和空穴及原有的电子和空穴在强电场的作用下，向相反的方向运动，重新获得很大的动能，继续和晶格原子发生碰撞，又进一步产生新的电子-空穴对，这就是载流子倍增效应。如图 3-17 所示，这个过程一直重复下去，就会产生大量的电子-空穴对。因此，当反向偏压增大到某一数值时，载流子的倍增如同雪山上的雪崩现象一样，使得载流子的数量迅速增大，反向电流急剧增大，从而发生了 PN 结击穿。这种击穿称为雪崩击穿。

简单地说，雪崩击穿就是反向电压增大到某一数值时，强电场使载流子获得足够的能量并与晶格原子发生碰撞的结果。硅 PN 结发生雪崩击穿时的电场强度为 $3\times10^5 \sim 7\times10^5$V/cm。

2．隧道击穿

隧道击穿也称齐纳击穿，通常发生在 P 区和 N 区的掺杂浓度都很高的 PN 结中。隧道击穿的物理机理与雪崩击穿完全不同，它是电子的隧道穿透效应在强电场作用下迅速增强的结果。

当 PN 结空间电荷区两侧的掺杂浓度很高，而且 PN 结加上较大的反向偏置电压时，PN 结能带的弯曲程度将明显增大，空间电荷区导带和价带的水平距离显著减小，如图 3-18 所示。这样就有可能使 P 区的价带顶高于 N 区的导带底，导致 P 区部分价带电子的能量高于 N 区导带电子的能量。根据量子力学理论，P 区价带中的电子将有一定的概率穿过禁带，进入 N 区的导带，并在 N 区成为自由电子。在禁带的水平距离比较小时，P 区价带中的电子有一定的概率穿越禁带，从而到达 N 区的导带，这种现象为隧道效应。理论分析表明，穿透概率随着禁带水平宽度（又称为隧道宽度）的减小而指数增大。在 P 区和 N 区的掺杂浓度一定的情况下，能带弯曲的程度取决于空间电荷区的电场强度，电场越强，能带弯曲更严重，隧道宽度越小，穿透概率越大。所以，只要空间电荷区中的电场足够强，就有大量电子通过隧道穿透从价带进入导带。最后的结果是反向电流迅速增大，从而发生击穿。

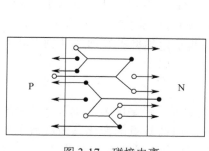

图 3-17　碰撞电离

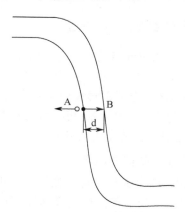

图 3-18　隧道效应示意图

相比于雪崩击穿，隧道击穿对空间电荷区电场强度的要求更高。硅 PN 结发生隧道击穿时的电场强度约为 10^6V/cm。

隧道击穿与雪崩击穿的机理主要有以下区别。

（1）PN 结的掺杂浓度不同。雪崩击穿的 PN 结掺杂浓度不太高。在雪崩击穿中，载流子在电场力的作用下，通过一个加速过程才能获得较大的动能。掺杂浓度越低，空间电荷区的宽度越大，同一个载流子在空间电荷区完成碰撞的次数越多。隧道击穿的 PN 结掺杂浓度较高。掺杂浓度越高，空间电荷区越窄，也就是禁带的水平距离越小，P 区价带的电子穿越隧道的概率就越大。

（2）温度的影响效果不同。隧道击穿对应的击穿电压温度系数是负的，即随着温度的升高，击穿电压会变小。这是因为温度升高导致禁带宽度减小，使隧道宽度减小，P 区价带的电子穿越隧道的概率就会增大。雪崩击穿对应的击穿电压温度系数是正的，即随着温度的升高，击穿电压会变大。这是因为随着温度的升高，晶格振动加剧，载流子自由度减小，平均自由程缩小，载流子积累足够的能量变得困难，使雪崩倍增的碰撞电离的概率减小。

（3）光照或快速粒子轰击等外界作用的效果不同。对于雪崩击穿，如果用光照或快速粒子轰击等办法，会导致空间电荷区的电子和空穴数量增加。增加的这些电子和空穴同样会有倍增效应。而光照或快速粒子轰击作用对于隧道击穿则不会有明显的影响。

需要说明的是，无论是雪崩击穿还是隧道击穿，都不是破坏性击穿，即这类击穿并不对 PN 结造成损坏。

3．热击穿

热击穿是一种由热效应引起的 PN 结破坏。在反向电压的作用下 PN 结产生反向电流，引起热损耗。如果 PN 结的散热效果差，将使 PN 结温度升高。温度的升高又会使载流子数量增加，导致反向电流进一步增大，从而产生更多的热量，使 PN 结温度进一步上升。如此反复下去，会形成一种恶性循环，最后导致 PN 结烧毁。特别是因材料不均匀（如缺陷、厚度不均等）或工艺上的不完整性（如扩散结不均、因绕结不良而出现空洞致使热阻不均、铝层边缘剑锋、划伤等）导致整个 PN 结结面电流分配不均匀时，更容易发生这种击穿。不同于雪崩击穿和隧道击穿，热击穿属于破坏性击穿。

3.1.6　PN 结的电容效应

在 PN 结空间电荷区中有空间电荷存在，空间电荷区越宽，空间电荷就越多。通过进一步的分析可以发现，空间电荷区的宽度除与材料的掺杂浓度有关外，还与外加电压有关。PN 结空间电荷区的电荷量随着外加偏置电压的变化而变化，表明 PN 结具有电容效应。

PN 结的电容效应是 PN 结的基本性质，它是决定结型半导体器件频率特性的主要因素。PN 结电容由势垒电容和扩散电容两部分组成。

1．PN 结的势垒电容

当 PN 结上的偏置电压发生变化时，空间电荷区（势垒区）的宽度会随之发生变化，从而导致在空间电荷区的电荷数量发生变化。这种电荷数量的变化是由载流子的注入和流出而实现的，载流子的注入相当于电容的充电，而载流子的流出相当于电容的放电。因此，PN 结很像一个电容器，存在电容效应，这个电容称为势垒电容。

PN 结上的电位始终是 N 区比 P 区高。用 V_t 表示 N 区相对 P 区的电压。V_t 与 PN 结偏置电压 V 的关系为 $V_t = V_D - V$，其中 V_D 为接触电势差，正向偏压时 $V > 0$，反向偏压时 $V < 0$。令 X_m 表示空间电荷区的厚度，$\pm Q$ 分别表示空间电荷区中的正电荷量、负电荷量。如果 V_t 增大了，变为 $V_t + \Delta V_t$，那么必然有一充电电流，使空间电荷区中正电荷量和负电荷量增大到 $Q + \Delta Q$。在耗尽近似的情况下，正电荷量、负电荷量的增加是靠空间电荷区厚度的变化来实现的，即空间电荷区厚度由 X_m 变为 $X_m + \Delta X_m$。之所以如此，是因为原来在 ΔX_m 层内的载流子（N 区中的电子、P 区中的空穴）流走了，形成了充电电流，从而使空间电荷区的电荷量增大，如图 3-19（a）所示。同理，如果 V_t 减小，空间电荷区的电荷数量减少，放电电流使载流子（N 区中的电子、P 区中的空穴）填充空间电荷区两边厚度为 ΔX_m 的一层，中和这一层的电离施主正电荷和电离受主负电荷，从而使空间电荷区的厚度减小，如图 3-19（b）所示。随着 PN 结上电压的改变，空间电荷区的厚度发生改变，空间电荷区中的电量也将改变，这种现象反映了 PN 结空间电荷区具有电容效应。PN 结空间电荷区对电子和空穴都起着势垒的作用，空间电荷区又称为势垒区，所以 PN 结空间电荷区的电容又经常被称为 PN 结的势垒电容。PN 结的势垒电容的大小就是 PN 结空间电荷区中外加电压的改变量 ΔV 与电荷改变量 ΔQ 的比值，如下

$$C_T = \frac{\Delta Q}{\Delta V} \tag{3-22}$$

式（3-22）通常写成

$$C_T = \frac{dQ}{dV} \tag{3-23}$$

和平行板电容器一样，PN 结的势垒电容的电容值正比于空间电荷区的截面积 S，反比于空间电荷区的厚度 X_m，如下

$$C_T = \frac{\varepsilon_{si}\varepsilon_0 S}{X_m} \tag{3-24}$$

式中，X_m 为平行板电容器两极板的间距，ε_{si} 为硅的相对介电常数。

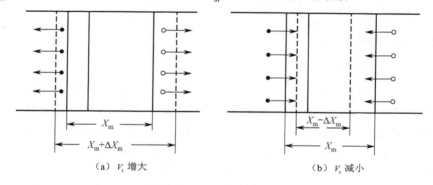

（a）V_r 增大　　　　　　　　（b）V_r 减小

图 3-19　PN 结的电容效应

PN 结的势垒电容与一般平行板电容器有着明显的区别。平行板电容器两极板间的距离是一个常数，它不随电压 V 的变化而变化，而 PN 结的空间电荷宽度 X_m 不是一个常数，而是随电压 V 的变化而变化的。因此平行板电容器的电容是常数，而 PN 结势垒电容是偏置电压 V 的函数。通常所说的 PN 结电容是指在一定的直流外加偏压下，当电压有一微小变化 ΔV 时，相应的电荷量变化 ΔQ 与 ΔV 的比值，一般称为微分电容。

2．PN 结的扩散电容

PN 结空间电荷区两侧扩散区中载流子的运动具有电容效应。当 PN 结的偏置电压变化时，扩散区所积累的少数载流子的数量会发生变化，扩散区中积累的电荷量也随着改变，所以称为扩散电容。PN 结电流是由 P 型扩散区中的电子扩散电流和 N 型扩散区中的空穴扩散电流组成的。这两部分电流都是非平衡少子的扩散电流，它们的增减是与扩散区中非平衡载流子浓度梯度的增减相联系的。要增大或减小载流子的浓度梯度，就要有载流子"充入"或"放出"扩散区。因此，当 PN 结的正向电压增大时，为了使正向电流随着增大，扩散区要积累更多的非平衡载流子，相当于扩散电容的充电。而当正向电压减小时，为了使正向电流随着减小，积累在扩散区中的非平衡载流子就要减少，相当于扩散电容的放电。

在加正向偏置电压时，扩散区中积累的非平衡载流子的电荷数量随着偏置电压的增大快速增加，因此正向偏置时的扩散电容很大。在加反向偏置电压时，扩散区中的少数载流子浓度将低于平衡时的浓度，对应的电荷数量随偏置电压的变化很小，因此反向偏置时的扩散电容很小，可以忽略。

通过进一步的分析可以得到，正向 PN 结的扩散电容为空穴扩散区电容和电子扩散区电容之和。

3．PN 结电容与平行板电容器的区别

PN 结电容与平行板电容器很相似，但又有明显的区别，主要体现在以下几点。

（1）PN 结电容的容值随外加电压的变化而变化，是非线性电容，而平行板电容器的电容是固定值；

（2）形成势垒电容的势垒区中充满空间电荷，且与 PN 结两侧的掺杂情况密切相关，而平行板电容器中间没有电荷；

（3）平行板电容器有隔直流的作用，但 PN 结电容不能用作隔直电容，且 PN 结电容是动态电容，只有电压变化时才表现出来。

3.1.7　PN 结的开关特性

1．PN 结二极管的开关作用

在 PN 结上加上电极引线及管壳封装，就是 PN 结二极管。PN 结在正向电压下的电阻很小，而在反向电压下的电阻很大，利用这个特性就可以将 PN 结二极管用作开关元件。如图 3-20 所示的电路，在输入端加正电压时，二极管处于正向导通状态，相当于闭合的开关，其导通电阻很小。在输入端加负电压时，二极管处在反向截止状态，电阻很大，相当于断开的开关。如果输入电压的极性不断变化，则二极管就会在导通状态和截止状态之间反复转换，在负载 R 上输出一个和输入波形中的正脉冲相仿的电压波形，如图 3-21 所示。

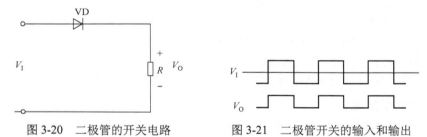

图 3-20　二极管的开关电路　　　　图 3-21　二极管开关的输入和输出

但是，二极管远不是一个理想的开关。理想开关在闭合时，电阻为零，开关上的压降也是零；在断开时，电阻为无穷大，电流为零。二极管在正向导通时，两端有一个正向压降，硅二极管的正向压降约为 0.7V，锗二极管的正向压降约为 0.3V。二极管在反向截止时仍流过一定的反向漏电流，即 PN 结的反向饱和电流。硅 PN 结的反向漏电流很小，处在纳安（nA）数量级。

2．PN 结二极管的反向恢复时间

二极管从截止状态到导通状态的时间相对比较短，而从导通状态转换到截止状态的时间要长得多，因为这里存在一个反向恢复过程。

在如图 3-20 所示的电路中，输入一个理想的方波，在某一时刻 t_0 电压突然从正电压 V_1 下降到负电压 $-V_2$。下面研究通过二极管电流 I_D 的变化情况。

在时刻 t_0 之前，流过二极管的正向电流为

$$I_D = (V_1 - V_D) / R \tag{3-25}$$

式中，V_D 为二极管的正向压降。

在时刻 t_0 之后，由于输入电压 V_1 下降到 $-V_2$，流过二极管的电流似乎应该为很小的反向漏电流，但情况并非如此。实际情况是，当外加电压突然从正变到负时，二极管的电流先从正向的 I_D 变到一个很大的反向电流 I_F，其大小近似为

$$I_F \approx V_2 / R \tag{3-26}$$

这个电流维持一段时间 t_s 以后，开始慢慢地减小；再经过时间 t_f 后，减小到 I_F 的十分之一，然后才逐渐趋向反向饱和电流 I_0，二极管进入了反向截止状态，如图 3-22 所示。

通常将处于正向导通的二极管从施加反向电压开始一直到反向截止的过程，称为 PN 结二极管的反向恢复过程。如图 3-22 所示，t_s 称为贮存时间，t_f 称为下降时间，$t_{rr} = t_s + t_f$ 即为反向恢复时间。

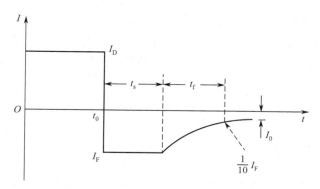

图 3-22　PN 结二极管的反向恢复过程

二极管的反向恢复过程是由电荷贮存效应引起的。当 PN 结加正向电压时，PN 结两侧的多数载流子不断向对方扩散，在空间电荷区两侧存储了大量的少数载流子，即在 P 区存储电子，在 N 区存储空穴，并建立了一定的浓度梯度，这种现象就是电荷贮存效应。

如果 PN 结的偏置电压在某一时刻突然由正变为负，在反向电场的作用下，积累在 P 区的大量电子就会被反向电场拉回到 N 区，积累在 N 区的大量空穴就要被反向电场拉回到 P 区，从而形成很大的反向电流。经过一段时间 t_s 以后，随着存储电荷数量的逐渐减少，反向电流随之逐渐减小，最后达到正常的反向饱和电流 I_0。

反向恢复过程限制了二极管的开关速度。在如图 3-20 所示的电路中，输入比较理想的方波时，负脉冲的持续时间必须比二极管的反向恢复时间 t_{rr} 大得多，否则在电阻 R 上得到的方波就会有严重的失真。

反向恢复时间就是存储电荷消失的时间。为了缩短反向恢复时间，提高 PN 结的开关速度，可以通过下面的两种途径。第一，减小二极管正向导通时少数载流子的存储量。少数载流子的存储量与正向电流 I_D 相关，正向电流 I_D 越大，存储量越大，因此，通过减小 I_D 可以缩短反向恢复时间；第二，加快存储电荷的消失过程。通过增大 V_2 或减小 R，使初始反向电流 I_F 增大，从而加快存储电荷的消失。

3.2　双极型晶体管

按照参与导电的载流子的情况不同，常用的半导体器件可以分为双极型和单极型两大

类。如果电子和空穴这两种载流子都参与导电，这类半导体器件就是双极型器件。如果导电只涉及一种载流子，这类半导体器件就是单极型器件。

双极型晶体管（bipolar transistor）又称为三极管，其电特性取决于电子和空穴两种少数载流子的输运特性。3.3 节将讨论的 MOS 场效应晶体管属于单极型器件。

3.2.1 双极型晶体管的基本结构

双极型晶体管由两个相距很近的背靠背的 PN 结组成。根据组合方式的不同，双极晶体管又可以分成 NPN 晶体管和 PNP 晶体管两种。NPN 晶体管的结构如图 3-23（a）所示。NPN 晶体管的第一个 N 区为发射区，由此引出的电极为发射极，用符号 e 代表；P 区为基区，由此引出的电极为基极，用符号 b 代表；第二个 N 区为收集区或集电区，由此引出的电极称为收集极或集电极，用符号 c 代表。PNP 晶体管的结构如图 3-23（b）所示，发射区、收集区都是 P 区，基区是 N 区。双极型晶体管内部有两个 PN 结，其中由发射区、基区构成的 PN 结称为发射结，由收集区、基区构成的 PN 结称为收集结或集电结。

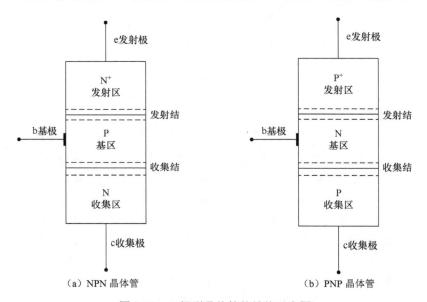

图 3-23　双极型晶体管的结构示意图

双极型三极管（简称晶体管）从表面上看好像是两个背对背紧挨着的二极管。然而，如果只是简单地把两个 PN 结背对背地连接成 PNP 或 NPN 结构，并不能起到晶体管的作用，还必须满足下面的要求：

（1）两个 N 区（或两个 P 区）不对称；

（2）发射区的掺杂浓度大；

（3）收集区的掺杂浓度小，且收集结面积大；

（4）基区要制造得很薄，其厚度要远小于其中少数载流子的扩散长度。

在电路应用中，双极型晶体管的工作状态取决于两个 PN 结的偏置情况。两个 PN 结的偏置有 4 种不同的组合，对应着以下 4 种不同的晶体管工作状态。

（1）正向放大状态：发射结正向偏置、收集结反向偏置；

（2）反向放大状态：发射结反向偏置、收集结正向偏置，相当于将晶体管的上述应用状态倒过来；

（3）截止状态：发射结和收集结均为反向偏置；

（4）饱和状态：发射结和收集结均为正向偏置。

在实际电路应用中，正向放大是应用得最多的一种情况。下面主要讨论晶体管在正向放大状态下的工作原理、放大特性，及其与晶体管结构参数的关系。

3.2.2　双极型晶体管的电流放大原理

当发射结正偏、收集结反偏时，晶体管处于放大状态，具有电流放大作用。下面以 NPN 晶体管为例，讨论晶体管的电流放大原理。

制造晶体管有多种不同的方法，其杂质分布差异也很大。为了能定量地了解晶体管的各项性能指标参数，使问题简化和分析方便，除非特别说明，后面讨论的晶体管通常都是指均匀基区晶体管，并做如下的假设：

（1）发射区和收集区的宽度远大于少数载流子的扩散长度；

（2）发射区和收集区的电阻率足够低，外加电压几乎全部降落在空间电荷区，空间电荷区外没有电场；

（3）发射结和收集结的空间电荷区宽度均远小于载流子的扩散长度，即在空间电荷区不存在载流子的产生与复合；

（4）各区杂质均匀分布，不考虑表面的影响，且载流子仅做一维传输；

（5）载流子的注入为小注入，即注入的非平衡少数载流子浓度远小于多数载流子浓度；

（6）发射结和收集结均为理想的突变结，且面积相等。

3.2.2.1　非平衡晶体管的能带和载流子的分布

为了研究非平衡状态下晶体管的能带和载流子的分布，有必要先分析平衡状态下晶体管的能带和载流子的分布。在平衡状态下，即晶体管的三个端都不加外电压时，根据平衡 PN 结的能带结构及晶体管的杂质分布情况，可以得到晶体管的能带和载流子的分布，如图 3-24 所示。晶体管的发射区、基区、收集区的杂质为均匀分布，其中发射区为高掺杂，掺杂浓度最大，其余两区的掺杂浓度相对较低。发射结和收集结的接触电势差分别为 V_{DE} 和 V_{DC}，平衡状态时整个晶体管具有统一的费米能级。由于发射区的掺杂浓度高于收集区的掺杂浓度，因此发射结的势垒高度大于收集结的势垒高度。

下面研究非平衡状态下晶体管的能带和载流子的分布情况。重点讨论晶体管处于正向放大状态的情形，即发射结正向偏置而收集结反向偏置。发射结加正向偏置电压，假设大小为 V_E；收集结加反向偏置电压，假设大小为 V_C。此时，晶体管的发射结和收集结均处于非平衡状态，整个晶体管没有统一的费米能级。根据非平衡 PN 结的能带结构及少数载流子的分布情况，可以得到非平衡晶体管的能带和少数载流子的分布，如图 3-25、图 3-26 所示。需要说明的是，由于两个 PN 结都有偏置电压，相比于平衡状态，在非平衡状态下两个 PN 结的空间电荷区宽度都有变化，基区的宽度也会发生相应的变化。

非平衡晶体管的能带变化如图 3-25 所示。与平衡晶体管的能带相比，相对于基区能带高度，发射区能带增大了 qV_E，收集区能带则减小了 qV_C。

非平衡晶体管少数载流子的分布如图 3-26 所示。由于发射结正向偏置，发射区向基区注入的大量电子在基区的边界积累并向收集结方向扩散，边扩散边复合，最后形成一个稳定的浓度梯度。基区中的电子浓度分布用 $n_b(x)$ 表示。同时，基区也向发射区注入空穴，在发射区的边界积累并向发射区深度进行扩散，边扩散边复合，最后形成一个稳定的浓度梯度。发射区中的空穴浓度分布用 $p_e(x)$ 表示。对于收集结，由于处于反向偏置，将对载流子起抽取作用，收集结势垒区两边边界少子浓度下降为零。收集区中空穴浓度分布用 $p_c(x)$ 表示。

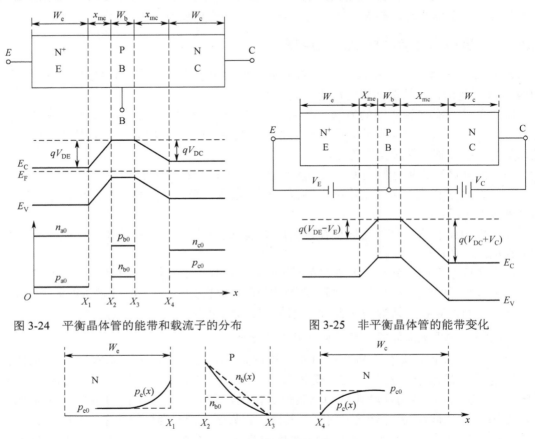

图 3-24　平衡晶体管的能带和载流子的分布　　　图 3-25　非平衡晶体管的能带变化

图 3-26　非平衡晶体管少数载流子的分布

3.2.2.2　晶体管载流子的传输

对于 NPN 晶体管，当发射结正向偏置时，电子从发射区注入基区，通过基区向收集结方向扩散。由于基区宽度远小于电子的扩散长度，因此这些电子大部分会到达收集结的边界。如果此时收集结处于反向偏置，这些电子将在收集结电场的作用下漂移到收集区。正是两个距离很近的 PN 结的相互影响，实现了晶体管的电流控制和放大作用。晶体管中载流子的运动和电流关系如图 3-27 所示，可以分为发射结的注入、基区的传输与复合、收集结的收集这三个过程。

（1）发射结的注入。

发射结正向偏置，对应的空间电荷区的电场强度减小，载流子的扩散运动占优势。电子是发射区的多数载流子，将通过空间电荷区向基区扩散。同时，空穴是基区的多数载流子，也通过空间电荷区向发射区扩散。通过载流子的扩散，在发射结的两侧形成了少数载流子的浓度梯度，如图 3-26 所示，这就是所谓的非平衡载流子注入。由于发射区是高掺杂，向基区注入的电子数量远大于向发射区注入的空穴数量，从基区扩散到发射区的空穴将与发射区中的部分电子复合。

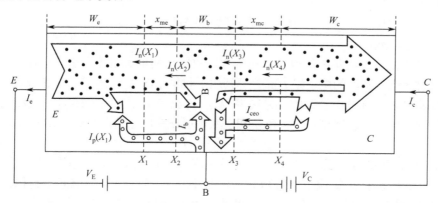

图 3-27　晶体管中载流子的运动和电流关系

（2）基区的传输与复合。

由于基区中电子的分布存在浓度梯度，从发射区进入基区的电子将向收集结方向做扩散运动。由于基区的宽度太小，因此大部分电子能够扩散到收集结的边界。当然，电子在向收集结方向的扩散过程中，会有一部分与基区的空穴复合。但是，因为基区为低掺杂，而且很薄，空穴浓度比较低，所以到达基区的电子与空穴复合的数量非常少，从发射区过来的大多数电子都能够穿越基区，到达收集结的边界。

（3）收集结的收集。

由于收集结反向偏置，将对收集结空间电荷区两侧的少数载流子进行抽取，使基区中到达收集结一侧的电子被抽取到收集区，也就是说，从发射区进入基区的大部分电子又进入收集区。外电场的方向将阻止收集区中的电子向收集结方向运动，这样有利于将基区中扩散过来的电子被收集极收集。收集区中靠近收集结的空穴也会被抽取到基区，因为空穴是收集区中的少数载流子，相对于被从基区抽取到收集区的电子来说，数量要少得多，对收集极电流的贡献甚至可以忽略不计。

3.2.2.3　晶体管各电流分析

载流子的定向运动会形成电流，对于电子和空穴，电子的运动方向与电流方向相反，空穴的运动方向与电流方向相同。图 3-27 标明了载流子传输过程中形成的各电流及其方向。下面分析通过发射极、收集极、基极的电流组成。

（1）发射极电流。

发射极电流是通过发射结的电流，包括通过发射结的电子电流和空穴电流。如图 3-27 所示，注入发射区电子的大部分都要扩散到发射区与发射结的边界 X_1，迅速穿越发射结到达发射结与基区的边界 X_2，分别形成电子电流 $I_n(X_1)$、$I_n(X_2)$。同时，基区向发射区注入空穴，通过发射结与基区的边界 X_2、发射区与发射结的边界 X_1，分别形成空穴电流 $I_p(X_2)$、$I_p(X_1)$。由于假设发射结的空间电荷区宽度很窄，电子和空穴不能在空间电荷区复合，因此有

$$\begin{cases} I_n(X_1) = I_n(X_2) \\ I_p(X_1) = I_p(X_2) \end{cases} \tag{3-27}$$

发射极电流为

$$I_e = I_n(X_1) + I_p(X_1) \tag{3-28}$$

（2）收集极电流。

收集极电流是通过收集结的电流，包括通过收集结的电子电流和空穴电流。根据前面的分析，从发射区进入基区的电子绝大部分都到达了收集结的边界 X_3 处，并被反向偏置的收集结抽取到收集区。这部分电子在收集结边界 X_3、X_4 处形成了电流 $I_n(X_3)$、$I_n(X_4)$。同样，假设收集结的空间电荷区宽度很窄，电子和空穴不能在空间电荷区复合，二者的关系为

$$I_n(X_3) = I_n(X_4) \tag{3-29}$$

同时，由于收集结被反向偏置，即使不考虑发射区的影响（如同发射结无任何偏置的情形），收集结也存在载流子的抽取效应，即基区中靠近收集结空间电荷区边界的电子在电场力的作用下，向收集区漂移；收集区中靠近收集结空间电荷区边界的空穴在电场力的作用下，向基区漂移。二者形成了收集结的反向电流，记为 I_{cbo}，其方向是从收集区指向基区。

因此，收集极的电流为

$$I_c = I_n(X_4) + I_{cbo} \tag{3-30}$$

（3）基极电流。

根据基尔霍夫电流定律，基极电流、发射极电流、收集极电流之间有如下的关系

$$I_b = I_e - I_c \tag{3-31}$$

考察载流子在基区的运动情况，基极电流应该由三部分组成。发射区向基区注入了大量的电子，其中一小部分并没有扩散到收集结的一侧，而是在扩散过程中与基区中的空穴复合，这是基区电流的第一部分，记为 I_r。发射结正向偏置，基区中的空穴会离开基区，越过发射结的空间电荷区，向发射区扩散，这是基区电流的第二部分，即前面提到的 $I_p(X_2)$。第三部分为收集结反向偏置形成的收集结反向电流 I_{cbo}。前两部分电流都离开基区，第三部分电流进入基区，所以基极电流为

$$I_b = I_r + I_p(X_2) - I_{cbo} \tag{3-32}$$

对于一个合格的晶体管，I_c 和 I_e 十分接近，而 I_b 很小，一般只有 I_c 的百分之一到百分之二。

3.2.2.4 晶体管的电流放大系数

1. 晶体管的电流放大系数

晶体管的主要作用是电流放大。通常使用共基极短路电流放大系数和共发射极短路电流放大系数这两个参数描述晶体管的电流放大能力。

（1）共基极短路电流放大系数。

晶体管的共基极接法如图 3-28 所示，晶体管的基极作为输入和输出的公共端口。在这个电路中，发射极电流是输入电流，收集极电流是输出电流。共基极直流短路电流放大系数是负载电阻为零（即短路）时收集极电流 I_c 与发射极电流 I_e 之比，一般用 α_0 表示

$$\alpha_0 \equiv \frac{I_c}{I_e} \qquad (3-33)$$

a_0 表示在发射极电流 I_e 中有多大的比例传输到收集极而成为输出电流 I_c。α_0 越大，说明晶体管的放大能力越强。根据前面的分析，I_c 只是 I_e 的一部分，因此 α_0 总小于 1。对于一个合格的晶体管，α_0 应该非常接近于 1，因为和 I_c、I_e 相比，I_b 非常小。在晶体管的共基极电路中，输出电流和输入电流几乎相等，不能使输入电流得到放大。但是，可以在收集极接入阻抗较大的负载，能够获得电压放大和功率放大。

在交流情况下，可定义共基极交流短路电流放大系数，一般用 α 表示

$$\alpha \equiv \frac{\Delta I_c}{\Delta I_e} \qquad (3-34)$$

（2）共发射极短路电流放大系数。

晶体管的共发射极接法如图 3-29 所示，晶体管的发射极作为输入与输出的公共端。在该电路中，输入电流是基极电流，输出电流是收集极电流。共发射极直流短路电流放大系数是负载电阻为零（即短路）时，收集极电流 I_c 与基极电流 I_b 之比，一般用 β_0 表示

$$\beta_0 \equiv \frac{I_c}{I_b} \qquad (3-35)$$

因为 $I_c \gg I_b$，所以 $\beta_0 \gg 1$。也就是说，晶体管的共发射极电路具有电流放大作用，当然也有电压和功率放大作用。

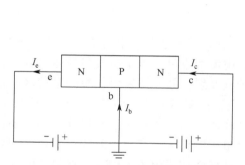

图 3-28　晶体管的共基极接法

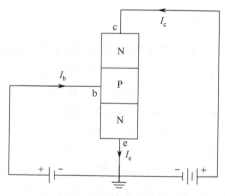

图 3-29　晶体管的共发射极接法

在交流运用的情况下，可定义共发射极交流短路电流放大系数，一般用 β 表示

$$\beta \equiv \frac{\Delta I_c}{\Delta I_b} \qquad (3-36)$$

和 β_0 一样，β 的值也远大于 1。

需要特别说明的是，无论是共基极短路电流放大系数，还是共发射极短路电流放大系数，都是在输出端短路（负载电阻为零）的情况下得到的。因为在这样的条件下，晶体管的输出电流仅仅取决于晶体管本身的内部结构和参数，而与负载无关，在用于描述晶体管的放大能力时才有可比性。

在晶体管的共发射极电路中，基极电流具有非常重要的控制作用。在共基极电路中是通过 I_e 控制 I_c 的，而在共发射极电路中却是通过 I_b 来控制 I_c 的。为了使 β_0 足够大，这两种

电路都希望在同样的 I_e 时 I_b 越小越好，但不能为 0，因为 I_b 为 0 相当于基极断路，这时晶体管是不能作为放大器件的。虽然 I_b 是 I_e 从发射极传输到收集极过程的一种损失，但是晶体管能够作为放大器件靠的正是基极电流的控制作用。共发射极电路通过控制 I_b 改变基区的电势，以改变发射结的偏置电压，进而改变 I_e，从而达到控制 I_c 实现电流放大的目的。

（3）电流放大系数之间的关系。

虽然对于共基极电路和共发射极电路，电流放大系数 α、β 在数值上相差很大，但只是晶体管的运用方式不同，描述晶体管电流放大能力的角度不同，而晶体管本身所固有的电流传输规律是不会因接法不同而改变的。不管是共基极电路还是共发射极电路，I_e、I_c、I_b 三者的关系都遵从方程（3-31），将方程（3-31）代入式（3-35）得到

$$\beta_0 = \frac{I_c}{I_e - I_c} = \frac{\alpha_0}{1 - \alpha_0} \tag{3-37}$$

因为 α_0 接近于 1，所以 β_0 远大于 1。而且随着 α_0 的增大，β_0 快速增大。

还可以方便地推出下面的关系式

$$\alpha_0 = \frac{\beta_0}{1 + \beta_0} \tag{3-38}$$

$$\beta = \frac{\alpha}{1 - \alpha} \tag{3-39}$$

$$\alpha = \frac{\beta}{1 + \beta} \tag{3-40}$$

2. 描述晶体管电流放大性能的中间参量

为了进一步分析晶体管电流放大性能的决定因素，引入了两个中间参量。对于 NPN 晶体管，电子运动对电流的贡献远大于空穴运动对电流的贡献。电子从发射极运动到收集极的过程可以分为四个阶段：第一阶段，从发射极到发射区并通过发射结空间电荷区；第二阶段，通过基区；第三阶段，通过收集结空间电荷区；第四阶段，通过收集区。NPN 晶体管之所以有电流放大作用，就在于发射区向基区注入了大量的电子，并以非常小的损失输送到收集区。在这四个阶段中，前两个阶段会有电子的损失。在第一阶段，发射区的电子会与来自基区的空穴复合，造成了电子的损失，从而形成了电流 $I_p(X_1)$。在第二阶段，电子在通过基区向收集结扩散的过程中，一小部分会与基区中的空穴复合，从而形成了电流 I_r。晶体管的电流放大系数与这两种损失有关。为描述这两种损失、进一步分析晶体管的电流放大系数，可引入两个描述晶体管电流放大性能的中间参量：发射结注射效率和基区输运系数。

（1）发射结注射效率。

发射极电流包括两部分：发射区注入基区的少数载流子形成的电流、基区注入发射区的少数载流子形成的电流。只有前者才可能对输出电流（收集极电流 I_c）有贡献，所以希望它在 I_e 中所占的比例越大越好，发射结注射效率就是描述这个分量大小的中间参量。

发射结注射效率又称为发射效率，是描述第一阶段特点的中间参量。发射结注射效率定义为：注入基区的少数载流子电流（即流经发射结靠近基区边界 X_2 处的少子电流）与发射极总电流 I_e 之比，用 γ 表示

$$\gamma \equiv \frac{\text{基区靠近发射结边界的少子电流}}{\text{发射极总电流}I_e} \qquad (3\text{-}41)$$

对于 NPN 晶体管，有

$$\gamma \equiv \frac{I_n(X_2)}{I_e} \qquad (3\text{-}42)$$

γ 的大小反映了可能传输到收集极的那部分电流在发射极总电流 I_e 中占的比例，它越大越好。前面提到，发射区的多数载流子在向基区运动的过程中，由于与来自基区的少数载流子复合导致一小部分发射区的多数载流子不能到达基区，从而造成了损失。γ 的大小反映了这个损失的程度，γ 越大，表示损失的程度越小。发射区掺杂浓度越大，基区掺杂浓度越小，基区宽度越小，γ 越大。一个合格晶体管的 γ 应该非常接近于 1。

（2）基区输运系数。

为了描述注入基区的少数载流子电流到底有多少能够通过收集结边界 X_3，引入了基区输运系数 β^*，定义为

$$\beta^* \equiv \frac{\text{通过集电结边界}X_3\text{的少子电流}}{\text{注入基区发射结边界}X_2\text{的少子电流}} \qquad (3\text{-}43)$$

少数载流子在基区输送过程中，由于载流子的复合而导致部分少数载流子不能到达收集区，从而造成少数载流子的损失。基区输运系数反映了这个损失程度，基区输运系数越大，表示损失程度越小。基区宽度与基区少数载流子扩散长度的比值越小，基区输运系数越大。一个合格晶体管的 β^* 也应该非常接近于 1。

对 NPN 晶体管，有

$$\beta^* \equiv \frac{I_n(X_3)}{I_n(X_2)} \qquad (3\text{-}44)$$

可以证明

$$\alpha_0 = \gamma\beta^* \qquad (3\text{-}45)$$

$$\beta_0 = \frac{\alpha_0}{1-\alpha_0} \approx \frac{1}{1-\alpha_0} = \frac{1}{1-\gamma\beta^*} \qquad (3\text{-}46)$$

从上面的分析可以看出，晶体管的电流放大系数与发射结注射效率、基区输运系数密切相关。为了提高晶体管的电流放大系数，需要提高 γ 和 β^*，使它们尽量接近于 1。

3.2.3　双极型晶体管的直流特性曲线

晶体管的直流特性曲线包括晶体管的输入电流-电压关系曲线、输出电流-电压关系曲线，这些特性曲线较好地反映了晶体管的性能和重要参数。

1. 共基极直流特性曲线

晶体管共基极直流特性曲线的测量电路如图 3-30 所示。V_{eb} 为发射极和基极之间的电压降，V_{cb} 为收集极和基极之间的电压降，R_e 为发射极串联电阻。通过改变 R_e 的阻值，可以调节 V_{eb} 和输入电流 I_e 的大小。

（1）共基极直流输入特性曲线。

当 V_{cb} 固定时，改变 V_{eb} 的数值，测量 I_e，可以得到一条 I_e 与 V_{eb} 的关系曲线；再改变 V_{cb}，用类似的方法可得到另一条 I_e 与 V_{eb} 的关系曲线。这样，就可以得出一组 I_e-V_{eb} 曲线，如图 3-31 所示。这组不同 V_{cb} 下的 I_e-V_{eb} 曲线就是共基极直流输入特性曲线。

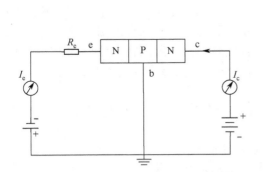

图 3-30　晶体管共基极直流特性曲线的测量电路

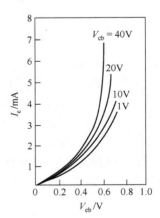

图 3-31　共基极直流输入特性曲线

从图 3-31 可以看出共基极直流输入特性曲线的两个明显的特点。第一，共基极直流输入特性曲线与 PN 结正向特性曲线类似，是一组 I_e 随 V_{eb} 按指数规律上升的曲线，反映了正向偏置发射结的伏安特性。第二，随着 $|V_{cb}|$ 的增大，曲线变陡，即随着收集结反偏增大，电流 I_e 增大。

输入特性曲线在本质上就是正向 PN 结的特性曲线，但和单一 PN 结的正向特性曲线又有差别。在同样的 V_{eb} 下，I_e 随着 V_{cb} 的增大而增大，这是因为收集极空间电荷区宽度随着 V_{cb} 的增大而增大，因而有效基区宽度减小，使得在同样的 V_{eb} 下，基区少子浓度梯度增大，基区少子的扩散运动增强，导致 I_e 增大。基区有效宽度随着 V_{cb} 的增大而减小，随着 V_{cb} 的减小而增大，这种现象称为基区宽度调制效应。所以，输入特性曲线随着 V_{cb} 的增大而左移。

（2）共基极直流输出特性曲线。

在如图 3-30 所示的电路中，固定发射极电流 I_e，改变收集极与基极间的电压降 V_{cb}，测出对应的收集极电流 I_c，可画出 I_c-V_{cb} 关系曲线。对于不同的 I_e，可以得到一组不同的 I_c-V_{cb} 曲线，如图 3-32 所示。这组不同 I_e 下的 I_c-V_{cb} 曲线就是共基极直流输出特性曲线。

从图 3-32 可以看出共基极直流输出特性曲线的特点。第一，当 V_{cb} 大于 0 时，I_c 与 I_e 基本相等，即输出电流 I_c 与电压 V_{cb} 基本无关。这是因为 $I_c = \alpha_0 I_e$，而 α_0 非常接近于 1。第二，当 V_{cb} 等于 0 时，I_c 保持不变。这是因为收集结无偏置电压，基区靠近收集结空间电荷区边界处的少数载流子的浓度与平衡时的少数载流子的浓度相等。而基区存在少数载流子的浓度梯度，使少数载流子不断向收集结方向扩散。为了保证基区靠近收集结空间电荷区边界处少数载流子的浓度不变，扩散来的这些少数载流子必须通过收集结而进入收集区。第三，欲使 I_c 为零，必须在收集结加一个小的正向偏压，即 V_{cb} 小于 0。因为只有这样，才能使基区中的少子浓度梯度接近于零。

2. 共发射极直流特性曲线

晶体管共发射极直流特性曲线的测量电路如图 3-33 所示。V_{be} 为基极和发射极之间的电压降，V_{ce} 为收集极和发射极之间的电压降，R_b 为基极串联电阻。通过改变 R_b 的阻值，可调节输入电流 I_b 和 V_{be} 的大小。

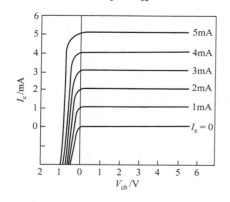

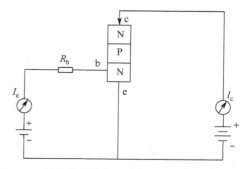

图 3-32　共基极直流输出特性曲线　　　　　图 3-33　晶体管共发射极直流特性曲线的测量电路

（1）共发射极直流输入特性曲线。

当 V_{ce} 固定时，改变 V_{be} 的数值来测量 I_b，可以得到一条 I_b 与 V_{be} 的关系曲线；再改变 V_{ce}，用类似的方法可得到另一条 I_b 与 V_{be} 的关系曲线。这样，可以得到一组 I_b-V_{be} 曲线，如图 3-34 所示。这组不同 V_{ce} 下的 I_b-V_{be} 曲线就是共发射极直流输入特性曲线。

共发射极直流输入特性曲线与 PN 结的正向特性曲线相似，I_b 随着 V_{be} 的增大而增大。但是，当 V_{be} 固定而 V_{ce} 增大时，I_b 会减小。这是因为随着 V_{ce} 的增大，收集结的空间电荷区增厚导致基区宽度减小，发射区注入到基区中的少子的复合数量减少，使得 I_b 减小。由图 3-34 还可以看出，当 $V_{be}=0$ 时，I_b 不为零，而为 $-I_{cbo}$。因为这时 V_{ce} 不等于 0，收集结反偏，流过基极的电流为收集结的反向饱和电流 I_{cbo}。

（2）共发射极直流输出特性曲线。

当 I_b 取不同值时，分别测量 I_c 与 V_{ce} 的关系，可得一组 I_c-V_{ce} 曲线，该组曲线即为共发射极直流输出特性曲线，如图 3-35 所示。

从图 3-35 可以看出，当 $I_b=0$ 时，$I_c=I_{ceo}$，即输出电流等于晶体管穿透电流，对应输出特性曲线中的最下面一条。随着 V_{ce} 的增大，特性曲线稍微向上倾斜。这是因为 V_{ce} 的增大会导致基区宽度变小，使电流放大系数 β 变大。

对于共发射极工作的晶体管，其直流输出特性曲线可以分为三个区域：放大区、饱和区与截止区，分别对应图 3-35 中的 Ⅰ 区、Ⅱ 区和Ⅲ区。晶体管工作在放大区时，发射结正向偏置，收集结反向偏置。晶体管工作在饱和区时，发射结和收集结均正向偏置。晶体管工作在截止区时，发射结和收集结均反向偏置。

共基极连接与共发射极连接的区别在于前者的电压是相对于基极的，而后者的电压则是相对于发射极的。电流流动的方向和电流间的关系并没有改变，因此共发射极连接的直流特性曲线完全可以由共基极连接的直流特性曲线得出，反之亦然。实际应用中晶体管大多数是共发射极连接的，所以通常测量和给出的都是共发射极直流特性曲线。

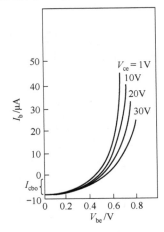

图 3-34 共发射极直流输入特性曲线

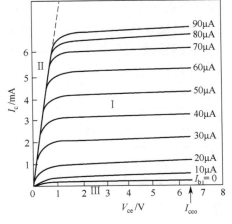

图 3-35 共发射极直流输出特性曲线

3.2.4 双极型晶体管的反向电流和击穿特性

PN 结反向偏置时，会有反向电流。当反向电压的大小达到某个值时，反向电流会急速增大，这就是 PN 结击穿。晶体管内部有两个 PN 结，当 PN 结反向偏置时，都会有反向电流或发生击穿问题。晶体管的反向电流和击穿电压是晶体管的重要参数，其大小反映了晶体管的性能和工作电压范围。

1. 晶体管的反向电流

NPN 晶体管反向电流包括 I_{cbo}、I_{ebo} 和 I_{ceo} 这三个参数。反向电流不受输入电流的控制，对电流放大无贡献，并将消耗掉一部分电源的能量，是一种无用功耗，因此希望反向电流越小越好。如果晶体管的反向电流过大，会造成晶体管发热，影响晶体管的稳定工作，这样的晶体管就是不合格产品。

I_{cbo} 代表发射极开路时收集结的反向电流，I_{cbo} 的测量电路如图 3-36 所示。它就是共发射极电路在输入端开路和收集结反向偏置时流过晶体管的电流。

I_{ebo} 为收集极开路时发射结的反向电流，I_{ebo} 的测量电路如图 3-37 所示。

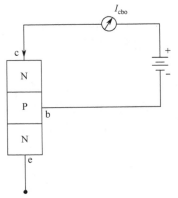

图 3-36 收集极-基极反向电流 I_{cbo} 的测量电路

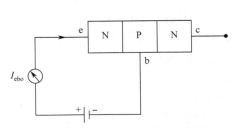

图 3-37 发射极-基极反向电流 I_{ebo} 的测量电路

I_{ceo} 是基极开路时在收集极和发射极之间加上反向电压时流过晶体管的电流，I_{ceo} 的测量电路如图 3-38 所示。此时，发射结正向偏置、集电结反向偏置。

I_{cbo}、I_{ebo} 都是晶体管中单个 PN 结的反向漏电流，但又不同于单独 PN 结的反向电流，因为晶体管中的两个 PN 结距离太近了，二者会相互影响。

一般情况下，I_{ceo} 比 I_{cbo} 大得多，二者的关系为

$$I_{ceo} = (\beta_0 + 1)I_{cbo} \tag{3-47}$$

所以，不要追求电流放大倍数 β_0 太大，因为 β_0 太大会导致 I_{ceo} 过大，影响晶体管工作的稳定性。

2. 晶体管的击穿特性

晶体管的发射结和收集结都会发生击穿现象，存在相应的击穿电压。晶体管的工作电压应该受到击穿电压的限制。此外，晶体管还存在一个限制工作电压的特殊问题——基区穿通现象。

（1）击穿电压。

双极型晶体管的击穿电压有三个，分别记为 BV_{cbo}、BV_{ebo} 和 BV_{ceo}。其中 BV_{cbo} 是收集结的击穿电压，其测量电路如图 3-39 所示，注意电路中的发射极是开路的。BV_{ebo} 是发射结的击穿电压，是在收集极开路的情况下测得的。BV_{ceo} 是在基极开路的情况下收集极与发射极之间的击穿电压，BV_{ceo} 是在基极开路的情况下测得的。

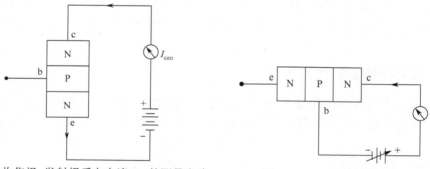

图 3-38　收集极–发射极反向电流 I_{ceo} 的测量电路　　　　图 3-39　BV_{cbo} 的测量电路

发射结和收集结的击穿机理、击穿电压与器件结构参数的关系等，与单独一个 PN 结的情况基本相同。由于发射结两侧的掺杂浓度明显高于收集结两侧的掺杂浓度，因此 BV_{ebo} 远小于 BV_{cbo}。对于硅器件，BV_{ebo} 一般为 5～7V，而 BV_{cbo} 通常为几十伏。

在基极开路时，收集极和发射极之间是两个 PN 结的串联，其中发射结正向偏置，收集结反向偏置。所以，理论上 BV_{ceo} 应该约等于 BV_{cbo}，但事实并非如此。通过分析，可以得出 BV_{ceo} 与 BV_{cbo} 之间有以下关系

$$BV_{ceo} = \frac{BV_{cbo}}{(1 + \beta_0)^{1/n}} \tag{3-48}$$

对硅来讲，$n=3$。式（3-48）表明，BV_{ceo} 小于 BV_{cbo}，β_0 越大，BV_{ceo} 越小。

（2）基区穿通。

随着收集结上反向电压的增大，收集结空间电荷区变宽，使基区的有效宽度 W_b 减小。

如果收集结上反向电压增大到尚未使收集结击穿，但是收集结空间电荷区变宽，使基区有效宽度减小到趋于零，将会导致输出端电流急剧增大，与击穿现象类似。这种因基区宽度趋于零而使电流急剧增大的现象称为基区穿通。

发生基区穿通现象时，收集结上施加的电压称为基区穿通电压，记为 V_{PT}。显然，在设计制作晶体管时，应将基区穿通电压与击穿电压同等对待，它们都是限制工作电压的关键因素。

根据 PN 结空间电荷区宽度与电压之间的关系式即可计算基区穿通电压 V_{PT} 与晶体管结构参数的关系。例如，对于合金工艺制造的双极型晶体管，收集结为单边突变结，其中基区为轻掺杂，收集区为重掺杂，可计算出收集结耗尽层伸向基区的范围 X_{mc}。当 X_{mc} 等于原始基区宽度时的收集结电压即为基区穿通电压。理论分析可得单边突变结（基区为轻掺杂）情况下的基区穿通电压为

$$V_{PT} = \frac{qN_BW_{b0}^2}{2\varepsilon\varepsilon_0} \tag{3-49}$$

式中，q 为电子电荷，N_B 为基区掺杂浓度，W_{b0} 为收集结零偏压时的基区宽度，ε 为半导体材料的相对介电常数，ε_0 为真空的介电常数。

基区穿通电压与晶体管结构参数的密切相关。上述表达式虽然是针对单边突变结这一理想情况下的结果，但由该表达式反映的结论具有普遍性。由该式可见，要提高基区穿通电压 V_{PT}，需要增大基区宽度，提高基区的掺杂浓度。实际上，基区穿通是基区宽度调制效应的极端情况。上述两点要求都是与提高直流电流增益的要求相互矛盾的，设计时需要权衡处理。

3.2.5　双极型晶体管的频率特性

晶体管的许多参数与工作频率有关，如随着工作频率的升高，电流放大系数的大小会发生变化。这主要是因为晶体管中有两个 PN 结，而 PN 结有寄生电容。当交流信号通过晶

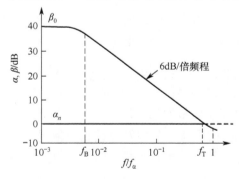

图 3-40　电流放大系数的频率特性

体管时，寄生电容会产生阻抗，而这个阻抗的大小与交流信号的频率密切相关。

当通过晶体管的交流信号的频率比较低时，晶体管的交流短路电流放大系数 α、β 几乎不随频率变化，接近于直流短路电流放大系数 α_0、β_0。当频率比较高时，交流短路电流放大系数 α、β 会明显减小。晶体管的电路放大系数与工作频率的特性曲线如图 3-40 所示。图中放大系数的数值用分贝（dB）表示，分贝的数值为 $20\lg\alpha$、$20\lg\beta$。

下面简单介绍晶体管的主要频率特性参数，包括截止频率、特征频率、最高振荡频率等，这些参数描述了工作频率对电流放大系数的影响。

（1）α 截止频率。

α 截止频率是指当共发射极短路电流放大系数减小到低频值的 $1/\sqrt{2}$ 时所对应的工作频率，即 $\alpha = \alpha_0/\sqrt{2} \approx 0.707\alpha_0$ 时所对应的工作频率。α 截止频率一般用 f_α 表示，即当工作频率

为 f_α 时，α 比低频值 α_0 减小 3dB。α 截止频率 f_α 反映了共基极运用时的工作频率限制。

（2）β 截止频率。

β 截止频率是指当共发射极短路电流放大系数减小到低频值的 $1/\sqrt{2}$ 时所对应的工作频率，即 $\beta = \beta_0/\sqrt{2} \approx 0.707\beta_0$ 时所对应的工作频率。β 截止频率一般用 f_β 表示，即当工作频率为 f_β 时，β 比低频值 β_0 减小 3dB。β 截止频率 f_β 反映了共发射极运用时的工作频率限制。

（3）特征频率。

特征频率是指当共发射极短路电流放大系数 $|\beta| = 1$ 时所对应的频率。特征频率一般用 f_T 表示，f_β 反映了晶体管电流放大系数随频率下降的快慢，但是其数值并不能完全反映共发射极运用时电流放大的频率上限，因为当工作频率等于 f_β 时，β 值还可能相当大。为了更好地表示共发射极运用时电流放大的频率限制，引入了特征频率 f_T，作为电流放大的最高工作频率。也就是说，当工作频率等于 f_T 时，晶体管不再具有电流放大作用。

（4）最高振荡频率。

最高振荡频率是指在共发射极运用时当功率增益等于 1 时所对应的频率，最高振荡频率一般用 f_M 表示。一般地，由于晶体管的输出阻抗比输入阻抗大，在工作频率等于 f_T 时，虽然没有电流放大作用（$|\beta| = 1$），但可能有电压放大作用，这说明在频率等于 f_T 时，仍然可能有功率放大（功率增益）。可见 f_T 不是晶体管工作频率的最终限制。晶体管工作频率的最终限制是最高振荡频率 f_M。

根据工作频率的范围不同，晶体管可以分为低频晶体管、中频晶体管、高频晶体管、超高频晶体管等。特征频率 f_T 低于 3MHz 的晶体管为低频晶体管，特征频率 f_T 为 3～30MHz 的晶体管为中频晶体管，特征频率 f_T 为 30～500MHz 的晶体管为高频晶体管，特征频率 f_T 高于 500MHz 的晶体管为超高频晶体管。在实际应用中，应该按照不同的工作频率，选择相应种类的晶体管。

3.2.6　双极型晶体管的开关特性

在数字电路中，双极型晶体管常被用作开关器件。收集极和发射极对应于开关的两端，基极对应于控制端。双极型晶体管有截止和导通（包括线性导通与饱和导通）这两个可以明显区分的工作状态，分别对应开关的断开和导通。

3.2.6.1　晶体管的静态开关特性

晶体管构成的反相器（非门）电路是典型的晶体管开关电路，如图 3-41 所示，这是一个共发射极电路。下面利用该电路分析晶体管的开关特性。

当输入电压 V_I 为负值时，晶体管的基极电压 V_B 也为负值，使晶体管的发射结和收集结均反向偏置。此时，晶体管处于截止状态，基极和发射极之间、收集极和发射极之间的电阻非常大，流过基极和收集极的电流很小，分别为反向电流 I_{cbo}、I_{ceo}，输出端电压 $V_O \approx E_C$。此时收集极和发射极之间相当于断开的开关。

当输入电压 V_I 为正值时，发射结正向偏置，收集极电流随着发射结偏置电压的升高而增大，晶体管处于导通状态。此时，收集极和发射极之间的电压较小，收集极和发射极之间相当于闭合的开关。

当 V_I 足够大，使得晶体管的发射结、收集结均为正向偏置时，晶体管处于饱和状态。此时，收集极和发射极之间的电压 V_{CS} 为 0.1～0.3V，因此，输入信号、输出信号对应的波形如图 3-42 所示。

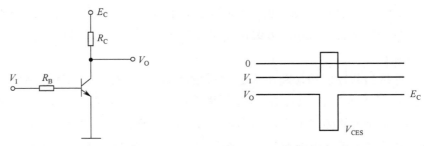

图 3-41　晶体管开关电路　　　　图 3-42　反相器的输入信号、输出信号波形图

晶体管工作在饱和状态时，对应的开关电路称为饱和开关电路。晶体管工作在线性放大状态时，对应的开关电路称为非饱和开关电路。饱和开关接近于理想开关，因开关两侧的电压很低。

发射结正向偏置时，基极电流为

$$I_B = \frac{V_I - V_{BE}}{R_B} \tag{3-50}$$

式中，V_{BE} 为发射结的偏置电压。

当晶体管处于饱和状态时，收集极电流为

$$I_{CS} = \frac{E_C - V_{CE}}{R_C} \approx \frac{E_C}{R_C} \tag{3-51}$$

临界基极饱和电流为

$$I_{BS} = \frac{I_{CS}}{\beta} = \frac{E_C}{\beta R_C} \tag{3-52}$$

当满足 $I_B \geqslant I_{BS}$ 条件时，晶体管工作在饱和状态。

用饱和度 S 表示晶体管进入饱和状态程度的深浅，其定义式为

$$S = \frac{I_B}{I_{BS}} \tag{3-53}$$

饱和度 S 的值越大，说明晶体管进入饱和状态越深，收集极和发射极之间的饱和电压 V_{CS} 越小。

3.2.6.2　晶体管的动态开关特性

在如图 3-41 所示的反相器电路中输入一个理想的矩形波，假设输入信号的幅度能够保证晶体管工作在截止与饱和两个状态。图 3-43 给出了相应的信号波形，自上而下分别为输入电压（V_I）波形、晶体管基极电流（I_B）波形、晶体管收集极电流（I_C）波形、输出电压（V_O）波形。当输入电压 V_I 由正值变为负值时，基极电流并没有立即变为反向电流 $-I_{ebo}$，而是在一段时间内维持比 I_{ebo} 大得多的反向电流。相对于输入电压的变化，集电极

电流和输出电压的变化在时间上有延迟，上升和下降也需要时间。为了对开关过程做定量的描述，定义了延迟时间 t_d、上升时间 t_r、存储时间 t_s、下降时间 t_f。这 4 个时间参数反映了晶体管作为开关使用时的动态特性，是衡量晶体管开关速度的重要参数。

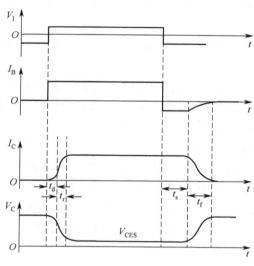

图 3-43　晶体管的开关特性曲线

（1）延迟时间 t_d。

从输入信号 V_I 由低电平变为高电平开始，到收集极电流 I_C 上升到最大值 I_{CS} 的 0.1 倍（即 $0.1I_{CS}$）时所需要的时间，就是延迟时间 t_d。

在输入信号 V_I 为负电平时，晶体管处于截止状态，发射结和收集结均反向偏置，发射结的空间电荷区较宽，空间电荷区的电荷较多，基区中的电子浓度分布如图 3-44 中的曲线 1 所示。在输入信号 V_I 变为高电平后，出现基极电流，但不能马上出现收集极电流。因为基极电流首先要抵消空间电荷区中的电荷，使空间电荷区变窄，只有当发射结转为正向偏置，发射结的电压上升到 0.5V 左右时，发射区的电子才渐渐地进入基区，并扩散到收集结，进入收集区，形成收集极电流，使收集极电流渐渐地增大。收集极电流为 $0.1I_{CS}$ 时基区中的电子浓度分布如图 3-44 中的曲线 2 所示。

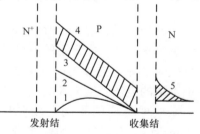

图 3-44　基区电子浓度的变化与饱和时收集区空穴的浓度分布

输入负电平的绝对值越大，发射结反向偏置越严重，空间电荷区越宽，空间电荷区变窄的时间越长，也就是延迟时间越长。在输入信号 V_I 变为高电平后，基极电流越大，空间电荷区变窄的时间越短，会更快地形成收集极电流，也就是延迟时间越短。所以，可以通过减小发射结反向偏置电压或增大基极电流的方法，达到缩短延迟时间的目的。

（2）上升时间 t_r。

上升时间 t_r 是指收集极电流 I_C 从 $0.1I_{CS}$ 上升到 $0.9I_{CS}$ 时所需要的时间。

经过延迟时间后，晶体管发射结的偏置电压继续上升，当从 0.5V 增大到 0.7V 左右时，发射区将向基区注入更多的电子，基区的电子浓度变大，会有更多的电子越过收集结进入收集区，使收集极电流快速增大。如图 3-44 所示，基区的电子浓度将从曲线 2 变化到曲线 3。当收集极电流 I_C 变为 $0.9I_{CS}$ 时，晶体管处于临界饱和状态，收集结的偏压接近 0。

上升时间主要就是基区中电子积累的时间。增大基极电流，可以缩短上升时间。

（3）存储时间 t_s。

从输入信号 V_I 由高电平变为低电平开始，到收集极电流 I_C 下降到 $0.9I_{CS}$ 时所需要的时间，就是存储时间 t_s。

在输入信号 V_I 为高电平时，晶体管处于饱和状态，基区中存储了大量的电子，基区电子浓度对应于图 3-44 中的曲线 4。同时，收集区靠近收集结的附近存储了大量的空穴，收集区空穴浓度对应于图 3-44 中的曲线 5。当输入信号 V_I 从高电平变为负电平时，这些电子并不会立即消失，收集极电流会维持不变，同时有一个较大的反向基极电流，对基区存储的电子进行抽取。随着基区存储电子的逐渐消失，收集极电流开始减小。

存储时间的大小与基区中电子的存储量有关，而基区中电子的存储量与晶体管的饱和深度有关，饱和状态越深，则基区中电子的存储量越大。存储时间的大小还与基极反向抽取电流的大小有关。为了缩短存储时间，可以降低晶体管的饱和深度；或在制造阶段减小基区的宽度，也可以增大基极反向电流。

（4）下降时间 t_f。

下降时间 t_f 是指收集极电流 I_C 从 $0.9I_{CS}$ 下降到 $0.1I_{CS}$ 时所需要的时间。

在饱和时基区存储的多余电荷释放完毕后，基区的电子浓度继续减小。在减小时间段，基区电子浓度的变化对应图 3-44 中从曲线 3 变化到曲线 2。基极反向抽取电流越大，下降时间越短。

3.3 MOS 场效应晶体管

双极型晶体管的工作机理与两种载流子都有关系，所以称为双极型器件。相对于双极型晶体管，有一类常用的单极型晶体管，即场效应晶体管（Field Effect Transistor，FET）。场效应晶体管的导电过程主要涉及一种载流子，是一种电压控制器件，通过改变垂直于导电沟道的电场强度来控制沟道的导电能力，从而调制通过沟道的电流。

根据结构的不同，场效应晶体管可分为结型场效应晶体管（Junction Field Effect Transistor，JFET）、金属−半导体场效应晶体管（Metal-Semiconductor Field Effect Transistor，MESFET）、金属−氧化物−半导体场效应晶体管（Metal Oxide Semiconductor Field Effect Transistor，MOSFET）这三大类。本节主要介绍 MOS 场效应晶体管的工作原理及基本特性。

3.3.1 MOS 场效应晶体管的基本结构

根据导电沟道的不同，MOS 场效应晶体管可分为 N 沟道场效应晶体管（简称 NMOS 场效应晶体管）、P 沟道场效应晶体管（简称 PMOS 场效应晶体管）两大类。本节以 NMOS 场效应晶体管为主讨论 MOS 场效应晶体管的结构、原理和特性。

MOS 场效应晶体管是一个四端器件，剖面结构如图 3-45 所示。如图 3-45（a）所示为 NMOS 场效应晶体管的剖面结构。在 P 型硅片上形成两个高掺杂的 N^+ 区，一个为源区，另一个为漏区。从源区、漏区引出金属电极，分别称为源极、漏极，用 S、D 表示。在源区和漏区之间的 P 型硅上有一薄层 SiO₂，称为栅氧化层。栅氧化层的正上方有一导电层，称为栅极，用 G 表示。栅极可用金属铝，也可用高掺杂的多晶硅，分别称为铝栅、硅栅。P 型硅本身构成了器件的衬底，又称为 MOSFET 的体区，引出的电极称为衬底极，一般用 B 表示。从源区到漏区有两个 PN 结，源区和漏区之间的部分一般称为沟道。

如图 3-45（b）所示为 PMOS 场效应晶体管的剖面结构。可以看到，与 NMOS 场效应晶体管相比，不同的是衬底区为 N 型硅，源区、漏区换成了高掺杂的 P⁺区。

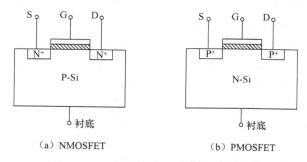

　　（a）NMOSFET　　　　　　　　（b）PMOSFET

图 3-45　MOS 场效应晶体管的剖面结构

NMOS 场效应晶体管的结构如图 3-46 所示。源和漏两个 PN 结间的距离称为沟道长度，用 L 表示；源区和漏区的宽度称为沟道宽度，用 W 表示。场效应晶体管的基本结构参数还有栅绝缘层的厚度 T_{ox}、P 型衬底的掺杂浓度 N_A、源和漏 PN 结的结深 x_j 等。衬底一般接地。由于 MOS 场效应晶体管的结构是对称的，在不加偏压时，无法区分器件的源区和漏区。对于 NMOS 场效应晶体管，在漏极和源极之间加上偏压后，一般将电位低的一端称为源极，电位较高的一端称为漏极，电流方向为由漏极指向源极。

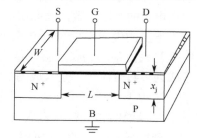

图 3-46　MOS 场效应晶体管的结构

对于 NMOS 场效应晶体管，当在栅极上的电压为 0 时，源区和漏区被中间的 P 型区隔开，源极和漏极之间相当于两个背靠背的 PN 结。此时，即使在源极和漏极之间加上一定的电压，也不会有明显的电流，只有很小的 PN 结反向电流。在栅极上加一定的正电压后，在源区和漏区之间就会形成电子导电沟道。在这种情况下，如果在漏极和源极之间加一正向电压，就会有明显的电流流过。由于器件的电流是由电场（包括由栅电压引起的纵向电场和由漏源电压引起的横向电场）控制的，因此称这种器件为场效应晶体管。栅极与其他电极之间是绝缘的，有时也称这类器件为绝缘栅场效应晶体管（Insulated Gate Field Effect Transistor，IGFET），或称为金属–绝缘体–半导体场效应晶体管（Metal Insulator Semiconductor Field Effect Transistor，MISFET）等。

对于 PMOS 场效应晶体管，当在栅极上施加适当的负电压时，漏区和源区之间会形成空穴导电沟道。此时在漏极和源极之间加上电压后，二者之间将会有电流流过。和 NMOS 场效应晶体管相反，一般将电位高的一端称为源极，将电位较低的一端称为漏极，电流方向为由源极指向漏极。

3.3.2　MIS 结构

MIS（Metal Insulator Semiconductor）是 MOS 场效应晶体管中栅极、栅氧化层、漏区和源区之间的衬底层等三部分的简称。MIS 结构是 MOS 场效应晶体管的基本组成部分，MIS 结构在外加电场作用下的变化是 MOS 场效应晶体管工作机理的基础。

1. 表面空间电荷层和反型层

下面研究 MIS 结构在栅极 G 和衬底电极之间加上不同电压时的变化情况。我们知道，当一个导体靠近另一个带电体时，在导体表面会出现符号相反的感应电荷。对于 NMOS 场效应晶体管，衬底是 P 型材料，多数载流子是空穴，少数载流子是电子。当栅极 G 和衬底电极之间的电压（记为 V_G）为 0 时，P 型衬底中无论是空穴还是电子，都是均匀分布的，任何局部都不带电，包括靠近栅氧化层的衬底表面。当栅极 G 和衬底电极之间加上一个较小的正电压时，在栅氧化层中将产生一个电场，电场方向由栅极指向衬底的表面。在这个电场的作用下，P 型衬底表面将产生带负电的感应电荷，如图 3-47（a）所示。之所以带负电，是因为 P 型半导体表面层中的部分空穴在电场力的作用下向半导体内部运动，空穴的浓度降低了，而杂质负离子和电子的浓度几乎没有改变。随着栅极 G 和衬底电极之间的正电压增大，表面层中空穴的浓度越来越低。当表面层中空穴的浓度和电子的浓度相等时，表面层中的载流子浓度非常低，电阻非常大，因此称为耗尽层或高阻层，如图 3-47（b）所示。和 PN 结的情形类似，这里的耗尽层也是由电离受主构成的空间电荷区。此时，由于空穴和电子的浓度一致，表面层的整体表现就不再是 P 型半导体了。随着栅极 G 和衬底电极之间正电压的进一步增大，电场进一步增强，不但表面层的空穴进一步减少，而且会有电子从 P 型衬底内部来到表面层，导致表面层中电子的浓度高于空穴的浓度。此时，表面层中的电子成为多数载流子，空穴成为少数载流子，整体表现类似于 N 型半导体，如图 3-47（c）所示。这种少数载流子在表面附近聚集而成为表面附近区域的多数载流子，通常称为反型载流子，以说明它们是和衬底内部的多数载流子类型相反的载流子。反型载流子成为表面层的多数载流子，此时表面层又称为反型层。由于存在反型层，漏极和源极之间的电阻较小，反型层成为漏区和源区之间导电的 N 型沟道。

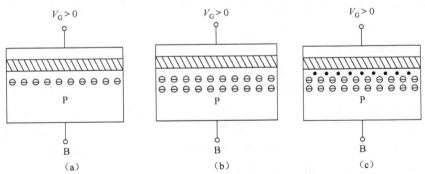

图 3-47　MIS 结构上加电压后产生感应电荷的三种情况

当电压 V_{GS} 达到某一"阈值"时，在 P 型半导体表面形成反型层。反型层出现后，再增大电极上的电压，反型层中的电子将随之增加，而由电离受主构成的耗尽层电荷基本不再增加。

对于 PMOS 场效应晶体管，只有在栅极 G 和衬底电极之间加上足够大的负电压，才能在 N 型半导体表面形成反型层，反型载流子是空穴，导电沟道是 P 型沟道。

2. 反型层的形成条件

为了推导反型层的形成条件，需要研究 MIS 结构在 V_G 大小不同时表面空间电荷区能带的变化情况。以 NMOS 场效应晶体管为研究对象。在栅极 G 和衬底电极之间加上电压 V_G 后，栅氧化层和 P 型衬底表面层附近就会有外加电场，电场的方向由表面指向 P 型半导体内。衬底表面处的电位（即 MIS 结构中半导体与绝缘体交界处的电位）称为表面电势，用 V_S 表示。

随着外加电压 V_G 的增大，表面电势 V_S 也会增大。随着表面电势 V_S 的增大，MIS 结构中表面空间电荷区和能带也会发生变化，如图 3-48 所示。当 $V_S>0$ 时，表面层载流子的浓度发生变化，导致能带发生弯曲。表面电子的电势能 $-qV_S$ 小于 0。

当 V_S 较小时，表面层的空穴浓度减小而电子浓度增大，使得表面处的能带略微向下弯曲，表面处的费米能级 E_F 向本征费米能级 E_i 靠近，空间电荷区的厚度减小，如图 3-48（a）所示。

随着 V_S 的增大，表面层的空穴浓度进一步减小，电子浓度进一步增大，使得表面处的能带更加弯曲，表面处的费米能级 E_F 进一步向本征费米能级 E_i 靠近。当 qV_S 等于衬底层内部的本征费米能级 E_i 和费米能级 E_F 之差时，在表面处本征费米能级 E_i 正好与 E_F 重合，如图 3-48（b）所示。为了分析问题的方便，引入费米电势 V_F，其大小等于衬底层内部的本征费米能级和费米能级之差，即

$$qV_F = (E_i - E_F)_{体内} \tag{3-54}$$

当 V_S 与 V_F 相等，即表面电势正好等于费米电势 V_F 时，表面处的费米能级 E_F 与本征能级 E_i 相等，说明表面的电子浓度正好等于空穴浓度。这意味着表面将从 P 型半导体转变为本征半导体。

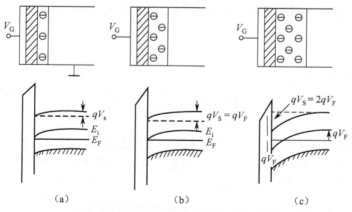

图 3-48 表面空间电荷区及相应的能带

如果 V_S 略大于 V_F，表面的电子浓度略大于空穴浓度，意味着表面转变为 N 型半导体，已经发生了反型。只是电子浓度仍旧很低，并不起显著的导电作用，所以此时的反型称为弱反型。

当 V_S 明显大于 V_F，衬底表面处的费米能级 E_F 在本征能级 E_i 以上 qV_F 时，衬底内部费米

能级 E_F 位于本征能级 E_i 以下 qV_F 处，即

$$\begin{cases} qV_F = (E_F - E_i)_{体外} \\ qV_F = (E_i - E_F)_{体内} \end{cases} \tag{3-55}$$

此时空间电荷区厚度更大，能带弯曲更严重，如图 3-48（c）所示。式（3-55）表明衬底表面电子和空穴的浓度正好与衬底层内部的情况完全相反，即表面电子的浓度正好与衬底内部空穴的浓度相同，表面的空穴浓度正好与衬底内部电子的浓度相同。此时，表面反型层的导电能力明显提升，这种情况称为强反型。发生强反型时，能带向下弯曲 $2qV_F$，即衬底表面电势 V_S 达到费米电势 V_F 的 2 倍。

因此，形成导电反型层的条件可以表示为

$$V_S = 2V_F \tag{3-56}$$

半导体表面发生强反型时，施加在栅电极上的电压定义为 MOS 场效应管的阈值电压，一般用 V_T 表示。下面推导阈值电压 V_T 的计算式。

阈值电压 V_T 与发生强反型时的表面电势 V_S 并不相等，因为栅极和衬底层表面之间也有电压。栅极和衬底层表面之间隔着一层绝缘氧化层，等效为一个平行板电容器。该电容器的单位面积电容记为 C_{ox}，其大小为

$$C_{ox} = \frac{\varepsilon_{ox}}{T_{ox}} \tag{3-57}$$

式中，ε_{ox} 为栅氧化层的介电常数，T_{ox} 为栅氧化层的厚度。

强反型时表面区的耗尽层电荷密度为

$$Q_B = -(4\varepsilon_{ox} N_A q V_F)^{\frac{1}{2}} \tag{3-58}$$

式中，N_A 为衬底中受主杂质的浓度，负号表示电荷为负电。

上述电容两端的电压实际上是栅氧化层的压降，其大小为

$$V_{ox} = -\frac{Q_B}{C_{ox}}$$

因此，阈值电压 V_T 的计算式为

$$V_T = 2V_F - \frac{Q_B}{C_{ox}} = 2V_F + \frac{1}{C_{ox}} (4\varepsilon_{ox} N_A q V_F)^{\frac{1}{2}} \tag{3-59}$$

当电压 V_G 达到阈值电压 V_T 时，半导体表面发生强反型。如果继续增大 V_G，反型层中的载流子浓度会进一步增大。在发生强反型后，耗尽层的厚度和表面势的大小只要稍有增加，就会使能带稍微进一步弯曲，表面反型载流子的浓度急剧增大。可以近似认为电压 V_G 超过 V_T 后，耗尽层电荷 Q_B 和表面电势 $V_S = 2V_F$ 基本不再变化，只有反型层中的载流子浓度随电压 V_G 的增大而增大。

对于表面反型层中的电子来说，一边是绝缘层，它的导带比半导体的导带高得多，另一边是导带弯曲形成的一个陡坡——由空间电荷区电场形成的势垒。反型层电子实际上被限制在表面附近能量最低的一个狭窄区域内，因此反型层通常又称为沟道。

N 型半导体 MIS 结构的空间电荷区和强反型时的能带如图 3-49 所示。阈值电压的计算

公式与 P 型半导体 MIS 结构的阈值电压的计算公式相同，只是符号相反。

3.3.3　MOS 场效应晶体管的直流特性

1. MOS 场效应晶体管的电流–电压关系

MOS 场效应晶体管的直流特性主要体现在其电流–电压关系上。对于 N 沟道 MOS 场效应晶体管，在正常工作条件下，通常源极与衬底极均接地，$V_S = V_B = 0$；漏极接正电压，$V_{DS} > 0$。根据栅极电压 V_{GS} 和漏源电压 V_{DS} 的大小不同，通常将 MOS 场效应晶体管的工作状态分为线性区、非饱和区、饱和区、亚阈区、击穿区等。下面分别讨论各个工作区的电流–电压关系。

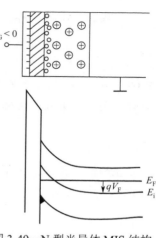

图 3-49　N 型半导体 MIS 结构

（1）线性区。

当 MOS 场效应晶体管工作于线性区时，栅极电压 V_{GS} 大于阈值电压 V_T，衬底表面有沟道存在，沟道连续地从源区延伸到漏区，沟道和空间电荷区的厚度都略有变化，如图 3-50（a）所示。由于 $V_{DS} > 0$，漏区和源之间有电流流过，方向从漏区指向源区，即如图 3-51 所示 y 轴所指示方向的反方向。如果忽略漏区、源区的串联电阻，电压 V_{DS} 主要降落在漏区和源区之间的沟道上，沿着 y 轴方向各点的电位逐渐升高，靠近源区的电位最低（0V），靠近漏区的电位最高（V_{DS}）。由于沿着 y 轴方向各点的电位不等，它们和栅极之间的电压也就不同，电场强度也不可能相等，从而导致沟道的厚度不一致，空间电荷区的厚度也不一致。沿着 y 轴的方向，沟道厚度逐渐减小，空间电荷区的厚度逐渐增大，但是变化的幅度都比较小，甚至可以忽略不计。

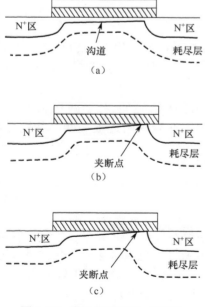

（a）

（b）

（c）

图 3-50　导电沟道随 V_{DS} 的变化

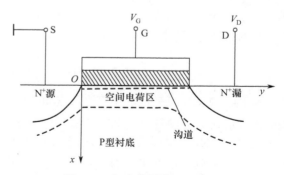

图 3-51　加有偏压的 MOSFET

在线性工作区，$V_{GS} > V_T$，$V_{DS} \leqslant V_{GS} - V_T$，漏极电流 I_{DS} 与电压 V_{DS} 的关系为

$$I_{DS} = \mu_n C_{ox} \frac{W}{L} \left(V_{GS} - V_T - \frac{1}{2} V_{DS} \right) V_{DS} \tag{3-60}$$

式中，μ_n 为电子的迁移率，C_{ox} 为栅氧化层的单位面积电容，L、W 分别为沟道的长度和宽度。为了分析问题方便，引入增益因子 β，其表示式为

$$\beta = \frac{\mu_n C_{ox} W}{L} \tag{3-61}$$

在线性工作区，由于 V_{DS} 很小，因此 V_{DS} 的二次项可以忽略不计，式（3-60）可改写为

$$I_{DS} = \beta (V_{GS} - V_T) V_{DS} \tag{3-62}$$

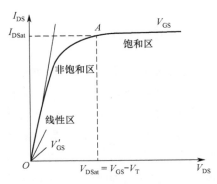

图 3-52　NMOS 场效应晶体管的
线性区、非饱和区、饱和区

从式（3-62）看出，漏极电流 I_{DS} 与电压 V_{DS} 为线性关系。NMOS 场效应晶体管工作在线性区时的 I_{DS}-V_{DS} 关系曲线如图 3-52 所示。

（2）非饱和区。

相对于线性区，如果电压 V_{DS} 增大，式（3-60）中的二次项就不能忽略不计，漏极电流 I_{DS} 和电压 V_{DS} 之间明显不是线性关系。此时，MOS 场效应晶体管工作于非饱和区，如图 3-52 所示。从式（3-60）可以看出，随着电压 V_{DS} 的增大，漏极电流 I_{DS} 虽然还会随之增大，但增大的速度会逐渐变慢，I_{DS} 和 V_{DS} 不再是线性关系。在非饱和区，导电沟道厚度的变化远比线性区明显，在接近漏区的部分显著变小，使得沟道的等效电阻增大，所以漏极电流 I_{DS} 随着 V_{DS} 的增大而增大的速度会变缓。

（3）饱和区。

当栅极电压 V_{GS} 大于阈值电压 V_T 时，相较于非饱和区，如果电压 V_{DS} 进一步增大，MOS 场效应晶体管就从非饱和区进入饱和区。在饱和区，随着电压 V_{DS} 的增大，漏极电流 I_{DS} 不再明显增大。

随着 V_{DS} 的增大，沟道的厚度差别非常明显，源区附近远大于漏区附近。当 $V_{DS} = V_{GS} - V_T$ 时，漏极附近不再存在反型层，这时称沟道在漏极附近被夹断，如图 3-50（b）所示。此时的漏极电流称为漏极饱和电流，记为 I_{DSat}。

把 $V_{DS} = V_{GS} - V_T$ 代入式（3-60），可以得到漏极饱和电流为

$$I_{DSat} = \frac{\beta}{2} (V_{GS} - V_T)^2 \tag{3-63}$$

N 沟道 MOS 场效应晶体管进入饱和区后，如果继续增大 V_{DS}，即 $V_{DS} > V_{GS} - V_T$，沟道的夹断点会向源区方向移动。同时，在靠近漏区的一侧，从夹断点到漏区这一段会有耗尽区出现。随着 V_{DS} 的增大，夹断点的移动会导致耗尽区的宽度逐渐变大，如图 3-50（c）所示。这时，从夹断点到源区的电压将保持在 $V_{GS} - V_T$ 不变，耗尽区的电压为 $V_{DS} - V_{GS} + V_T$。

在饱和区，随着导电沟道长度的减小，漏极电流 I_{DS} 会略有增大，这个现象称为沟道长

度调制效应。这是因为，从源区向沟道夹断点运动的电子在到达夹断点时，会在耗尽区电场的作用下继续向漏区运动。导电沟道长度越短，耗尽区越宽，耗尽区的电场强度越大，从源区到达夹断点的电子越容易继续向漏区运动。这与 NPN 晶体管非常相似，当发射区进入基区的大量电子到达收集结一侧时，会被收集区收集。MOS 场效应晶体管的沟道长度调制效应与双极型晶体管的基区调制效应非常相似。

为了描述沟道调制效应，引入沟道调制系数 λ，其定义式为

$$\lambda = \frac{X_d}{L}\frac{1}{V_{DS}} \tag{3-64}$$

式中，L、X_d 分别为导电沟道的长度和耗尽区的长度。此时漏极的饱和电流为

$$I_{DSat} = \frac{\beta}{2}(V_{GS} - V_T)^2(1 + \lambda V_{DS}) \tag{3-65}$$

从式（3-65）也可以看出，漏极电流 I_{DS} 随着漏极电压 V_{DS} 的增大而略有增大。

NMOS 场效应晶体管工作在饱和区时的 I_{DS}-V_{DS} 关系曲线如图 3-53 所示。

（4）亚阈区。

当栅极电压 V_{GS} 小于阈值电压 V_T 时，没有形成显著的导电沟道，MOS 场效应管处于截止状态。但在实际的 MOS 场效应管中，受栅极正电荷的作用，半导体表面为弱反型，漏极电流 I_{DS} 并不为零，而是随栅压按指数规律变化。通常将栅极电压低于阈值电压、MOS 场效应管处于弱反型的漏极电流称为亚阈值电流。亚阈值电流主要由载流子（NMOS 场效应晶体管为电子，PMOS 场效应晶体管为空穴）的扩散引起。

亚阈值电流的存在使得 MOS 场效应晶体管的漏极截止电流大幅增大，电路的静态功耗增大。这对于在低电压、低功耗下工作的 MOS 场效应晶体管来说尤其重要，如在 CMOS 逻辑电路或存储器中，无论电路处于哪种输出状态，互补的两只 MOS 场效应晶体管中都有一只工作在亚阈区，其亚阈值电流的大小必然影响电路的功耗。

（5）击穿区。

饱和区之后，当漏极电压 V_{DS} 继续增大到一定程度时，MOS 场效应晶体管将进入击穿区。在击穿区，随着 V_{DS} 的增大，I_{DS} 迅速增大。根据击穿机理的不同，MOS 场效应晶体管的击穿有漏衬结雪崩击穿、沟道雪崩击穿、势垒穿通等几种形式。

MOS 场效应晶体管的漏区和衬底之间存在一个 PN 结，简称漏衬结。在工作状态下，漏衬结总是反向偏置的。当漏极电压 V_{DS} 增大到漏衬结的雪崩击穿电压时，漏衬结将发生雪崩击穿，漏极电流随着漏极电压 V_{DS} 的增大而急剧增大。漏衬结雪崩击穿一般发生在长沟道 MOS 场效应晶体管中。击穿电压与衬底的掺杂浓度、漏衬结的几何形状和尺寸有关。受栅极对漏衬结电场分布的影响，漏衬结的雪崩击穿电压总小于普通 PN 结的雪崩击穿电压。

MOS 场效应晶体管进入饱和区以后，随着漏极电压 V_{DS} 的升高，导电沟道越来越短，导电沟道横向电场强度越来越大。沟道中快速运动的载流子通过与沟道中的晶格原子发生碰撞，产生电子-空穴对，并发生雪崩现象，导致沟道中的载流子浓度急剧增大，漏极电流 I_{DS} 快速增大。沟道雪崩击穿一般发生在短沟道 MOS 场效应晶体管中。

MOS 场效应晶体管进入饱和区以后，随着漏极电压 V_{DS} 的升高，导电沟道越来越短，耗尽区（势垒区）越来越长。当漏极电压 V_{DS} 增大到某一个值时，导电沟道不再存在，耗尽

区扩展到整个沟道区，漏衬 PN 结的耗尽区与源衬 PN 结的耗尽区相连，即源漏势垒穿通。穿通之后，漏极电压 V_{DS} 的升高会造成耗尽区内载流子的雪崩效应，漏极电流 I_{DS} 随着漏极电压 V_{DS} 的增大而迅速增大。势垒穿通也一般发生在短沟道 MOS 场效应晶体管中。

2．MOS 场效应晶体管的直流特性曲线

（1）输出特性曲线。

固定 V_{GS}，通过测量可得到一条 I_{DS} 与 V_{DS} 的关系曲线。对于不同的 V_{GS}，可得到一组这样的曲线，即为 MOS 场效应晶体管的输出特性曲线。输出特性曲线反映了漏源电压对沟道电流的调控能力。图 3-53 给出了 NMOS 场效应晶体管工作于线性区与饱和区的输出特性曲线，图中虚线是线性区与饱和区的分界线，这时，$V_{DS} = V_{GS} - V_T$。

（2）转移特性曲线。

固定 V_{DS}，通过测量可得到一条 I_{DS} 与 V_{GS} 的关系曲线。对于不同的 V_{DS}，可得到一组这样的曲线，即为 MOS 场效应晶体管的转移特性曲线。NMOS 场效应晶体管的转移特性曲线如图 3-54 所示，转移特性曲线反映了栅源电压对沟道电流的调控能力。

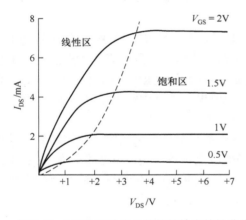

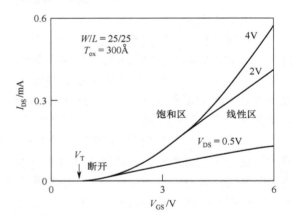

图 3-53　MOS 场效应晶体管的输出特性曲线　　图 3-54　NMOS 场效应晶体管的转移特性曲线

3．MOS 场效应晶体管的直流参数

（1）阈值电压。

为了使 MOS 场效应晶体管正常工作，需要在表面形成导电沟道。MIS 结构中开始出现强反型就意味着开始形成导电沟道。由式（3-56）得到，开始形成表面沟道的条件是衬底表面电势 V_S 等于费米电势 V_F 的 2 倍。

由于半导体和栅导电层一般具有不同的功函数，因此它们之间存在一定的接触电势差，它会影响半导体表面的空间电荷区和能带状况。在实际 MIS 结构的绝缘层中，往往存在电荷，这也会影响半导体表面的空间电荷区和能带状况。为此，引入平带电压 V_{FB} 来描述功函数差和绝缘层中电荷的影响，如下

$$V_{FB} = V_{ms} - \frac{Q_{fc}}{C_{ox}} \tag{3-66}$$

式中，V_{ms} 为金属半导体的功函数差，Q_{fc} 为绝缘层中电荷的面密度，C_{ox} 是栅氧化层的单位面积电容。

在 MOS 场效应晶体管中，使硅表面开始强反型时的栅压为 MOSFET 的阈值电压 V_T，又称为开启电压。考虑到平带电压，阈值电压 V_T 的计算如下

$$V_T = V_{FB} + 2V_F - V_{ox}$$
$$= V_{ms} - \frac{Q_{fc}}{C_{ox}} + 2V_F - \frac{Q_B}{C_{ox}} \tag{3-67}$$

式中，Q_B 是耗尽区的电荷密度。

当栅压 $V_G = V_T$ 时，表面开始强反型，反型层中的电子形成导电沟道，在漏源电压的作用下，MOS 场效应晶体管开始形成显著的漏源电流。

（2）导通电阻。

MOS 场效应晶体管的直流导通电阻 R_{on} 定义为漏源电压和漏源电流的比值。式（3-68）和式（3-69）分别为 NMOS 场效应晶体管在线性区与饱和区的直流导通电阻计算公式

$$R_{on} = \frac{V_{DS}}{I_{DS}} = \frac{2t_{ox}}{\mu_n \varepsilon_{ox}} \frac{L}{W} \frac{1}{2(V_{GS} - V_T) - V_{DS}} \tag{3-68}$$

$$R_{on} = \frac{2t_{ox}}{\mu_n \varepsilon_{ox}} \frac{L}{W} \frac{V_{DS}}{(V_{GS} - V_T)^2} \tag{3-69}$$

在线性区，即当 V_{DS} 很小时，式（3-68）可近似表示为

$$R_{on} = \frac{t_{ox}}{\mu_n \varepsilon_{ox}} \frac{L}{W} \frac{1}{(V_{GS} - V_T)} \tag{3-70}$$

从式（3-70）可知，当 V_{GS} 一定时，沟道电阻近似为一个固定的电阻。

由式（3-68）～式（3-70）可知，直流导通电阻随 $(V_{GS} - V_T)$、μ_n、W/L 的增大而减小，随着 t_{ox} 的增大而增大，在器件设计时应该注意这些因素对器件性能的影响。

PMOS 场效应晶体管的直流导通电阻与 NMOS 场效应晶体管有相似的表达式。

实际 MOS 场效应晶体管的导通电阻应包括源区串联电阻 R_S 和漏区的串联电阻 R_D，即

$$R_{on}^* = R_{on} + R_S + R_D \tag{3-71}$$

（3）零栅压漏极电流。

MOS 场效应晶体管在一定的漏源电压下，栅极和源极之间短路时的漏极电流值称为零栅压漏极电流，通常用 I_{DSS} 表示。零栅压漏极电流又称为饱和漏源电流，其大小反映了原始沟道的导电能力。

耗尽型 MOS 场效应晶体管的零栅压漏极电流的计算式为

$$I_{DSS} = \pm \frac{\mu W C_{ox}}{2L} V_T^2 \tag{3-72}$$

对于 NMOS 场效应晶体管，式（3-72）取正值，μ 为电子的迁移率；对于 PMOS 场效应晶体管，式（3-72）取负值，μ 为空穴的迁移率。可以看出，零栅压漏极电流的大小与沟道的宽长比、反型层中载流子的迁移率、绝缘层电容成正比。

（4）栅源直流输入电阻。

MOS 场效应晶体管的栅极和源极之间的直流电阻称为栅源直流输入电阻，主要是栅极

下面栅氧化层的绝缘电阻，通常用 R_{GS} 表示。通常情况下，栅源直流输入电阻不小于 $10^9\Omega$。

（5）击穿电压。

MOS 场效应晶体管的击穿电压是限制其安全工作区的主要参数，是其正常工作时所能承受的最高电压。MOS 场效应晶体管的击穿电压包括漏源击穿电压 BV_{DS} 和栅源击穿电压 BV_{GS}。

不同型号的 MOS 场效应晶体管，漏源击穿电压 BV_{DS} 的大小差别很大，一般在几十伏的数量级。

栅源击穿就是栅氧化层的击穿。栅氧化层是绝缘体，它的击穿是不可恢复的破坏性击穿。栅源击穿电压 BV_{GS} 的大小与栅氧化层的厚度、质量有关。

3.3.4　MOS 场效应晶体管的交流特性

1. MOS 场效应晶体管的交流电阻

交流电阻是 MOS 场效应晶体管动态性能的一个重要参数，它表示当栅源电压和衬源电压一定时，漏源电压变化量和漏源电流变化量的比值。MOSFET 交流电阻的定义如下

$$r_{d} = \frac{\partial V_{DS}}{\partial I_{DS}}\bigg|_{V_{GS},\, V_{BS}=c} = \frac{1}{g_{ds}} \tag{3-73}$$

式中，g_{ds} 称为漏源输出电导。显然，如果不考虑 MOS 场效应晶体管的沟道长度调制效应，MOS 场效应晶体管在饱和区的交流电阻应该是无穷大。实际上，受沟道长度调制效应的作用，r_d 的数值一般在 $10\sim500k\Omega$ 范围内。

在线性区，即当 V_{DS} 很小时，交流电阻的表达式是

$$r_{d} = \frac{t_{ox}}{\mu_{n}\varepsilon_{ox}} \frac{L}{W} \frac{1}{(V_{GS} - V_{TN})} \tag{3-74}$$

在非饱和区，交流电阻的表达式是

$$r_{d} = \frac{t_{ox}}{\mu_{n}\varepsilon_{ox}} \frac{L}{W} \frac{1}{(V_{GS} - V_{TN}) - V_{DS}} \tag{3-75}$$

下面讨论直流电阻与交流电阻的区别。图 3-55 显示了处于某一 V_{GS} 值的 NMOS 场效应晶体管的直流电阻与交流电阻的关系。直流电阻是工作点 Q 处的直流电压与直流电流的比值，而交流电阻是工作点 Q 处切线的余切值。切线与 X 轴的夹角越小，交流电阻值越大。

从图中可以看到，在线性区，器件的直流电阻与交流电阻重合，即大小相同，比照式（3-70）和式（3-74）可以发现，这两个公式是完全相同的。而在非饱和区与饱和区，器件的直流电阻都小于交流电阻。

对于 PMOS 场效应晶体管，也能得到相同的结论。

2. MOSFET 的跨导 g_m

MOS 场效应晶体管的跨导 g_m 也是 MOS 场效应管的一个极为重要的参数，其衡量了 MOS 器件栅源电压对漏源电流的控制能力。式（3-76）和式（3-77）分别给出了

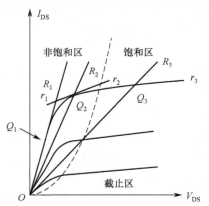

图 3-55　直流电阻与交流电阻的关系

NMOS 场效应晶体管在非饱和区（包括线性区）与饱和区的跨导公式（忽略沟道长度调制效应，$\lambda=0$）

$$g_{\mathrm{m}} = \frac{\partial I_{\mathrm{DS}}}{\partial V_{\mathrm{GS}}}\bigg|_{V_{\mathrm{DS}},\,V_{\mathrm{BS}}=c} = \frac{\mu_{\mathrm{n}}\varepsilon_{\mathrm{ox}}}{t_{\mathrm{ox}}}\frac{W}{L}V_{\mathrm{DS}} \tag{3-76}$$

$$g_{\mathrm{m}} = \frac{\partial I_{\mathrm{DS}}}{\partial V_{\mathrm{GS}}}\bigg|_{V_{\mathrm{DS}},\,V_{\mathrm{BS}}=c} = \frac{\mu_{\mathrm{n}}\varepsilon_{\mathrm{ox}}}{t_{\mathrm{ox}}}\frac{W}{L}\left|V_{\mathrm{GS}}-V_{\mathrm{TN}}\right| = \sqrt{2\mu_{\mathrm{n}}C_{\mathrm{ox}}(W/L)I_{\mathrm{DS}}} \tag{3-77}$$

从式（3-76）和式（3-77）可以看出，NMOS 场效应晶体管的跨导和载流子的迁移率 μ_{n}、晶体管的宽长比（W/L）成正比，和栅氧化层的厚度成反比。同时，跨导还和器件所处的工作状态有关。

对 PMOS 场效应晶体管，器件的跨导公式与 NMOS 完全一致，仅仅需将电子的迁移率改为空穴的迁移率，将 NMOS 的阈值电压用 PMOS 的阈值电压代替。

3. MOS 场效应晶体管的电容

MOS 场效应晶体管中存在电荷存储效应，所以有寄生电容存在。MOS 场效应晶体管的寄生电容是影响其动态特性的主要因素，包括数字电路的速度、动态功耗、开关特性，以及模拟电路的带宽、稳定性等。对 CMOS 数字电路来说，如果没有寄生电容，其工作速度可以无限快，动态功耗也会大幅度降低。

MOS 场效应晶体管中的存储电荷主要包括：反型层或沟道区的反型电荷 Q_i、沟道下面的耗尽区体电荷 Q_{B}、栅极电荷 Q_{G}、漏衬 PN 结和源衬 PN 结对应的耗尽区电荷等。其中，栅极电荷 Q_{G} 的大小等于耗尽区体电荷 Q_{B} 与反型电荷 Q_i 之和，即 $Q_{\mathrm{G}}=Q_{\mathrm{B}}+Q_i$。与上述的存储电荷相对应，MOS 场效应晶体管的电容可以分为栅极-衬底电容 C_{GB}、漏区-衬底电容 C_{DB}、源区-衬底电容 C_{SB}、栅极-漏区电容 C_{GD}、栅极-源区电容 C_{GS} 等。

（1）栅极-衬底电容 C_{GB}。

栅极-衬底电容 C_{GB} 包括两个串联的平行板电容：氧化层电容 C_{O} 和耗尽层电容 C_{dep}。

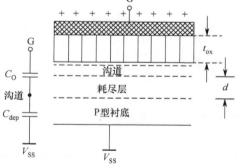

图 3-56　氧化层电容 C_{O} 和耗尽层电容 C_{dep}

如图 4-56 所示，在 P 型衬底的 MIS 结构中，当栅极电压 $V_{\mathrm{G}}>0$ 时，栅极的正电荷把衬底中的电子吸引到硅的表面，在衬底的表面形成电子的积累层。当这个积累层出现时，栅极成为电容的一个极板，P 型衬底的高浓度电子积累层构成电容的另一个极板，这个电容就是氧化层电容 C_{O}。由于积累层直接和衬底相连，因此氧化层电容 C_{O} 可近似表示为

$$C_{\mathrm{O}} = \frac{\varepsilon_{\mathrm{ox}}}{t_{\mathrm{ox}}}A = C_{\mathrm{ox}}A \tag{3-78}$$

式中，$\varepsilon_{\mathrm{ox}}$ 是绝缘介质 SiO_2 的介电常数，t_{ox} 是氧化层厚度，A 是栅极面积。C_{ox} 是单位面积的氧化层电容，其大小为

$$C_{\mathrm{ox}} = \frac{\varepsilon_{\mathrm{ox}}}{t_{\mathrm{ox}}}$$

当栅极加上一个比衬底电位高一些的正电压时，在正对栅极下方的 P 型衬底中形成一个耗尽层。正的栅压排斥空穴，使其离开衬底表面，形成载流子耗尽的负电荷区，对应的电容称为耗尽电容。在表面耗尽区中，单位面积的电荷密度的大小取决于掺杂浓度、电子电荷量 q 和表面耗尽区厚度 d（它随栅极对衬底电压的增大而增大）。耗尽层电容 C_{dep} 的表达式为

$$C_{dep} = \frac{\varepsilon_{Si}}{d} A \tag{3-79}$$

式中，d 是耗尽层的厚度，ε_{Si} 是硅的介电常数。随着耗尽层厚度的增大，栅极对衬底的电容减小。

栅极-衬底电容 C_{GB} 可以认为是 C_O 和 C_{dep} 的串联，其值为

$$C_{GB} = \frac{C_{ox} C_{dep}}{C_{ox} + C_{dep}} \tag{3-80}$$

（2）漏区-衬底电容 C_{DB}、源区-衬底电容 C_{SB}。

漏区和衬底的杂质类型不同，一个是 P 型材料，一个是 N 型材料，因此，漏区和衬底之间有一个 PN 结，存在相应的空间电荷区。漏区-衬底电容 C_{DB} 就是这个 PN 结的寄生电容。类似地，源区-衬底电容 C_{SB} 是源区和衬底之间 PN 结的寄生电容。这两个寄生电容也是耗尽层电容，其大小分别与漏区面积和源区面积成正比。

（3）栅极-漏区电容 C_{GD}、栅极-源区电容 C_{GS}。

一般情况下，MOS 场效应晶体管的栅极长度略大于沟道长度，因此，栅极的两边会有一部分覆盖在漏区和源区之上，如图 3-46 所示。栅极和漏区之间有一部分是绝缘的氧化层，类似于上述的氧化层电容 C_O，栅极和漏区之间也存在寄生电容，这个电容称为栅极-漏区电容 C_{GD}。同样地，栅极和源区之间也存在寄生电容，这个电容称为栅极-源区电容 C_{GS}。

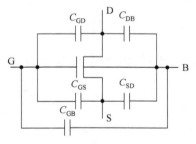

图 3-57　MOS 场效应晶体管的电容连接关系

根据上面的分析，可以给出 MOS 场效应晶体管的各个电容连接关系，如图 3-57 所示。

MOS 场效应晶体管在实际使用时一般为共源连接，即输入信号从栅极和源极之间接入，输出信号从漏极和源极之间接出。一般器件厂家会提供输入电容 C_{iss}、输出电容 C_{oss}、反向传输电容 C_{rss} 等参数值。输入电容 C_{iss} 是指在漏极和源极短路的情况下，用交流信号测得的栅极和源极之间的电容。输出电容 C_{oss} 是指在栅极和源极短路的情况下，用交流信号测得的漏极和源极之间的电容。反向传输电容 C_{rss} 常叫作米勒电容，是指在源极接地的情况下，测得的漏极和栅极之间的电容。当 MOS 场效应晶体管作为开关管使用时，输入电容对器件的开启和关断延时有着直接的影响，反向传输电容对于开关的上升时间和下降时间有较大的影响。这三个电容与上述电容的关系为

$$\begin{cases} C_{iss} = C_{GB} + C_{GD} \\ C_{rss} = C_{GD} \\ C_{oss} = C_{DS} + C_{GD} \end{cases} \tag{3-81}$$

4．MOS 场效应晶体管的频率特性

和双极型晶体管一样，MOS 场效应晶体管的一些参数与工作频率有关。从前面的分析可知，MOS 场效应晶体管存在多个寄生电容。在工作时，MOS 场效应晶体管的输入端、输出端、输入和输出之间都有寄生电容。当交流信号通过 MOS 场效应晶体管时，寄生电容会产生与交流信号频率密切相关的阻抗。

描述 MOS 场效应晶体管频率特性的参数主要有跨导截止频率、最高工作频率等。

（1）跨导截止频率。

MOS 场效应晶体管的跨导 g_m 是衡量其栅源电压对漏源电流控制能力的重要参数。当工作频率的升高时，跨导会随之减小。当跨导的模下降到其低频值的 $1/\sqrt{2}$ 时所对应的工作频率称为跨导截止（角）频率，记为 ω_{gm}。

NMOS 场效应晶体管在饱和区时的跨导截止频率为

$$\omega_{gm} = \frac{1}{R_{GS}C_{GS}} = \frac{15}{4}\frac{\mu_n(V_{GS}-V_T)}{L^2} \tag{3-82}$$

从式（3-82）可知，跨导截止频率实际上来源于通过沟道有效电阻 R_{GS} 对栅极-源极电容 C_{GS} 的充电延迟时间。当外加的栅极电压改变时，只有经过充电延迟时间 $R_{GS}C_{GS}$ 之后，栅极-源极电容 C_{GS} 上的电压才会随着外加栅极电压的改变而产生沟道电流增量。为了提高 MOS 场效应晶体管的跨导截止频率，从制造的角度，应该缩短沟道长度和加大载流子的迁移率；从使用的角度，应该提高栅极电压。

（2）最高工作频率。

当栅极沟道之间电容 C_{GC} 的充放电电流和漏源交流电流的数值相等时，所对应的工作频率为 MOS 场效应晶体管的最高工作频率。最高工作频率也是 MOS 场效应晶体管功率增益为 1 时的工作频率。

这是因为当栅源间输入交流信号时，由源极增加或减少流入的电子流一部分通过沟道对电容充电或放电，一部分经过沟道流向漏极，形成漏源电流的增量。因此，当变化的电流全部用于对沟道电容充放电时，晶体管也就失去了放大能力。这时

$$\omega_m C_{GC} v_{GS} = g_m v_{GS} \tag{3-83}$$

因此，最高工作频率为

$$f_m = \frac{g_m}{2\pi C_{GC}} \tag{3-84}$$

栅极沟道之间的电容 C_{GC} 就是前面提到的栅氧化层电容，其大小正比于栅区面积乘以单位面积栅电容，即

$$C_{GC} = WLC_{ox} = WL\frac{\varepsilon_{ox}}{t_{ox}} \tag{3-85}$$

式中，W、L 分别是栅极的长度和宽度。

所以有

$$f_m = \frac{\mu}{2\pi L^2}(V_{GS}-V_T) \tag{3-86}$$

式中，μ 是沟道载流子迁移率，V_T 是 MOS 器件的阈值电压。在计算 NMOS 场效应晶体管或 PMOS 场效应晶体管的最高工作频率时，只要将相应的载流子迁移率数值和阈值电压数值代入计算即可。

　　从式（3-86）可以得到一个重要的结论：最高工作频率与 MOS 器件的沟道长度的平方成反比，因此，减小沟道长度 L 可有效地提高工作频率。

3.3.5　MOS 场效应晶体管的种类

　　根据导电沟道中反型载流子的种类不同，MOS 场效应晶体管可以分为 NMOS 场效应晶体管和 PMOS 场效应晶体管两大类。根据导电沟道的形成条件的不同，MOS 场效应晶体管可以分为增强型和耗尽型。若栅极电压为零时没有形成反型层导电沟道，则必须在栅极上施加电压才能形成导电沟道的器件称为增强型 MOS 场效应晶体管。前面讨论的都是这种类型的 MOS 场效应晶体管。若在零偏压下存在反型层导电沟道，则必须在栅上施加偏压才能使沟道内的载流子耗尽的器件称为耗尽型 MOS 场效应晶体管。所以，MOS 场效应晶体管可以分为 4 种不同的类型。

1. NMOS 场效应晶体管

　　对于 NMOS 场效应晶体管，必须加正偏置电压才能形成 N 型导电沟道的称为增强型 NMOS 场效应晶体管，又称为常闭型 NMOS 场效应晶体管。栅极偏置电压为零时就存在导电沟道，在栅上加负偏置电压才能使沟道内载流子耗尽的，称为耗尽型 NMOS 场效应晶体管，又称为常开型 NMOS 场效应晶体管。耗尽型 NMOS 场效应晶体管的阈值电压为负值，也就是说，欲使其导电沟道消失，必须在栅极上施加一负电压。它们的电路符号如图 3-58 所示，转移特性曲线如图 3-59 所示，输出特性曲线如图 3-60 所示。

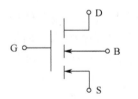　　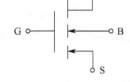

（a）增强型 NMOS 场效应晶体管　　　　　（b）耗尽型 NMOS 场效应晶体管

图 3-58　NMOS 场效应晶体管的电路符号

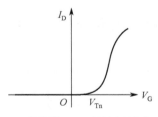　　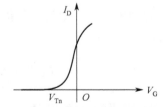

（a）增强型 NMOS 场效应晶体管　　　　　（b）耗尽型 NMOS 场效应晶体管

图 3-59　NMOS 场效应晶体管的转移特性曲线

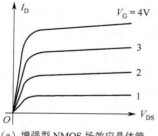
（a）增强型 NMOS 场效应晶体管

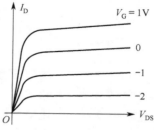
（b）耗尽型 NMOS 场效应晶体管

图 3-60　NMOS 场效应晶体管的输出特性曲线

2. PMOS 场效应晶体管

类似地，对于 PMOS 场效应晶体管，必须在栅极加负偏置电压才能形成 P 型导电沟道的称为增强型 PMOS 场效应晶体管，又称为常闭型 PMOS 场效应晶体管。增强型 PMOS 场效应晶体管的阈值电压为负值。栅极偏置电压为零时就存在导电沟道，在栅上加正偏置电压才能使沟道内载流子耗尽的，称为耗尽型 PMOS 场效应晶体管，又称为常开型 PMOS 场效应晶体管。耗尽型 PMOS 场效应晶体管的阈值电压为正值，也就是说，欲使其导电沟道消失，必须在栅极上施加一正电压。它们的电路符号如图 3-61 所示，转移特性曲线如图 3-62 所示，输出特性曲线如图 3-63 所示。

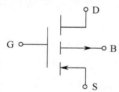
（a）增强型 PMOS 场效应晶体管

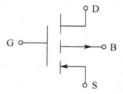
（b）耗尽型 PMOS 场效应晶体管

图 3-61　PMOS 场效应晶体管的电路符号

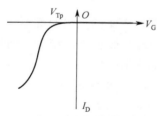
（a）增强型 PMOS 场效应晶体管

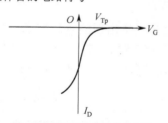
（b）耗尽型 PMOS 场效应晶体管

图 3-62　PMOS 场效应晶体管的转移特性曲线

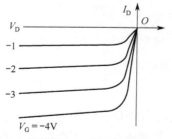
（a）增强型 PMOS 场效应晶体管

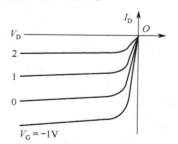
（b）耗尽型 PMOS 场效应晶体管

图 3-63　PMOS 场效应晶体管的输出特性曲线

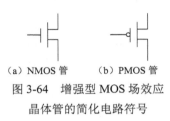

（a）NMOS 管　　（b）PMOS 管

图 3-64　增强型 MOS 场效应晶体管的简化电路符号

在数字集成电路中，NMOS 场效应晶体管的衬底极一般接地，PMOS 场效应晶体管的衬底极一般接电源的正极。在画电路图时，经常使用它们的简化电路符号。MOS 场效应晶体管的简化电路符号中只标出它们的栅极、漏极和源极，不再标出衬底极。增强型 MOS 场效应晶体管的简化电路符号如图 3-64 所示。

3.4　集成电路中的器件结构

在前述内容中采用截面剖图研究了二极管、双极型晶体管与 MOS 场效应晶体管的结构特征和工作特性。然而，这些器件结构是一种抽象简化的模型结构，不能直接用于集成电路的设计和制造之中，在实际电路中它们的结构要复杂得多。

3.4.1　电学隔离

一块集成电路通常包含大量的二极管、晶体管及电阻、电容等元件，而且它们是做在一个衬底上的，如果不把它们在电学上一一隔离，那么各元器件就会通过半导体衬底相互影响和干扰，甚至导致整个芯片无法正常工作。因此，隔离是集成电路设计和制造时要首先考虑的问题。

在现代集成电路的隔离技术中，按原理通常可以分为两种方法，第一种是通过反向 PN 结进行隔离，第二种是采用氧化物（SiO₂）进行隔离。这两种方法均能较好地实现直流隔离，但是都会增大芯片面积。对于反向 PN 结隔离而言，由于其内部存在寄生电容，会对电路的工作特性产生影响，因此，在目前的超大规模集成电路中，更多的是采用氧化物隔离。

1. PN 结隔离

PN 结隔离是最早出现的隔离技术，其原理是采用 PN 结反向偏置不导通的特性进行器件隔离。如图 3-65 所示，在 P 型硅衬底上，通过外延生长 N 型硅结构，同时在器件区域外围掺杂形成 P 型扩散区。这样使整个器件区域被 PN 结反向包围，从而形成电学隔离。

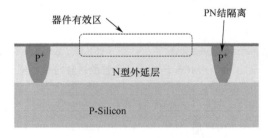

图 3-65　PN 结隔离示意图

2. 氧化物隔离

氧化物隔离是指在器件有源区的四周填充氧化绝缘介质（如 SiO₂），形成隔离环，如图 3-66 所示。随着集成电路技术的发展，氧化物隔离技术也在不断演进。通常对隔离技术有如下要求：隔离区域的面积要尽可能小，尽可能避免隔离区域对器件的正常工作产生影响，同时隔离区域表面尽量平坦，方便后续工艺制备等。因此，氧化物隔离技术也从最早的场氧化隔离技术（Blanket Field Oxide，BFO），经过硅局部氧化隔离技术（Local Oxidation of Silicon，LOCOS），最终发展为目前应用广泛的浅槽隔离技术（Shallow Trench Isolation，STI）。

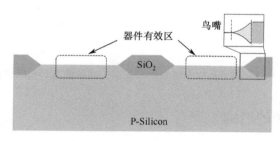

图 3-66　氧化物的隔离示意图

如图 3-66 所示的隔离结构即为 LOCOS，这种结构的隔离区域占的面积较大，同时由于制备过程中氧化的各向同性及需要采用 SiN 作为掩蔽层，因此在 LOCOS 边缘处会形成"鸟嘴"区域。从器件角度分析，鸟嘴的存在会侵蚀器件，使得有效宽度减小，从而减小了晶体管的驱动电流。同时，通过工艺缩小鸟嘴的尺寸也面临诸多困难。

为了解决 LOCOS 结构存在的诸多问题，后来发展出了浅槽隔离技术，其隔离结构如图 3-67 所示。首先在衬底上刻蚀出一定深度的隔离凹槽，之后利用绝缘介质进行填充和平台化工艺。STI 隔离技术占面积更小，隔离效果更好，对器件性能几乎没有影响，在亚微米、深亚微米的集成电路中得到广泛应用。

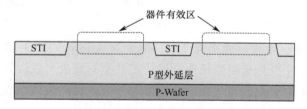

图 3-67　STI 隔离结构示意图

3.4.2　二极管的结构

在实际的集成电路中，通常要求二极管的两个引出端（P 端和 N 端）必须在芯片的上方，此外还要考虑二极管与芯片中其他元器件的隔离。目前，用于集成电路中的二极管的制备流程和实际结构如图 3-68 所示。通常需要先在 P 型衬底材料上通过外延生长得到一层很薄的 N 型外延层，如图 3-68（a）所示。然后在指定的区域进行 P 型杂质扩散，形成 N 型"岛"，如图 3-68（b）所示。与此同时，该结构中也形成 PN 结隔离区。二极管就在此 N 型"岛"内制作，通过掺杂在 N 型"岛"内再形成 P 型区，如图 3-68（c）所示，P 型区与 N 型外延层形成 PN 结。最后在 N 型"岛"内形成 N 型重掺杂区（即 N$^+$型区）。N$^+$型区是为了得到与 N 型外延层的欧姆连接的。最后，用金属铝作为引出端，形成一个完整的二极管结构，如图 3-68（d）所示。

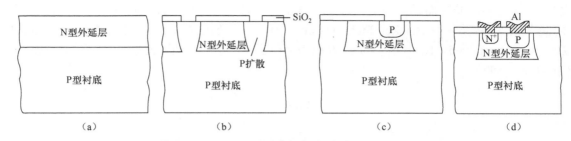

图 3-68　用于集成电路中的二极管的制备流程和实际结构

3.4.3　双极型晶体管的结构

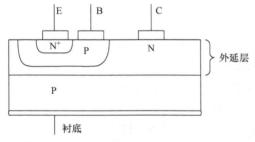

图 3-69　NPN 双极型晶体管的结构示意图

在实际的集成电路中，NPN 双极型晶体管的结构如图 3-69 所示。由于目前的半导体制备都基于平面工艺，为方便后期互连，晶体管的三个极必须在芯片的上方。对于 NPN 双极型晶体管，其制备过程是首先采用 P 型硅片衬底。用外延生长的方法先形成一层很薄的 N 型外延层，双极型晶体管本身就制作在这一薄外延层上。制作时先在指定的区域进行 P 型杂质扩散，形成 P 型基区。之后，再在基区内指定的区域进行 N 型杂质扩散，形成 N^+ 型发射区。

然而，在实际应用中，上述结构存在诸多缺点，如发射极的电流必须横向流过外延层才能到达收集极，相当于收集区有一个很大的串联电阻，因而双极型晶体管的电学特性很差。为了减小这一收集区电阻，通常需要增加两个 N^+ 型区，如图 3-70 所示。其中一个称为埋层的 N^+ 型层，它在 N 型外延层生长前就已经在 P 型衬底上形成，其目的是减小收集区的横向电阻。另一个 N^+ 型区是在收集极的金属接触下方，目的是减小收集极串联电阻，通常这一步是与发射极的 N^+ 区同时形成的。由于该结构中具有 N^+ 型埋层区，因此也被称为具有埋层结构的 NPN 管。

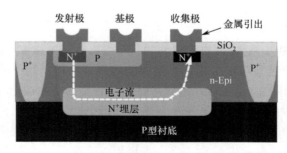

图 3-70　具有埋层结构的 NPN 管的结构示意图

在图 3-70 中，双极型晶体管采用 PN 结环实现隔离。从图中可以看出，一个重掺杂的 P^+ 环绕此 NPN 晶体管，同时该 P^+ 环一直深入 P 型衬底区，可以同时实现横向和纵向的

PN 结隔离。但是 PN 结隔离环的尺寸较大，而且存在寄生电容，对电路的工作速度会造成一定影响。

随着技术的发展，后来出现了侧壁基极接触结构 NPN 管（Sidewall Base Contact NPN Bipolar Transistor），如图 3-71 所示。在该结构中，采用氧化物进行隔离，能够实现更好的隔离效果，同时减小隔离结构的体积。此外，为了减小基区的寄生电阻和寄生电容，通过在侧壁制作多晶硅结构与基区进行接触互连，进而用金属铝作为引出端。

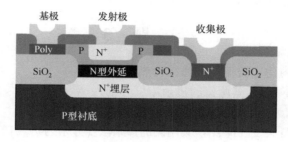

图 3-71　侧壁基极接触结构 NPN 管的结构示意图

3.4.4　MOS 场效应晶体管的结构

对于 MOS 场效应晶体管（简称 MOS 管）而言，其可以利用自身的 PN 结实现电学隔离。但如果在两个 MOS 管之间有一金属导线通过，就会形成一个寄生 MOS 管，如图 3-72（a）所示。寄生 MOS 管的引入会使得电路功能发生混乱。为防止这一现象，通常需要在 MOS 管之间制备氧化物隔离结构。如图 3-72（b）所示为采用 LOCOS 隔离结构的 MOS 管，由于金属线下方有较厚的氧化层，可使得寄生 MOS 管的阈值电压大幅提高（远高于电路的电源电压），而电路中金属导线上的电压不可能大于电源电压，所以此寄生 MOS 管将永远处于关闭状态，因而起到横向隔离作用。

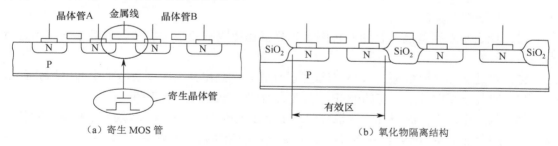

（a）寄生 MOS 管　　　　　　　　　　（b）氧化物隔离结构

图 3-72　MOS 场效应管的结构

对于 CMOS 电路而言，为了将 NMOS 和 PMOS 两种不同类型的管子做在同一片硅衬底上，需要先在硅衬底上形成 N 阱（N well）或 P 阱（P well）结构。以 N 阱为例，如图 3-73 所示，NMOS 管直接制作在衬底上，而 PMOS 管则制作在 N 阱中。

随着 CMOS 技术的发展，为了更灵活地调整 NMOS 管和 PMOS 管衬底的掺杂浓度，进而精确调整晶体管的阈值电压等器件参数，目前常用的是双阱工艺，也就是在衬底高阻率的外延层上分别形成 P 阱和 N 阱，然后在 P 阱中制备 NMOS 管，在 N 阱中制备 PMOS 管。

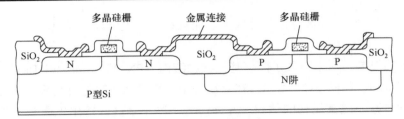

图 3-73　N 阱 CMOS 管的电路结构

习　题　3

1. 描述 PN 结的内建电势差是如何维持热平衡的。

2. 对于硅突变 PN 结，其两侧的掺杂浓度分别为 $N_A=10^{16}\text{cm}^{-3}$、$N_D=10^{17}\text{cm}^{-3}$，试计算室温（$T$=300K）下，该 PN 结的内建电势差。

3. 对于零偏置的硅突变 PN 结，其两侧的掺杂浓度分别为 $N_A=10^{17}\text{cm}^{-3}$、$N_D=10^{15}\text{cm}^{-3}$，试计算 T=300K 时，相对于本征费米能级，P 区和 N 区内费米能级的位置。同时，画出该 PN 结平衡状态下的能带图。

4. 为什么 PN 结低掺杂一侧的空间电荷区较宽？

5. 试计算当温度从 25℃升至 100℃时，PN 结的反向电流增大的倍数。

6. 试计算 T=300K 时，使得 PN 结理想反偏电流是反向饱和电流的 85% 的反偏电压值。

7. 试分析说明 PN 结的空间电荷区中什么位置的电场最大，以及为什么均匀掺杂 PN 结的电场是距离的线性函数。

8. 对于反向 PN 结而言，随着反向偏压的增大，为什么势垒电容反而下降？

9. 对于施主浓度 $N_D=5\times10^{17}\text{cm}^{-3}$ 的 N 型硅，试计算 T=300K 时的功函数。

10. 比较分析肖特基势垒二极管与 PN 结二极管正偏时的 I-V 特性差别。

11. 分析描述 NPN 晶体管处于放大状态时，内部电荷的流动状态。电流是扩散电流还是漂移电流？

12. 什么是双极型晶体管的截止频率？分析描述限制双极型晶体管的频率响应的延时因素。

13. 对处于热平衡状态的 NPN 双极型晶体管，试画出其能带图及器件中的电场分布。

14. 对处于正向放大状态的 PNP 双极型晶体管，试画出其能带图。

15. 放大电路中，测得几个三极管的三个电极电压 U_1、U_2、U_3 分别为下列各组数值，判断它们是 NPN 型还是 PNP 型，是硅管还是锗管，并确定 e、b、c。

　　1）U_1=3.3V　　　　U_2=2.6V　　　　U_3=15V

　　2）U_1=3.2V　　　　U_2=3V　　　　　U_3=15V

　　3）U_1=6.5V　　　　U_2=14.3V　　　 U_3=15V

　　4）U_1=8V　　　　　U_2=14.8V　　　 U_3=15V

16. 对处于正向放大状态的双极型晶体管：

　　1）基极电流 I_B=4μA，收集极电流 I_C=0.6mA，计算 α、β 和 I_E；

　　2）收集极电流 I_C=1.2mA，发射极电流 I_E=1.212mA，计算 α、β 和 I_B。

17. 画出零偏置下 P 型衬底、N$^+$多晶硅栅极 MOS 结构的能带图。

18. 考虑一个 N 沟道 MOSFET，参数如下：$\mu_n C_{ox}$=0.18mA/V^2，W/L=8，V_T=0.4V，根据以下条件，计算漏极电流 I_D：

　　1）V_{GS}=0.8V，V_{DS}=0.2V

　　2）V_{GS}=0.8V，V_{DS}=1.2V

　　3）V_{GS}=1.2V，V_{DS}=2.5V

19. 考虑一个 P 沟道 MOSFET，参数如下：$\mu_p C_{ox}$=0.1mA/V^2，W/L=15，V_T=-0.4，根据以下条件，计算漏极电流 I_D：

　　1）V_{SG}=0.8V，V_{SD}=0.25V

　　2）V_{SG}=0.8V，V_{SD}=1.0V

　　3）V_{SG}=1.2V，V_{SD}=1.0V

　　4）V_{SG}=1.2V，V_{SD}=2.0V

20. 分析描述 PN 结隔离、氧化物隔离及 STI 隔离结构的优点和缺点。

21. 对于埋层结构的 NPN 管，分析内部埋层的作用。

22. 分析描述侧壁基极接触结构的 NPN 管的结构，并说明其优点。

参 考 文 献

[1] 刘树林，商世广，张华曹，等. 半导体器件物理[M]. 2 版. 北京：电子工业出版社，2015.

[2] 刘恩科，朱秉升，罗晋生. 半导体物理学[M]. 7 版. 北京：电子工业出版社，2008.

[3] 兰慕杰，来逢昌. 微电子器件基础[M]. 2 版. 北京：电子工业出版社，2013.

[4] 曾树荣. 半导体器件物理基础[M]. 2 版. 北京：北京大学出版社，2015.

[5] 张兴，黄如，刘晓彦. 微电子学概论[M]. 3 版. 北京：北京大学出版社，2010.

[6] 曾云，杨红官. 微电子器件[M]. 北京：电子工业出版社，2016.

第4章 大规模集成电路基础

4.1 CMOS 反相器

互补金属-氧化物-半导体（Complementary Metal Oxide Semiconductor，CMOS）是将增强型 NMOS 管和增强型 PMOS 管结合在一起，使其工作在互补模式的 MOS 电路结构。

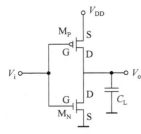

图 4-1 CMOS 反相器

CMOS 数字集成电路具有低功耗、大噪声容限及易设计等优点。CMOS 反相器是数字电路设计中的基本模块，是 CMOS 逻辑电路分析和设计的基础。本节将介绍 CMOS 反相器电路结构的重要特性。

一个标准 CMOS 反相器的电路如图 4-1 所示，其中 M_N 为增强型 NMOS 管，M_P 为增强型 PMOS 管。CMOS 反相器的工作原理为：当反相器的输入端 V_i 接地时，M_P 导通，M_N 截止，输出端 V_o 通过 M_P 上拉至 V_{DD}；当反相器输入端 V_i 连接 V_{DD} 时，M_N 导通，M_P 截止，输出端 V_o 通过 M_N 下拉至地。

4.1.1 直流特性

图 4-1 所示反相器的直流电压传输特性如图 4-2 所示。其中，V_{TN}（$V_{TN} > 0$）表示 NMOS 管的阈值电压，V_{TP}（$V_{TP} < 0$）表示 PMOS 管的阈值电压，V_{DD} 表示上拉电压值，V_{IL}（$V_{IL} < 0.5V_{DD}$）和 V_{IH}（$V_{IH} > 0.5V_{DD}$）分别为转移曲线上斜率为–1 的点对应的输入电压值。

根据图 4-2 可以将 CMOS 反相器的工作状态分为 5 个区域，利用表 4-1 所示的 CMOS 反相器三个工作区各电压之间的关系可以找出每个区域中 N 型和 P 型 MOS 管的行为特性。

A 区：$0 \leqslant V_i \leqslant V_{TN}$。在该区域内，N 型器件截止，P 型器件处于线性区。输出电压是
$$V_o = V_{DD}$$

B 区：$V_{TN} \leqslant V_i < 0.5V_{DD}$。在该区域内，P 型器件工作在线性区，而 N 型器件处于饱和区。输出电压可以表示为

$$V_o = (V_i - V_{TP}) + \left[(V_i - V_{TP})^2 - 2\left(V_i - \frac{V_{DD}}{2} - V_{TP}\right)V_{DD} - \frac{k_N}{k_P}(V_i - V_{TN})^2 \right]^{1/2}$$

C 区：$V_i \approx 0.5V_{DD}$。在该区域内 N 型器件和 P 型器件都处于饱和状态，输出电压可以表示为

$$V_i - V_{TN} < V_o < V_i - V_{TP}$$

D 区：$0.5V_{DD} \leqslant V_i < V_{DD}$。在该区内 P 型器件处于饱和区，N 型器件工作在线性区。输出电压可以表示为

$$V_o = (V_i - V_{TN}) - \left[(V_i - V_{TN})^2 - \frac{k_P}{k_N}(V_i - V_{DD} - V_{TP})^2 \right]^{1/2}$$

E 区：$V_{DD} + V_{TP} \leqslant V_i \leqslant V_{DD}$。这时 P 型器件截止，N 型器件工作在线性区，输出电压为 0V。

观察图 4-2 发现，当输入电压介于 V_{IL} 和 V_{IH} 之间时，特性曲线变换"陡峭"，此时对应的输出电压范围广泛，使反相器输出电压不稳。通常，将其视为无效逻辑电平，同时确定了反相器的最大噪声容限。理想情况下，V_{IL} 和 V_{IH} 应无限接近且近似为 $0.5V_{DD}$。

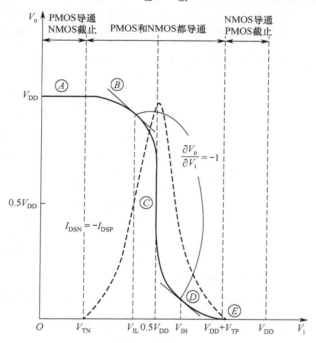

图 4-2　CMOS 反相器的直流电压传输特性

表 4-1　CMOS 反相器三个工作区各电压之间的关系

	截 止 区	线 性 区	饱 和 区
P 型器件	$V_{GSP} > V_{TP}$ $V_i > V_{TP} + V_{DD}$	$V_{GSP} < V_{TP}$ $V_i < V_{TP} + V_{DD}$ $V_{GDP} < V_{TP}$ $V_i - V_o < V_{TP}$	$V_{GSP} < V_{TP}$ $V_i < V_{TP} + V_{DD}$ $V_{GDP} > V_{TP}$ $V_i - V_o > V_{TP}$
N 型器件	$V_{GSN} < V_{TN}$ $V_o < V_{TN}$	$V_{GSN} > V_{TN}$ $V_i > V_{TN}$ $V_{GDN} > V_{TN}$ $V_i - V_o > V_{TN}$	$V_{GSN} > V_{TN}$ $V_i > V_{TN}$ $V_{GDN} < V_{TN}$ $V_i - V_o < V_{TN}$

4.1.2　开关特性

如图 4-1 所示，CMOS 反相器的输入节点直接连接到两个 MOS 管的栅极上。因为 MOS 管栅极是一个完全的绝缘体，所以 CMOS 反相器的输入电阻极高，稳态输入电流几乎为零。利用 CMOS 反相器的简化模型可以得到一个近似的瞬态响应。

首先考虑输出端由低电平到高电平过渡的情形。门的响应时间是由 PMOS 管的导通电

阻和输出负载电容 C_L 决定的，如图 4-3（a）所示，电路的传播延时正比于时间常数 $R_P C_L$。因此一个快速门的设计可以通过减小输出电容或晶体管的导通电阻来实现。同样，在输出由高电平变到低电平时，响应时间正比于时间常数 $R_N C_L$，如图 4-3（b）所示。

分析 CMOS 反相器的开关模型可以看出，负载电容 C_L 的充电和放电时间限制了门的开关速度。当输入是阶跃电压时，输出电压 V_o 的波形如图 4-4 所示。图中上升时间 t_r 是输出电压 V_o 从它的稳态值的 10%上升到 90%所需的时间，下降时间 t_f 是输出电压 V_o 从它的稳态值的 90%下降到 10%所需的时间，延迟时间 t_d 指输入电压变化到稳态值的 50%的时刻和输出电压变化到稳态值的 50%的时刻之间的时间差。

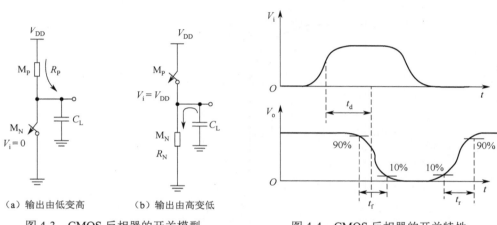

（a）输出由低变高　　　（b）输出由高变低

图 4-3　CMOS 反相器的开关模型　　　　图 4-4　CMOS 反相器的开关特性

上升时间和下降时间的计算公式如下

$$t_r = \tau_P \left[\frac{\alpha_P - 0.1}{(1 - \alpha_P)^2} + \frac{\text{artanh}\left(1 - \dfrac{0.1}{1 - \alpha_P}\right)}{1 - \alpha_P} \right] \quad (0.1 < \alpha_P < 0.9)$$

$$t_f = \tau_N \left[\frac{\alpha_N - 0.1}{(1 - \alpha_N)^2} + \frac{\text{artanh}\left(1 - \dfrac{0.1}{1 - \alpha_N}\right)}{1 - \alpha_N} \right] \quad (0.1 < \alpha_N < 0.9)$$

其中，$\tau_P = \dfrac{C_L}{K_P V_{DD}}$，$\tau_N = \dfrac{C_L}{K_N V_{DD}}$，$\alpha_P = \left| \dfrac{V_{TP}}{V_{DD}} \right|$，$\alpha_N = \left| \dfrac{V_{TN}}{V_{DD}} \right|$。

在反相器的上升时间和下降时间对称的情况下，延迟时间的计算公式如下

$$t_d = 0.7 R_P C_L = 0.7 R_N C_L$$

4.1.3　功耗特性

一个反相器的功耗可大致分为三部分：由负载电容充/放电电流 I_{sw} 引起的翻转功耗、由瞬间短路电流 I_{int} 引起的短路功耗、由 MOS 管漏电流 I_{leak} 引起的静态功耗，如图 4-5 所示。

1．翻转功耗

一个反相器进行两次翻转（电平高–低，电平低–高）所
消耗的能量可以表示为

$$E_{V_{DD}} = \int_0^\infty i_{V_{DD}}(t)V_{DD}\,dt = V_{DD}\int_0^\infty C_L\frac{dV_o}{dt}\,dt = C_L V_{DD}\int_0^\infty dV_o = C_L V_{DD}^2$$

假设该反相器的翻转频率为 R_T，则它在运行时的翻转功
耗可以表示为

$$P_C = \frac{V_{DD}^2 C_L R_T}{2}$$

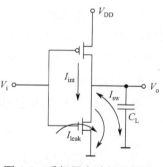

图 4-5　反相器中功耗的组成

由该公式可知，要降低翻转功耗，可通过减小供电电
压、减小负载电容、减小翻转概率、降低时钟频率来实现。由于时钟频率的降低往往会影
响电路的性能，负载电容又与器件本身相关，因此降低翻转功耗的主要途径是减小供电电
压，这也是目前芯片的设计都更倾向于先进工艺的原因。

2．短路功耗

晶体管翻转时，电源与地之间会存在瞬时短路，这种因短路而消耗的功耗称为短路功
耗。存在短路功耗，是因为反相器的输入波形是非理想的，上升时间与下降时间不为 0。
这样，在开/关过程中，V_{DD} 和地间会短时间导通，这会引起短路电流，从而消耗功耗。
图 4-6 所示为反相器翻转时的短路电流。

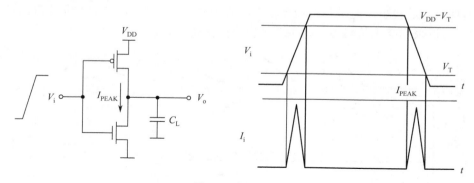

图 4-6　短路电流

下面给出短路功耗的表达式。

假设短路电流为三角形脉冲，且反相器的上升响应和下降响应对称，可以计算出每个
开关周期消耗的能量，其大小为

$$E_{dp} = \frac{V_{DD}I_{PEAK}t_r}{2} + \frac{V_{DD}I_{PEAK}t_f}{2} = t_{SC}V_{DD}I_{PEAK}$$

式中，t_{SC} 是上升时间 t_r 和下降时间 t_f 的均值，即

$$t_{SC} = \frac{1}{2}(t_r + t_f)$$

由此可以方便地求出反相器翻转的平均功耗为

$$P_{DP} = t_{SC}V_{DD}I_{PEAK}\frac{R_t}{2} = C_{SC}V_{DD}^2\frac{R_t}{2}$$

短路功耗除与供电电压、翻转概率、时钟频率有关外，还与门的输入转换时间和输出转换时间有关。研究表明，通过使输入、输出的转换时间匹配，可以使整个设计的短路功耗达到最小。

3．静态功耗

静态功耗是由漏电流引起的。在纳米尺度的集成电路设计中，漏电流是一个关键问题。漏电流引起的静态功耗主要包括两部分：由亚阈值泄漏电流引起的功耗及栅极泄漏功耗。漏电流的主要组成如图 4-7 所示，I_{gate} 表示栅极泄漏电流，I_{sub} 表示亚阈值泄漏电流。

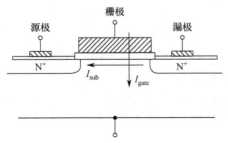

图 4-7　晶体管中的漏电流

图 4-7 中，当栅极电压 $V_{gs} = 0$ 时，亚阈值泄漏电流可以表示为

$$I_{sub} = I_0 \left(e^{[-V_T/S]} \left[1 - e^{-qV_{ds}/kT} \right] \right)$$

式中，S 称为亚阈值摆幅，在数值上等于使漏电流变化一个数量级所需要的栅极电压增量，通常与器件结构和温度等有关。

该公式表明，要降低漏电流引起的功耗，可以通过增大 V_T 来减小亚阈值泄漏电流。方法有两种：一种是采用高阈值的器件；另一种是通过衬底偏置来增大 V_T。如图 4-8 所示，在集成电路设计的过程中，对于两个 D 触发器之间的关键路径（如实线所示），可以采用低阈值器件，延迟较小，但是静态功耗较大。对于两个 D 触发器之间的非关键路径（如虚线所示），可以采用高阈值器件，静态功耗较小，但是延迟较大。

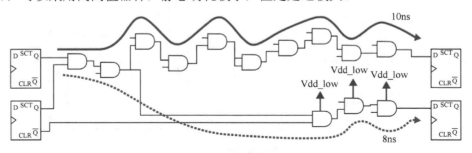

图 4-8　静态功耗在电路中的影响

据统计，在 90nm 工艺下，集成电路的漏电流功耗约占总功耗的 1/3。在 65nm 工艺下，IC 漏电流功耗占总功耗的 3/4。因此必须在架构、电路、器件、材料等各个层次进行考虑，以减小漏电流。

4.1.4　CMOS 反相器的版图

下面将在一般意义上讨论 CMOS 逻辑门的物理版图，以研究物理结构对电路性能的影响。为了简化版图设计，按单位尺寸的 MOS 管绘制版图，而在实际的版图设计时，是要经过仔细的电路设计才能定出各 MOS 管的准确尺寸的。图 4-9 所示为 CMOS 反相器的版图，衬底为 P 型半导体，下半部分为 NMOS 管，上半部分是在 N 阱中制作的 PMOS 管，其中 V_{DD}、总线、地线和输入/输出如图 4-9 所示。

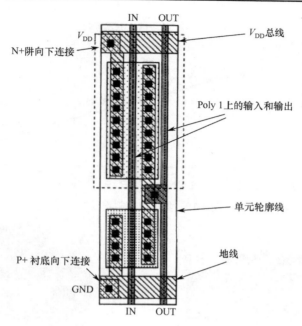

IN　OUT

V_{DD}

N+ 阱向下连接

V_{DD}总线

Poly 1 上的输入和输出

单元轮廓线

P+ 衬底向下连接

地线

GND

IN　OUT

图 4-9　CMOS 反相器的版图

在一定的集成电路设计工艺条件下，反相器设计的关键是对晶体管尺寸的设计，即确定晶体管的宽长比（W/L），并由确定的沟道长度 L 获得沟道宽度 W 的具体数值。晶体管的宽长比可以借助开关特性中上升时间和下降时间的计算公式确定。

在集成电路设计中，我们更希望获取一个尽可能规整且理想的输出波形图，使得电路结构的可靠性更强，因此，电路的上升时间和下降时间必须相等。下面根据这一约束推导 CMOS 反相器中 PMOS 管与 NMOS 管的宽长比。

假设 NMOS 管和 PMOS 管的阈值电压是相等的，则有

$$t_{\text{r}} = t_{\text{f}} \to \tau_{\text{P}} = \tau_{\text{N}} \to K_{\text{P}} = K_{\text{N}}$$

$$K_{\text{N}} = \frac{1}{2} C_{\text{ox}} \mu_{\text{N}} \left(\frac{W}{L} \right)_{\text{N}} , K_{\text{P}} = \frac{1}{2} C_{\text{ox}} \mu_{\text{P}} \left(\frac{W}{L} \right)_{\text{P}}$$

$$(W / L)_{\text{P}} / (W / L)_{\text{N}} = \mu_{\text{N}} / \mu_{\text{P}}$$

由于空穴的迁移率是电子的 2 倍，因此

$$(W / L)_{\text{P}} / (W / L)_{\text{N}} = 2$$

由此可知，CMOS 反相器中 PMOS 管的宽长比是 NMOS 管宽长比的 2 倍。

4.1.5　基于 FinFET 结构的反相器

随着集成电路工艺的发展，集成电路工艺制造的尺寸在不断地减小，如图 4-10 所示。集成电路工艺的发展给反相器的结构也带来了相应的变化。传统的 MOS 管结构如图 4-11（a）所示，当集成电路工艺节点达到 7nm 时，MOS 管的结构发生了变化，由传统的"三明治"结构变为 FinFET 结构，如图 4-11（b）所示。传统的 MOS 管中，可以将栅下面视为一条导电沟道，在 FinFET 结构中，栅把半导体包裹了起来，内部可以视为包含多条导电沟道。电路的尺寸得以减小，静态功耗也得到降低。

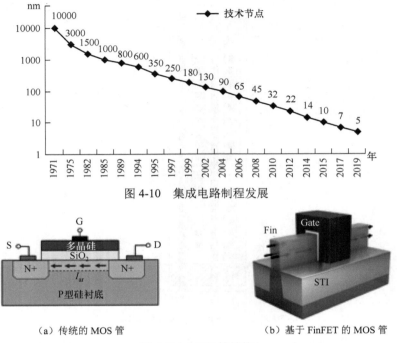

图 4-10　集成电路制程发展

（a）传统的 MOS 管　　　　　　（b）基于 FinFET 的 MOS 管

图 4-11　MOS 管结构

图 4-12（a）所示为 BSIMIMG 工艺库中标准反相器的电路图，图 4-12（b）所示为基于 FinFET 器件的反相器的电路图。图 4-12（b）包括高阈值 N 型 FinFET 管 N1、低阈值 N 型 FinFET 管 N2、高阈值 P 型 FinFET 管 P1 和低阈值 P 型 FinFET 管 P2。P1 的源极和 P2 的源极均接电源 V_{DD}，P1 的前栅和 N1 的前栅连接且其连接端为反相器的输入端，P1 的背栅、P2 的前栅、P2 的背栅、N2 的前栅和 N2 的背栅连接，且其连接端为反相器的使能端 EN，P1 的漏极和 N1 的漏极连接且其连接端为反相器的输出端，P2 的漏极、N1 的背栅和 N2 的漏极连接，N1 的源极和 N2 的源极均接地。

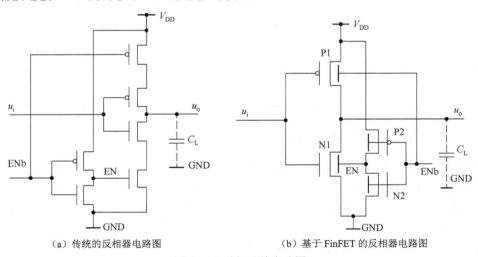

（a）传统的反相器电路图　　　　　　（b）基于 FinFET 的反相器电路图

图 4-12　反相器的电路图

4.2 CMOS 逻辑门

CMOS 逻辑门是上拉网络（Pull-Up Network，PUN）和下拉网络（Pull-Down Network，PDN）的组合，如图 4-13 所示。PDN 的作用是提供一条输出到地的通路，PUN 的作用是提供一条输出到 V_{DD} 的通路。这样，当瞬态过程完成时，总有一条路径存在于输出端和 V_{DD} 之间或者输出端和地之间。

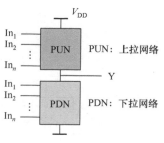

图 4-13 PUN（上拉网络）和 PDN（下拉网络）组成的 CMOS 逻辑门

在构造上拉网络与下拉网络的过程中，有两个方面的问题需要考虑。

（1）PDN 与 PUN 各由什么类型的管子构成？

由于 NMOS 管具有传输"强 0""弱 1"的特点，PMOS 管具有传输"强 1""弱 0"的特点，因此 PDN 由 NMOS 管构成，PUN 由 PMOS 管构成。

（2）PDN 与 PUN 中的管子如何连接？如何实现"与逻辑"和"或逻辑"？

由 MOS 管的连接方式可知，NMOS 管串联相当于逻辑"与"功能，即当所有的输入为高时，串联组合导通，因此在串联一端的值被传输到另一端。NMOS 管并联相当于逻辑"或"功能，即当至少有一个输入为高时，输出与输入端之间就存在一条通路。采用类似的原理可以推导出构成 PMOS 管网络的规则，PMOS 管串联相当于逻辑"或"功能，PMOS 管并联相当于逻辑"与"功能。这就是 NMOS 管、PMOS 管的逻辑规则，如图 4-14 所示。

图 4-14 NMOS 管与 PMOS 管的逻辑规则

4.2.1 CMOS 与非门和或非门

1. 电路结构和工作原理

二输入与非门的电路结构如图 4-15（a）所示。下拉网络由两个串联的 NMOS 管构成逻辑"与"，上拉网络由两个并联的 PMOS 管构成逻辑"与"。当输入 IN_A 为低电平时，M_2 导通，M_3 截止，经 M_2 形成从 V_{DD} 到输出 OUT 的通路。当输入 IN_B 为低电平时，M_1 导通，M_4 截止，经 M_1 形成从 V_{DD} 到输出 OUT 的通路。在以上这两种情况下，相当于一个有限的 PMOS 管导通电阻和一个无穷大的 NMOS 管截止电阻的串联分压电路，输出为高电平（V_{DD}）。如果 IN_A 和 IN_B 均为高电平，下拉网络的两个 NMOS 管均导通，上拉网络的两个 PMOS 管均截止，形成了从 OUT 到地的通路，阻断了 OUT 到电源的通路，呈现一个有限的 NMOS 管导通电阻和无穷大的 PMOS 管截止电阻的分压结果，输出为低电平。

二输入或非门的电路结构如图 4-15（b）所示。下拉网络由两个并联的 NMOS 管构成逻辑"或"，上拉网络由两个串联的 PMOS 管构成逻辑"或"。由类似的分析可知，当 IN_A 和 IN_B 同时为低电平时，下拉网络的两个 NMOS 管都处于截止状态，上拉网络的两个 PMOS 管都导通，分压的结果使得输出为高电平。当 IN_A 和 IN_B 有一个为高电平或两个都为高电平时，MOS 管电阻分压的结果是输出为低电平，只不过两个 NMOS 管全导通时（并联关系）的等效下拉电阻是单管导通时的下拉电阻的一半。

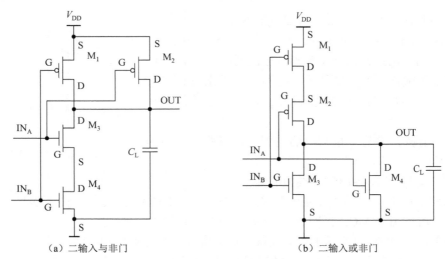

（a）二输入与非门　　　　　　　　　　（b）二输入或非门

图 4-15　与非门、或非门电路

2. CMOS 与非门和或非门的版图

图 4-16 所示为与非门和或非门版图，可以在一般意义上通过 MOS 管的串/并联方式得出电路的对应关系。图 4-16（a）所示为 CMOS 两输入与非门的版图，衬底为 P 型半导体，下半部分为 NMOS 管，上半部分是在 N 阱中制作的 PMOS 管，图中的下半部分区域是两个 NMOS 管串联，上半部分区域是两个 PMOS 管并联。图 4-16（b）所示为 CMOS 两输入或非门的版图，衬底为 P 型半导体，下半部分为 NMOS 管，上半部分是在 N 阱中制作的 PMOS 管，图中的下半部分区域是两个 NMOS 管并联，上半部分区域是两个 PMOS 管串联。

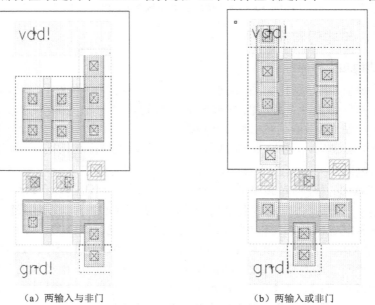

（a）两输入与非门　　　　　　　　　　（b）两输入或非门

图 4-16　与非门和或非门版图

4.2.2　等效反相器设计

在 4.1.4 节中分析了一个反相器中晶体管尺寸的确定方法。事实上，大多数的 CMOS 逻辑门电路都可以根据晶体管的串/并联关系，以及等效反相器中相应晶体管的尺寸，直接获得 CMOS 逻辑门中各晶体管的尺寸。这种 CMOS 逻辑门的设计方法称为等效反相器设计。下面，分别以图 4-15 所示的与非门和或非门电路为例，进行等效反相器设计。

对于图 4-15（a）所示的与非门电路，可以将串联的 M_3 和 M_4 等效为反相器中的 NMOS 管，将并联的 M_1、M_2 等效为反相器中的 PMOS 管。若能明确等效前后晶体管的尺寸关系，则可以确定与非门电路中各个晶体管的尺寸。

下面分别以三个晶体管串联、并联为例，分析等效前后晶体管的尺寸关系。

假设反相器中 MOS 管的等效电阻为 R，如图 4-17 所示，在三个 MOS 管串联的情况下，相当于三个电阻串联。如果等效成反相器中 MOS 管，那么每个管子的电阻为 $R/3$。根据饱和区电流与电阻公式可知，MOS 管的宽长比是与电阻成反比的，所以在 MOS 管串联的情况下，MOS 管的宽长比是等效反相器宽长比的三倍。

同样地，如图 4-18 所示，在三个 MOS 管并联的情况下，相当于三个电阻并联。如果等效成反相器中一个 MOS 管的电阻，三个并联电阻的导通情况有三种：仅有一个电阻支路导通、有两个电阻支路导通和有三个电阻支路导通。考虑到最差的情况为仅有一个电阻支路导通，那么在 MOS 管并联的情况下，MOS 管的宽长比与等效反相器相同。

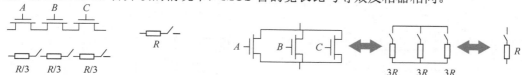

图 4-17　MOS 管串联情况下的等效电阻　　　　图 4-18　MOS 管并联情况下的等效电阻

根据 MOS 管串/并联等效前后的尺寸关系，对图 4-15 所示的与非门电路和或非门电路晶体管尺寸进行分析如下。

【例 4-1】假设等效反相器的宽长比 $(W/L)_P = 5$，$(W/L)_N = 2$，则二输入与非门的各 MOS 管的尺寸为

$$(W/L)_{M_1} = (W/L)_{M_2} = 5$$
$$(W/L)_{M_3} = (W/L)_{M_4} = 4$$

【例 4-2】假设等效反相器的宽长比 $(W/L)_P = 5$，$(W/L)_N = 2$，则二输入或非门的各 MOS 管的尺寸为

$$(W/L)_{M_1} = (W/L)_{M_2} = 10$$
$$(W/L)_{M_3} = (W/L)_{M_4} = 2$$

4.2.3　其他 CMOS 逻辑门

4.2.3.1　CMOS 组合逻辑单元

1. 电路结构和工作原理

从上面的介绍可以看到，CMOS 门电路的结构非常简单，便于构造和分析。将 NMOS

管并联、相应的 PMOS 管串联，就构成了"或"的逻辑关系。类似地，将 NMOS 管串联、相应的 PMOS 管并联，就构成了"与"的逻辑关系。

图 4-19（a）给出了"与或非门"的电路结构。图中 5 个 NMOS 管分成三组，每组内的 NMOS 管都是串联关系，而组和组之间是并联关系。5 个 PMOS 管也分成三组，每组内的 PMOS 管都是并联关系，但组与组之间是串联关系。当某一组（或几组）内的 NMOS 管均导通时（例如 in_b 和 in_c 为高电平），形成 out 到地的通路；相应的那一组（或几组）PMOS 管均截止，使从电源到 out 的通路被阻断，输出低电平。反过来，如果每一组的 NMOS 管都不同时导通（一个不导通或两个均不导通），则不能形成对地的通路；而此时在三组 PMOS 管中都将有至少一个导通，三组串联的 PMOS 管组形成了 out 到电源的通路，输出为高电平。这样的结构实现了信号的先与、后或、再倒相的组合逻辑关系，其对应的输出逻辑表达式为

$$out = \overline{in_a + in_b \cdot in_c + in_d \cdot in_e}$$

类似地，也可构造"或与非门"，其结构如图 4-19（b）所示。其对应的输出逻辑表达式为

$$out = \overline{in_a \cdot (in_b + in_c) \cdot (in_d + in_e)}$$

（a）与或非门　　　　　　　　　（b）或与非门

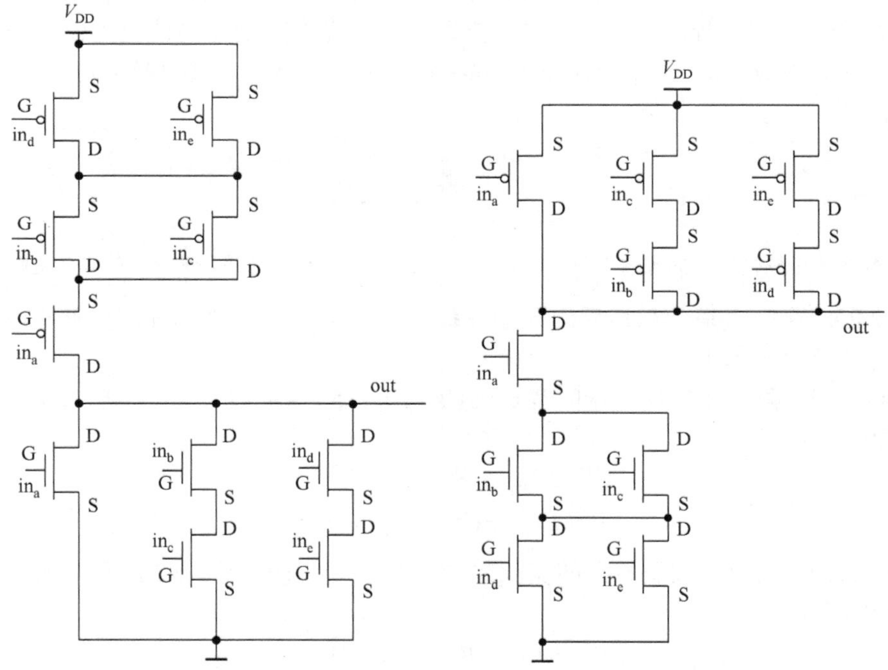

图 4-19　CMOS 与或非门、或与非门

采用同样的原理，可以构造各种所需的组合逻辑单元。各 MOS 管尺寸计算方法与与非门、或非门类似，也可以采用等效反相器的方法计算组合逻辑门中各 MOS 管的宽长比。

图 4-20 所示为互补 CMOS 复合门，假设等效反相器 NMOS 管的宽长比为 X，PMOS 管的宽长比为 Y，在图中标明了上拉网络与下拉网络中的各个子电路（SN）。SN1 与 SN2

之间是串联结构，串联的情况下电阻加倍，那么 SN1 中 NMOS 管的宽长比为 $2X$。SN2 中因为是两个 NMOS 管并联，并联的情况下电阻与等效反相器的电阻相同，那么 SN2 中两个 NMOS 管的宽长比为 $2X$。同理，上拉网络中 SN4 和 SN5 串联再与 SN3 并联，所以 SN3 中 PMOS 管的宽长比为 Y，SN4 与 SN5 中 PMOS 管的宽长比为 $2Y$。

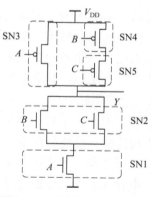

图 4-20　互补 CMOS 复合门

2. CMOS 与或非门和或与非门的版图

图 4-21（a）所示为与图 4-19（a）所对应的与或非门的版图，图中的下半部分区域是三组 NMOS 管并联，其中两组都是两个 NMOS 管串联在一起。采用同样的原理，图 4-21（b）所示为与图 4-19（b）所对应的或与非门的版图。

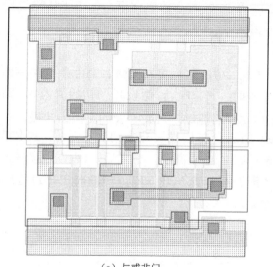

（a）与或非门　　　　　　　　　　（b）或与非门

图 4-21　CMOS 与或非门、或与非门版图

4.2.3.2　传输门

从 MOS 晶体管的基本工作原理可知，在 MOS 管的衬底表面形成导电沟道后，就将器件的源极、漏极连通。反之，如果沟道没有形成，器件的源极、漏极断开。因此，MOS 器件是一个典型的开关。当开关闭合时，就可以进行信号传输，这时将它们称为传输门。与普通的 MOS 电路的应用有所不同的是，在 MOS 传输门中，器件的源端和漏端位置随传输的高电平或低电平而发生变化，并因此导致 V_{GS} 的参考点——源极的位置发生相应变化。判断源极和漏极位置的基本原则是电流的流向，对 NMOS 管，电流从漏极流向源极；对 PMOS 管，电流从源极流向漏极。为防止发生 PN 结的正偏置，NMOS 管的 P 型衬底接地，PMOS 管的 N 型衬底接 V_{DD}。

1. NMOS 传输门

NMOS 传输门的工作情况如图 4-22 所示。在传输高电平时，如图 4-22（a）所示，假设 V_o 的初始值为 0，V_G 和 V_i 均接 V_{DD} 时，NMOS 管导通并对电容 C_L 充电，电流自左向右

流动，NMOS 管的左端为漏极，右端为源极。由于 $V_{GS} = V_{DS}$，因此 NMOS 管始终工作在饱和区。随着源端电位的不断提高，V_{GS} 的数值不断减小，NMOS 管的导通电阻越来越大，充电电流越来越小。当 $V_o = V_{DD} - V_{TN}$ 时，$V_{GS} = V_{TN}$，达到临界导通，电容上的电压不再增大。也就是说，源端电位最高值只能达到 $V_{DD} - V_{TN}$，NMOS 管传输高电平时有一个阈值电压 V_{TN} 的损耗。另一方面，NMOS 传输门在传输高电平时，由于源端电位不断地提高，衬底偏置电压 $|V_{BS}|$ 也不断地增大，加速了沟道导电水平的下降，使得器件的实际导通电阻大于理论值，最终的结果是器件更早截止。

在传输低电平时，如图 4-22（b）所示，假设 V_o 的初始值为 V_{DD}，$V_G = V_{DD}$，$V_i = 0$，则电容 C_L 通过导通的 NMOS 管放电。此时的电流自右向左流动，NMOS 管的左端为源极，右端为漏极。V_{GS} 以恒定电压工作，在 V_o 从 V_{DD} 降到 $V_{DD} - V_{TN}$ 这段时间内，NMOS 管工作在饱和区，以近乎恒定的电流放电；在 V_o 降到 $V_{DD} - V_{TN}$ 以下后，NMOS 管工作在非饱和区，V_{DS} 越来越小，放电电流也越来越小；当 V_o 等于 0 时，放电结束，低电平传输过程也结束。这表明 NMOS 传输门可以完整地传输低电平。

2．PMOS 传输门

PMOS 传输门的工作情况如图 4-23 所示。当 $V_G = 0$ 时，如果在源端、漏端中有任一端的电压大于 $|V_{TP}|$，则 PMOS 管导通。在传输高电平时，$V_i = V_{DD}$，假设 V_o 的初始值为 0，则电容 C_L 通过导通的 PMOS 管充电。此时的电流自左向右流动，PMOS 管的左端为源极，右端为漏极，V_{GS} 以恒定电压工作，如图 4-23（a）所示。在 V_o 端被充电到 $|V_{TP}|$ 之前，PMOS 管工作在饱和区，以近乎恒定的电流对电容充电；在 V_o 电压高于 $|V_{TP}|$ 之后，PMOS 管进入非饱和区，C_L 上的电压逐渐加大，充电电流逐渐减小；直至 $V_o = V_i$，传输高电平过程结束。这表明 PMOS 传输门可以完整地传输高电平。

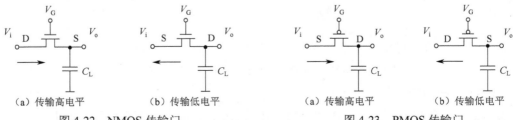

　　（a）传输高电平　　　　（b）传输低电平　　　　　　（a）传输高电平　　　　（b）传输低电平

　　　　图 4-22　NMOS 传输门　　　　　　　　　　　　图 4-23　PMOS 传输门

在传输低电平时，$V_i = 0$，假设 V_o 的初始值为 V_{DD}，则 V_i 通过导通的 PMOS 管给电容 C_L 放电，此时的电流自右向左流动，PMOS 管的左端为漏极，右端为源极，如图 4-23（b）所示。由于 $V_{GS} = V_{DS}$，因此 PMOS 管始终工作在饱和区。随着漏端电位的逐渐降低，$|V_{GS}|$ 越来越小，沟道电阻越来越大。当 $|V_{GS}|$ 达到 $|V_{TP}|$ 时，放电过程结束。也就是说，PMOS 管在传输低电平时有一个阈值电压 $|V_{TP}|$ 的损耗。与 NMOS 管传输高电平的情况类似，由于 PMOS 管的源端与衬底之间存在不断变化的反偏电压，使得 PMOS 管在传输低电平时也存在衬底偏置效应。

3．CMOS 传输门

从上面的讨论可以看出，不论是 NMOS 传输门还是 PMOS 传输门，都不能在全部的

电压范围内有效地传输信号。对 NMOS 管而言，在传输高电平时存在阈值电压 V_{TN} 损耗；对 PMOS 管而言，在传输低电平时存在阈值电压 $|V_{TP}|$ 损耗。如果将 NMOS 管和 PMOS 管并联，则可以解决阈值电压的损耗问题，这个并联结构就是 CMOS 传输门或称为 CMOS 传输对。图 4-24 给出了 CMOS 传输门及控制电路。显然，在传输高电平时，当 NMOS 管截止时，PMOS 管仍处于工作状态，输入端的高电平被有效地传输。同理，输入端的低电平也能够被有效地传输。因此，CMOS 传输门是一种比较理想的结构。

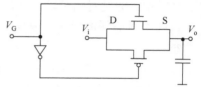

图 4-24　CMOS 传输门

4.2.3.3　异或门

异或门也是常用的逻辑部件，它的逻辑关系通常可以表示为

$$Z(A,B) = \overline{A} \cdot B + A \cdot \overline{B}$$

异或门具有运算的功能，在运算逻辑方面，它是一个非常重要的逻辑部件。当 A 和 B 均为 0 时，$Z=0$；当 A 和 B 均为 1 时，Z 也为 0；当 A 和 B 不相同时，$Z=1$。异或门的另一个应用是输出信号极性控制。当 $A=1$ 时，B 信号经过异或门倒相输出；当 $A=0$ 时，B 信号同相输出。异或门有多种电路结构，根据它的逻辑函数可以用标准门电路进行组合。图 4-25（a）给出了根据逻辑函数构造的逻辑结构图，但从其逻辑表达式和结构图可以看到，它的输出门是一个或门，因为在 CMOS 电路中不能直接构造"或"，只能通过"或非+非"实现。为简化结构，通过逻辑函数的转换寻找途径。根据

$$Z = \overline{A} \cdot B + A \cdot \overline{B} = \overline{\overline{A \cdot B} + \overline{\overline{A} \cdot \overline{B}}}$$

得到了图 4-25（b）所示的逻辑结构，这个结构以或非门为输出逻辑门，可以方便地用组合逻辑进行电路构造，图 4-25（c）给出了相应的电路图。

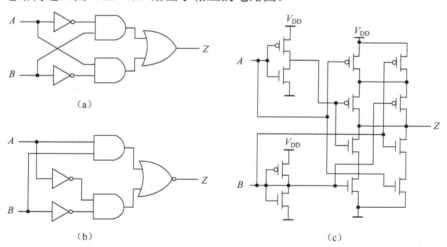

（a）

（b）

（c）

图 4-25　异或门的逻辑结构和电路图

为了减少异或门中所使用的晶体管数量，可以采用基于 NMOS 管的异或门实现方法，如图 4-26 所示。根据

$$Z = \overline{A} \cdot B + A \cdot \overline{B} = \overline{A \cdot B + (\overline{A+B})}$$

电路结构分为两级，前级电路实现 $\overline{A+B}$，将其结果作为后级电路的输入，从而实现两输入的异或门。

结合前面讲述的传输门特性，异或门的设计还可以采用传输门的实现方法，如图 4-27（a）所示。通过对比可以发现，采用传输门实现异或逻辑时，所需的 MOS 管数量得到了减少。在不考虑阈值损失的情况下，异或门的实现最少仅需要 2 个 MOS 管，如图 4-27（b）所示。

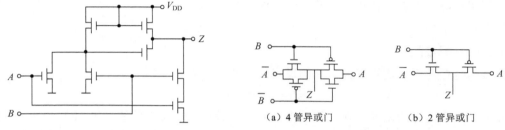

图 4-26　基于 NMOS 管实现异或门的电路图　　　　图 4-27　基于传输门实现异或门的电路图

将异或门取反，则构成了异或非逻辑（有时称为同或门）。图 4-28（a）给出了异或非门的符号、逻辑结构图和相应的电路。比较图 4-28（a）与图 4-25（a），可以看出它们的基本电路是完全一样的，所不同的只是信号的连接。由此也可以看到组合逻辑门在实现组合逻辑时是非常方便的。

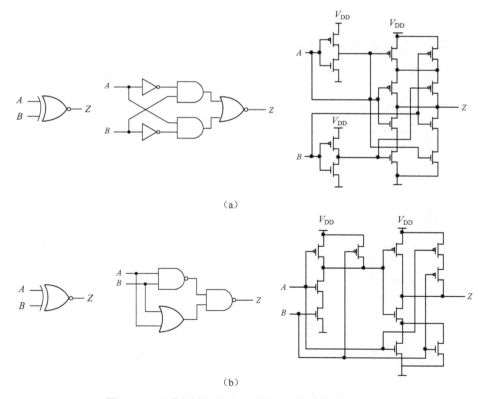

图 4-28　异或非门的符号、逻辑结构图和相应的电路

图 4-28（b）给出了异或非门的另一种结构图和相应的电路。与图 4-25（b）相比，它的结构更简单。它是根据下列函数转换得到的

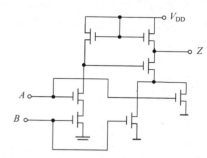

$$Z = \overline{\overline{A} \cdot B + A \cdot \overline{B}} = \overline{A \cdot B + \overline{A} \cdot \overline{B}} = \overline{\overline{A \cdot B} \cdot (A + B)}$$

为了减少异或门中所使用的晶体管数量，可以采用基于 NMOS 管的同或门实现方法，如图 4-29 所示。根据

$$Z = \overline{\overline{A} \cdot B + A \cdot \overline{B}} = \overline{\overline{A \cdot B} \cdot (A + B)}$$

图 4-29　基于 NMOS 管的同或门电路图

电路结构分为两级，前级电路实现 $\overline{A \cdot B}$，将其结果作为后级电路的输入，从而实现两输入的同或门。

通过以上的介绍和讨论说明，对于采用函数表述的特定逻辑，其逻辑结构图和相应的电路形式并不是唯一的。事实上，异或门、同或门除上述的结构外，还有很多其他结构，这里不一一列出。

4.2.3.4　三态门

三态门是一种非常有用的逻辑部件，它被广泛地应用在总线结构的电路系统中。所谓三态逻辑，是指该逻辑门除正常的"0""1"两种输出状态外，还存在第三态：高阻输出态。电路处于第三态时，输出端与电源端、地端相脱离而实现电路的输出禁止。在禁止状态时，输出端具有高阻网络的特性，又称高阻输出态。图 4-30 所示为 CMOS 三态输出电路。

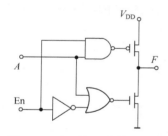

图 4-30 通过控制 En 来实现三态输出。当控制端 En 为低电平时，NMOS 管的输入为 0，NMOS 管处于截止状态；PMOS 管的输入为 1，PMOS 管同样处于截止状态。因此输出端呈高阻状态，与反相器的输入无关。

图 4-30　CMOS 三态输出电路

4.3　MOS 晶体管开关逻辑

MOS 晶体管开关逻辑是建立在传输晶体管或传输门基础上的逻辑结构，所以又称为传输晶体管逻辑。信号的传输是通过导通的 MOS 器件，从源传到漏或从漏传到源。信号输出端的逻辑值则取决于信号的发送端和 MOS 器件栅极的逻辑值。

4.3.1　数据选择器（MUX）

数据选择器是数字电路中使用最普遍的一种逻辑电路。在输入端 S 的控制下，F 选择输入端 A 或者输入端 B 输出。如果采用 CMOS 逻辑门的原理实现，可以得到 $F = S \cdot A + \overline{S} \cdot B = \overline{\overline{S \cdot A + \overline{S} \cdot B}} = \overline{\overline{S \cdot A} \cdot \overline{\overline{S} \cdot B}}$，从表达式可以分析得到整体结构由三个两输入的与非门和一个反相器构成，如图 4-31 所示。

在实际的应用过程中，数据选择器的实现有多种形式。如图 4-32 所示，二选一的数据选择器可以通过单管传输门进行实现，整体结构仅需要 4 个 MOS 管。与图 4-31 相比，

MOS 管的数量得到了大幅减少。但是由于 NMOS 管具有传输"强 0""弱 1"的特点，因此图 4-32 所示的电路结构存在阈值损失。

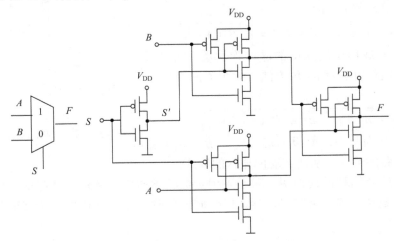

图 4-31　基于 CMOS 结构的数据选择器

为了消除阈值损失，可以采用传输门的实现方式，如图 4-33 所示。采用两个传输门实现对二选一数据选择器的电路实现。结合传输门的特性，整体电路避免了阈值损失。

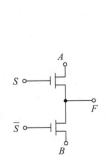

图 4-32　基于单管 NMOS 结构的数据选择器　　图 4-33　基于传输门结构的数据选择器

4.3.2　多路转换开关

在微处理器和一些控制逻辑中广泛使用的多路转换开关（MUX）是 MOS 开关的一个典型应用，图 4-34 和表 4-2 分别给出了一个简单的 NMOS 多路转换开关的电路和它所对应

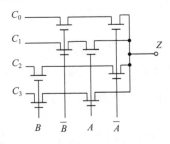

图 4-34　NMOS 多路转换开关

表 4-2　NMOS 多路转换开关的转换关系

B	A	Z
0	0	C_0
0	1	C_1
1	0	C_2
1	1	C_3

的转换关系。在 A、B 信号的控制下，多路转换开关完成不同通路的连接。二输入地址完成四到一的路径选择。如果将该 MUX 逻辑写成传输逻辑函数，则为

$$Z = \overline{B} \cdot \overline{A} \cdot C_0 + \overline{B} \cdot A \cdot C_1 + B \cdot \overline{A} \cdot C_2 + B \cdot A \cdot C_3$$

上述过程利用 MUX 实现了一位逻辑运算。以此类推，也可以利用 MUX 实现多位逻辑运算。但是，由于位数越多，串联的 MOS 管将越多，导通电阻也将越大，因此影响运算的速度。对于图 4-34 所示的 NMOS 结构的 MUX，因为 NMOS 传输高电平存在阈值损失，所以全 NMOS 的 MUX 结构对于信号幅度要求较高的电路不合适。解决的方法之一是采用 CMOS 结构的 MUX，如图 4-35 所示。CMOS 多路转换开关克服了 NMOS 结构所存在的传输高电平阈值电压损耗和串联电阻大的问题，但晶体管数目增大为原来的两倍。

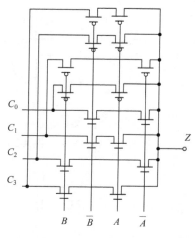

图 4-35　CMOS 多路转换开关

4.4　典型 CMOS 时序逻辑电路

4.3 节所述的开关逻辑属于组合逻辑，组合逻辑电路没有记忆功能，输入的变化马上会反映在输出。这种输出与输入间无反馈关系的电路称为非再生电路。还有一类电路，输出的信号不仅与当前输入有关，还取决于先前电路的工作状态，这类电路称为时序逻辑电路，也称为再生电路，具有数据的存储功能。典型的时序逻辑电路元件包括基本 RS 锁存器、JK 触发器、D 锁存器与边沿触发器、施密特触发器等。本节将从 MOS 管角度分析几种典型时序逻辑电路元件的基本结构及区别。

4.4.1　RS 锁存器

典型的基于 NMOS 管的 RS 锁存器的电路结构和逻辑图分别如图 4-36（a）和图 4-36（b）所示，其中 S 和 R 分别为置位端与复位端。电路由两个两输入或非门组成，每个或非门的其中一个输入端与另一个或非门的输出端交叉相连，下拉网络由两个增强型的 NMOS 管构成，上拉网络由耗尽型的 NMOS 管构成。

如果置位输入 S 为逻辑"1"，复位输入 R 为逻辑"0"，右侧或非门的输出为逻辑"0"，即 $\overline{Q}$ 为逻辑"0"；左侧或非门的输出为逻辑"1"，即 Q 为逻辑"1"。因此，不论原来处于什么状态，RS 锁存器都被置位。同理，如果 S 为逻辑"0"，R 为逻辑"1"，左侧或非门的输出为逻辑"0"，即 Q 为逻辑"0"；右侧或非门的输出为逻辑"1"，即 $\overline{Q}$ 为逻辑"1"。此时，不论电路原来处于什么状态，锁存器都被复位。当两个输入端均为逻辑"0"时，电路保持原来的稳定输出状态。当两个输入端都为逻辑"1"时，两个输出均为"0"。这显然与 Q 和 $\overline{Q}$ 的互补性是矛盾的，因此，在正常工作时，这种输入组合是不允许的、无效的。

除了图 4-36 给出的基于两输入或非门的 NMOS RS 锁存器，RS 锁存器还有其他结构。例如，图 4-37 给出的是基于两输入或非门的 CMOS RS 锁存器。图 4-38 给出的是基于两输

入与非门的 CMOS RS 锁存器。

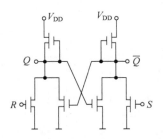

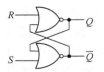

（a）基于 NMOS 管的 RS 锁存器的电路结构　　　　（b）RS 锁存器的逻辑图

图 4-36　基于两输入或非门的 NMOS RS 锁存器

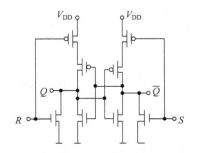

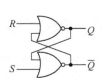

（a）基于两输入或非门的 CMOS RS 锁存器电路　　　（b）RS 锁存器的逻辑图

图 4-37　基于两输入或非门的 CMOS RS 锁存器

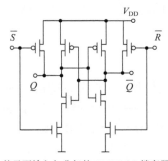

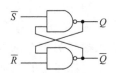

（a）基于两输入与非门的 CMOS RS 锁存器电路　　　（b）RS 锁存器的逻辑图

图 4-38　基于两输入与非门的 CMOS RS 锁存器

4.4.2　D 锁存器和边沿触发器

　　D 锁存器和触发器是数字集成电路中应用非常广泛的两种电路。图 4-39 给出了一种 D 锁存器的结构，它由一个 RS 锁存器和一些简单的逻辑门电路组成。D 锁存器只有一个信号输入端。从图 4-39 所示的 D 锁存器的逻辑结构可以看出，当时钟脉冲有效，即 CP 为"1"时，输出 Q 就等于输入的 D 的值。当时钟信号变为"0"时，输出将保持其状态不变。因此，CP 信号使数据输入到 D 锁存器。

　　D 锁存器在数字电路中主要用来临时存储数据或作为门控时钟中的单元使用。图 4-40

给出了一种由与非门 RS 锁存器构成的 D 锁存器，当 CP 为 "0" 时，输出 Q 就等于输入的 D 的值。当时钟信号变为 "1" 时，输出将保持其状态不变。因此，CP 信号使数据输入到 D 锁存器。图 4-40 所示的 D 锁存器不是边沿触发的存储元件，其输出依赖于输入，且当时钟信号为高时，锁存器开启。这种 D 锁存器不适用于计数器和一些数据存储器。

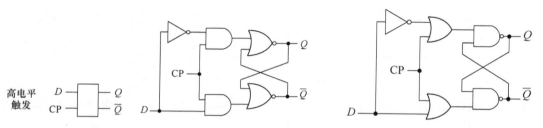

图 4-39　D 锁存器的逻辑符号和逻辑结构图　　　　图 4-40　与非门 RS 锁存器构成的 D 锁存器

图 4-41 给出了一种两级主从 D 触发器，它由两个 D 锁存器电路级联而成，左半部分为主锁存器，右半部分为从锁存器。当时钟信号为高电平时，主锁存器状态与 D 输入信号一致，而从锁存器则保持其先前值。当时钟信号从逻辑 "1" 跳变到逻辑 "0" 时，主锁存器停止对输入信号采样，在时钟信号跳变时刻存储 D 值。同时，从锁存器变到开启状态，使主锁存器存储的 Q_m 传到从锁存器的输出 Q_s。因为主锁存器与 D 输入信号隔离，所以输入不影响输出。当时钟信号再次从 "0" 跳变到 "1" 时，从锁存器锁存主锁存器的输出，主锁存器又开始对输入信号进行采样。电路只在时钟信号的下降沿对输入进行采样，故此电路为负沿触发的 CMOS 主从 D 触发器。

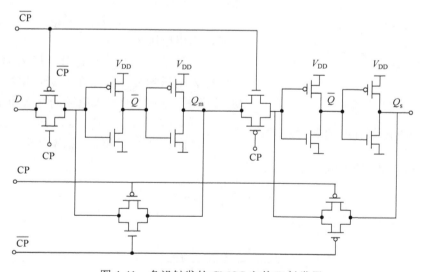

图 4-41　负沿触发的 CMOS 主从 D 触发器

图 4-42 给出了负沿触发的 CMOS 主从 D 触发器的时序图。除此之外，边沿触发的 D 触发器还可以由两级 RS 锁存器构成，电路结构如图 4-43 所示，这是由两级 RS 锁存器构成的负沿触发的 D 触发器。

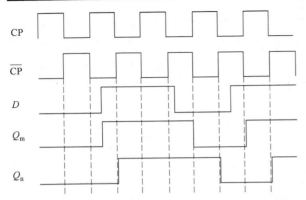

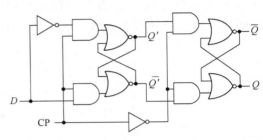

图 4-42　负沿触发的 CMOS 主从 D 触发器的波形图　　　图 4-43　负沿触发的 CMOS 主从 D 触发器

4.4.3　施密特触发器

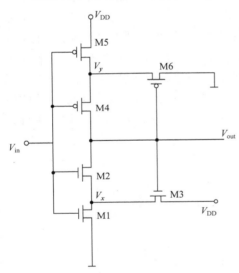

图 4-44　由 CMOS 传输门构成的施密特触发器

施密特触发器的基本电路如图 4-44 所示。这是一种具有两个逻辑门限电压的反相器，可以用于数字开关信号的整形。根据输出电平的不同，施密特触发器的工作状态也不同。如果输出是低电平，则 M6 导通，M3 截止。如果输出是高电平，则 M3 导通，M6 截止。

下面考察输入电压由 0 增大到 V_{DD} 的电路工作过程。设 M1、M2、M3 的阈值电压为 V_{THN}。

（1）当 $V_{in} < V_{THN}$ 时，M1、M2 均截止，M3 导通，M3 的源极电压为

$$V_x = V_{DD} - V_{THN}$$

此时，输出电压 $V_{out} = V_{DD}$。

（2）当 $V_{THN} \leqslant V_{in} < V_{SPH}$ 时（定义 M2 开始导通时的输入电压为 V_{SPH}），M1 导通，M2 仍然截止。M3 的源极电压 V_x 随输入电压的增大而下降。

（3）当 $V_{in} = V_{SPH} = V_{THN} + V_x$ 时（此时 $V_x < V_{DD} - V_{THN}$），M2 开始导通，输出电压 $V_{out} = 0V$。此时，流经 M1 和 M3 的电流仍然相等，可得

$$\frac{W_1}{L_1}(V_{SPH} - V_{THN})^2 = \frac{W_3}{L_3}(V_{DD} - V_x - V_{THN})^2$$

即

$$\frac{W_1 \cdot L_3}{L_1 \cdot W_3} = \left[\frac{V_{DD} - V_{SPH}}{V_{SPH} - V_{THN}}\right]^2$$

（4）当 $V_{in} > V_{SPH}$ 时，M2 导通，输出电压 $V_{out} = 0V$。M3 截止，M3 的源极电压 V_x 下降，令 M2 更好地导通。这一正反馈过程持续到 M3 完全截止，而 M1 和 M2 完全导通。

下面考察输入电压由 V_{DD} 减小到 0 的电路工作过程。设 M4、M5、M6 的阈值电压分别为 V_{THP4}、V_{THP5}、V_{THP6}（均小于 0）。

（1）当 $V_\text{in} > V_\text{THP5} + V_\text{DD}$ 时，M4、M5 均截止，M1、M2 导通，输出电压 $V_\text{out} = 0\text{V}$。

（2）定义 M4 开始导通时的输入电压为 $V_\text{SPL} = V_\text{y} + V_\text{THP}$，当 $V_\text{THP5} + V_\text{DD} \leqslant V_\text{in} < V_\text{SPL}$ 时，M5 导通，M4 仍然截止。M6 的源极电压 V_y 随输入电压的减小而增大。

（3）当 $V_\text{in} = V_\text{SPL}$ 时，M4 开始导通，输出电压 $V_\text{out} = V_\text{DD}$。此时，流经 M5 和 M6 的电流仍然相等，可得

$$\frac{W_5}{L_5}(V_\text{DD} - V_\text{SPL} + V_\text{THP})^2 = \frac{W_6}{L_6}(V_\text{y} + V_\text{THP})^2$$

即

$$\frac{W_5 \cdot L_6}{L_5 \cdot W_6} = \left[\frac{V_\text{SPL}}{V_\text{DD} - V_\text{SPL} + V_\text{THP}} \right]^2$$

（4）当 $V_\text{in} > V_\text{SPL}$ 时，M4 导通，输出电压 $V_\text{out} = V_\text{DD}$。M6 截止，使得 V_y 进一步增大，令 M4 更好地导通。这一反馈过程持续到 M6 完全截止，而 M4 和 M5 完全导通。

综上，可以确定施密特触发器的两个电压转换点。其电压传输特性曲线如图 4-45 所示。

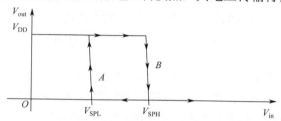

图 4-45　施密特触发器的电压传输特性曲线

在芯片的输入端口上常常会出现带振荡的脉冲电压信号，如果将这种带振荡的脉冲电压信号直接接到逻辑门的输入端，逻辑门的输出也会随着输入信号的振荡而不断变化。由上述分析可知，如果采用施密特触发器，就可以解决这一问题。

4.5　存储器

半导体存储阵列能够存储大量的数字信息，是用来存储程序和各种数据信息的记忆部件，对所有的数字系统来说均是必不可少的。存储器的主要功能是按存储单元的地址存放或读取各类信息，存储体中每个单元都能够存放一串二进制码表示的信息，该信息的总位数称为一个存储单元的字长。存储单元的地址与存储在其中的信息是一一对应的。随着集成电路规模的不断增大，芯片中所使用的存储器规模不断增大。存储阵列的面积效率，即单位面积存储的数据位数，是决定整体存储能力的关键设计准则之一。另一个重要指标是存取时间，即在存储阵列中写入和读取特定数据位所需要的时间。存取时间决定了存取速度，因而存取时间也是衡量存储器性能的一个重要指标。由于低功耗应用变得越来越重要，因此存储器的静态和动态功耗也是设计时要考虑的重要因素。下面将讨论各种类型的 MOS 存储阵列，并且详细介绍它们的用途和面积、速度、功耗等设计指标。

半导体存储器一般可以分为只读存储器和随机存取存储器，其中常见的只读存储器包括掩模 ROM 和可编程 ROM，可编程 ROM 又分为熔丝型 ROM、可擦除 PROM（EPROM）和

电可擦除 PROM（EEPROM）。常见的随机存取存储器包括 SRAM 和 DRAM。

4.5.1　只读存储器（ROM）

　　只读存储器中，熔丝型 ROM 的存储单元结构如图 4-46（a）所示。数据是通过外加电流把所选熔丝烧断而写入的，一旦写入，数据就不能再进行擦除和修改。在芯片中常用作

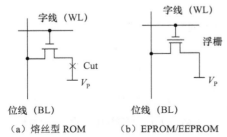

（a）熔丝型 ROM　　　（b）EPROM/EEPROM

图 4-46　ROM 存储单元的等效电路

内部的启动程序存储器，程序一旦写入就无法更改。芯片掉电，程序与数据不会丢失，芯片上电之后，程序从 ROM 中进行执行。而 EPROM 与 EEPROM 的存储单元结构如图 4-46（b）所示。这类存储器的存储体中的数据能够重新写入，但写入次数的限制为 100 次。EPROM 是让紫外线透过外壳上的水晶玻璃擦除片内所有数据的，而 EEPROM 则是通过加高电压来擦除单元中的数据的。与熔丝型 ROM 相比，EPROM 与 EEPROM 同样常用作程序与数据的存储器。芯片掉电，程序与数据不会丢失，区别在于写入的程序和数据是可以通过紫外线或者电来进行更改的。其中 EPROM 的缺点是擦写需要通过专用的紫外线照射，EEPROM 的缺点是写入速度较慢，仅在微秒级。

　　只读存储器 ROM 是最常用的晶体管规则阵列之一。由于 ROM 单元的内容固定，因此 ROM 的设计得到了简化。采用 MOS 结构的 ROM 设计已经成为普遍的实现方式，是一个可以用组合逻辑设计的结构，具有低功耗、结构简单、资源占用小的特点。ROM 的基本结构如图 4-47 所示，包含地址译码电路和存储阵列。地址译码电路将 n 个输入"翻译"成 $N = 2^n$ 条字线信号；晶体管存储阵列是一个 N 行 M 列的晶体管矩阵，M 是输出信号的位数。

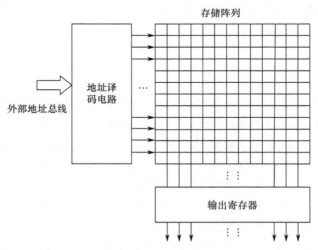

图 4-47　ROM 的基本结构

　　如果将 ROM 的地址输入作为一个逻辑电路的输入，而将 ROM 的输出作为逻辑电路的输出，这时，ROM 就是一个逻辑电路。全 NMOS 结构 ROM 有许多形式，主要分为静态结构和动态结构。在静态结构中，以晶体管点阵的结构进行划分，又可以分为或非结构

ROM 和与非结构 ROM。图 4-48 给出了 NMOS 或非结构 ROM，图中 R_i 代表经译码输出的字线，C_j 为输出信号线，即位线。

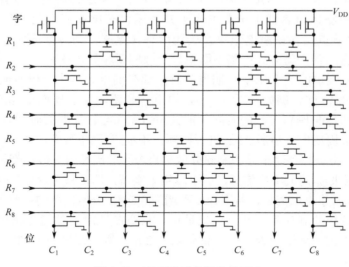

图 4-48　NMOS 或非结构 ROM

或非结构 ROM 的每一根位线上都有若干 NMOS 管并联，这些 NMOS 管的栅极与字线相连，源极接地，漏极与位线相连，连接到某一根位线的所有增强型 NMOS 管和耗尽型 NMOS 负载管构成了一个或非门。正常工作时，在所有的字线中，只有一根字线为高电平，其余字线都为低电平，即所谓的某个字被选中。这时，如果在某根位线上有 NMOS 管的栅极与该字线相连接，则这个 NMOS 管将导通，这根位线就输出低电平；如果没有 NMOS 管连接，这根位线就输出高电平。在每一根位线上，每次都最多只有一个增强型 NMOS 管导通。正是因为每一位输出均对应一个或非门，所以，这种结构被称为或非结构 ROM。

可以很方便地写出这块 ROM 所表示的逻辑函数，结果如下

$$C_1 = \overline{R_2 + R_4 + R_6 + R_8}, \quad C_2 = \overline{R_1 + R_3 + R_5 + R_7}, \quad C_8 = \overline{R_2 + R_3 + R_4 + R_7 + R_8}$$

NMOS 与非结构 ROM 如图 4-49 所示。每一根位线都是由若干串联的增强型 NMOS 管和耗尽型 NMOS 负载管构成的与非门的输出，这些串联的增强型 NMOS 管的栅连接到相应的字线。正常工作时，在所有的字线中，只有一条字线为低电平，其余字线均为高电平。这样在每个与非门上，除与字线相交的这一点外，其余的 NMOS 管均是导通的，而某根位线的输出是高电平还是低电平取决于相交点上是否有 NMOS 管。如果有 NMOS 管，则这个 NMOS 管将不导通（因为它的栅极接低电平），使与非门输出为高电平。如果没有 NMOS 管，则表明这个与非门的所有 NMOS 管都已导通，其输出必然是低电平。

输出端对应的逻辑函数为

$$C_1 = \overline{R_1 R_2 R_3}, \quad C_2 = \overline{R_2 R_4}, \quad C_3 = \overline{R_1 R_3}$$

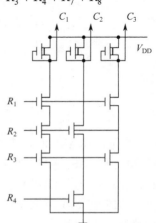

图 4-49　NMOS 与非结构 ROM

4.5.2 静态随机存储器（SRAM）

在随机存取存储器中，DRAM 单元如图 4-50（a）所示，由一个电容和一个开关晶体管构成。存储的数据以电容器上电荷的有无来表示，有电荷表示为"1"，无电荷表示为"0"。由于在存储节点上存在漏电现象，单元信息（电压）会逐渐丢失，因此需要不断刷新。DRAM 通常有三种刷新方式：集中刷新、分散刷新和异步刷新。

集中刷新是在规定的一个刷新周期内，对全部存储单元集中一段时间逐行进行刷新，此刻必须停止读/写操作。例如，对 64×64 的矩阵刷新，存取周期是 0.5μs，刷新周期为 2ms。存取一次的时间=刷新一次的时间，那么刷新完 64 行需要的时间为：64×0.5=32μs。也就是说，在 2ms 周期内，最后 32μs 进行刷新，不能进行读/写操作。

分散刷新是指将每行存储单元的刷新分散到每个存取周期内完成，把机器的存取周期分成两段，前半段用来读/写或维持信息，后半段用来刷新，即在每个存取操作后绑定一个刷新操作。这种方式延长了存取周期，若原存取周期是 0.5μs，分散刷新的存取周期就成了 1μs。

异步刷新将每行的刷新都分开，也就是说，只要在规定的时间完成对每行一次的刷新即可。以对 64×64 的矩阵刷新为例，刷新周期为 2ms，则异步刷新每间隔 2ms/64 对一行进行刷新。

图 4-50（b）给出的是一个六管 CMOS SRAM 存储单元的电路图，这是一个静态电路，目前应用得非常广泛。由于 SRAM 只要有电源供电，其单元内的数据就会处于双稳态锁存器两种可能状态中的一种，因此只要不掉电，即便不刷新，数据也不会丢失。它与静态 SR 锁存器非常相似，它的每一位都需要 6 个晶体管。访问这个单元需要使字线有效，与 ROM 单元不同，这个单元要求两根位线来传输存储信号及读出信号，这样能使读操作和写操作器件的噪声容限得到改善。

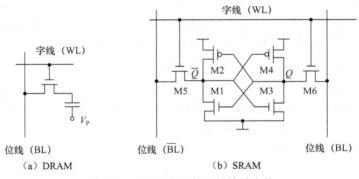

图 4-50 RAM 存储单元的等效电路

访问 SRAM 时，字线（WL）加高电平，使得每个基本单元的两个控制开关用的晶体管 M5 和 M6 导通，把基本单元与位线（BL）连通。SRAM 的基本单元可以分为 3 种状态：空闲状态、读状态和写状态。在空闲状态下，字线没有被选为高电平，那么作为控制用的 M5 和 M6 两个晶体管处于断路，把基本单元与位线隔离。由 M1～M4 组成的两个反相器继续保持其状态。在读状态下，假定存储的内容为 1，即 Q 为 1，两根位线预充值为 1，随后字线 WL 充高电平，使得两个控制晶体管 M5 与 M6 导通。当 Q 的值传递给位线时，BL 继续处在它的预充电位，而 $\overline{\text{BL}}$ 预充的值通过 M1 和 M5 的通路被泻掉，直接连到低电平使其值为 0。在位线 BL 一侧，晶体管 M4 和 M6 导通，把位线连接到 V_{DD} 所代表的逻辑 1。如果存储的内容为 0，其工作原理是相似的。在写状态下，把要写入的状态加载到位线。如果要写入 0，则设置 $\overline{BL}$ 为 0。随后字线 WL 加载为高电平，位线的状态被载入 SRAM 的基本单元。

六管的 SRAM 单元采用交叉耦合的 CMOS 反相器可以很好地设计出低功耗的 SRAM 单元。在此情况下，存储单元的静态功耗被限制在两个 CMOS 反相器中相对较小的漏电流上。图 4-51 所示为六管 CMOS SRAM 存储单元的版图。六管的 SRAM 单元具有简单可靠的特点，但是占用的面积较大。除器件本身外，它还要求有信号布线及连接到两根位线、一根字线及两根电源轨线上。把两个 PMOS 管放在 N 阱中也占用了不小的面积。

图 4-52 所示为电阻负载 SRAM 单元（也称为四管 SRAM 单元）的结构，这一单元的特点是用一对电阻负载 NMOS 反相器来代替原来的一对交叉耦合 CMOS 反相器。即用电阻来代替 PMOS 管，因而简化了布线，这使得 SRAM 单元的尺寸得以缩小。图 4-53 给出了采用多晶硅电阻的 SRAM 单元版图，这种方式去除了 N 阱，采用了高电阻率多晶硅 N+/P+电阻，减小了单元的面积，该电阻可被视为一个带漏电的双极型晶体管。

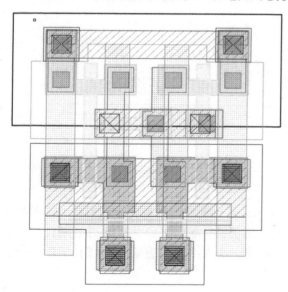

图 4-51　六管 CMOS SRAM 存储单元的版图

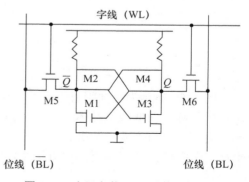

图 4-52　电阻负载 SRAM 单元的结构

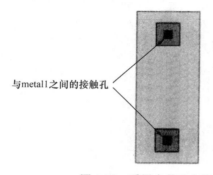

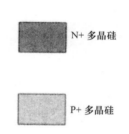

图 4-53　采用多晶硅电阻的 SRAM 单元版图

4.5.3 快闪电擦除可编程只读存储器

快闪电擦除可编程只读存储器的闪存单元由带浮栅的晶体管构成，浮栅晶体管如图 4-54 所示。这一结构与通常的 MOS 器件非常类似，主要区别在于多了一个额外的在栅和沟道之间的多晶硅条，这一多晶硅条不与任何东西连接，因而称为浮栅。浮栅晶体管带来的问题主要体现在两个方面：一方面多晶硅条的插入造成栅氧化层厚度的增大；另一方面降低了器件的跨导使得阈值电压升高。

该晶体管的阈值电压可通过在其栅极上施加电场而被反复改变。在源和栅–漏终端之间加上一个高电压（10V 以上）时，如图 4-55 所示，电子被强横向电场加热，在漏极附近发生雪崩击穿，电子得到足够的能量变"热"并穿过第一层氧化物绝缘体而在浮栅上被捕获。当浮栅中的电子聚集时，存储单元的阈值电压就会升高，习惯上认为此时存储单元处于"1"状态。这是因为加到控制栅极的读信号电压（如 5V）和位线预充电电平（如 V_{DD}）保持不变，存储单元并不导通。存储单元的阈值电压可以通过从浮栅中移走电子的方法来降低，此时存储单元被认为处在"0"状态。在这种情况下，所用的信号电压和位线与地相连进行放电，存储单元的晶体管导通。通过以上过程，可以对闪存的单元进行数据编程。

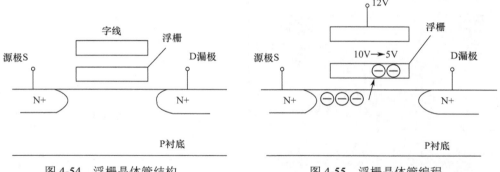

图 4-54　浮栅晶体管结构　　　　图 4-55　浮栅晶体管编程

图 4-56 所示为不同阈值电压下闪存单元的 $I\text{-}V$ 特性曲线。在单元读取操作时设置控制栅电压足够大使低阈值晶体管导通，但不能使高阈值晶体管导通。为使器件导通，必须有一个更高的电压来减小所引起的上述负电荷的影响。注入浮栅上的电荷导致了 $I\text{-}V$ 曲线的平移，图中包含"1"状态和"0"状态两种情况。

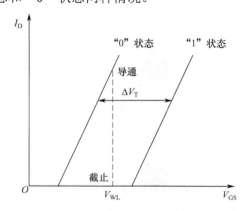

图 4-56　控制栅压具有低和高阈值电压的闪存单元的 $I\text{-}V$ 特性曲线

习　题　4

1. 反相器的输出端寄生电容都有哪些？
2. 分析传统 CMOS 反相器与基于 FinFET 结构反相器的功耗的区别。
3. 如何降低 CMOS 电路的静态功耗？
4. 根据异或门的结构（图 4-25），画出其他的异或门的电路图（不限种类）。
5. 画出 $F = \overline{A + B \cdot C + D \cdot E}$ 的 CMOS 电路结构。假设等效反相器的宽长比 $(W / L)_{\mathrm{P}} = 5$，$(W / L)_{\mathrm{N}} = 2$，计算各 MOS 管的宽长比。
6. 画出用与或非逻辑实现的三输入异或门的电路图。
7. 根据图题 4.1 所示的电路，写出输出端 Z 的逻辑表达式。

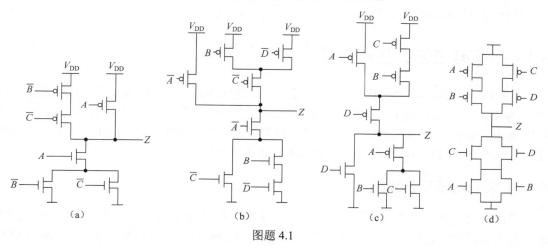

图题 4.1

参 考 文 献

[1] Jan M.Rabaey，Anantha Chandrakasan. 数字集成电路——电路、系统与设计[M]. 周润德，等译. 北京：电子工业出版社，2002.

[2] R.JACOB BAKER，朱万经，张徐亮. 集成电路设计手册（第 3 版·数字电路篇）[M]. 张雅丽，译. 北京：人民邮电出版社，2014.

[3] 李伟华. VLSI 设计基础[M]. 北京：电子工业出版社，2017.

[4] 朱正涌. 半导体集成电路[M]. 北京：清华大学出版社，2001.

[5] Sung-Mo Kang，Yusuf Leblebici. CMOS 数字集成电路——分析与设计[M]. 王志功，译. 北京：电子工业出版社，2002.

第 5 章　集成电路制造工艺

　　第一块现代意义上的集成电路由美国德州仪器公司的杰克·基尔比博士发明于 1958 年，在事隔 42 年后的 2000 年，基尔比因这项发明而获得诺贝尔奖。在第一块集成电路发明之后的几十年里，集成电路技术取得了极大的发展，集成度按照摩尔定律不断提高，已经从最初的几个晶体管提升到目前的数百亿个晶体管。如何在很小的面积内制造出如此大数目的晶体管已经成为微电子学和相关产业的一个重要研究方向，并已经逐渐发展为一个专门的学科。

　　本章将重点介绍现代集成电路的制造工艺，讲授如何将所设计的功能电路制造和转化成一块物理上的集成电路芯片。

5.1　平面硅工艺的基本流程

　　基尔比于 1958 年研制的集成电路只是一个原理性样品，并不适合于工业化批量生产。1958 年年末，仙童公司采用平面工艺研制出第一个名副其实的单片集成电路，此后开创了集成电路工业化大批量生产的道路。截至目前，主流的集成电路仍采用平面工艺进行制造。本节主要介绍半导体平面硅工艺的基本概念和工艺流程。

5.1.1　集成电路工艺分类

　　现代集成电路的制造有多种不同的工艺，主要可以划分为两个大的类型，即 MOS 型集成电路和双极型集成电路，如图 5-1 所示。其中，MOS 型集成电路根据不同的 MOS 管结构分为 PMOS 型、NMOS 型和 CMOS 型集成电路；双极型集成电路根据不同的结构分为饱和型与非饱和型集成电路，其中饱和型集成电路包括晶体管-晶体管逻辑（Transistor Transistor Logic，TTL）和集成注入逻辑（Integrated Injection Logic，I^2L），非饱和型集成电路包括发射极耦合逻辑（Emitter Coupled Logic，ECL）和电流模逻辑（Current Mode Logic，CML）。此外，还有 BiMOS 集成电路，是结合了 CMOS 和双极型集成电路工艺特点的混合型集成电路。

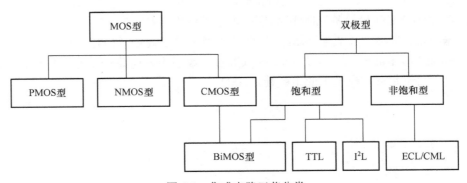

图 5-1　集成电路工艺分类

典型的 NPN 双极型晶体管的截面如图 5-2 所示，在 P 型衬底的 N 型外延层（n-Epi）上，通过扩散等方法引入 N 型重掺杂的集电极和发射极及 P 型掺杂的基极，在晶体管外围，通过 P 型重掺杂引入 PN 结隔离。目前，双极型晶体管在超大规模集成电路中应用得比较少，在此只做简要介绍，本章将重点围绕 MOS 型晶体管展开讲解。

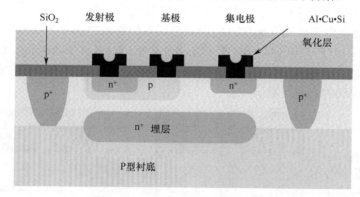

图 5-2　NPN 双极型晶体管的截面

5.1.2　CMOS 集成电路工艺发展历史

目前，超大规模集成电路主要由 MOS 晶体管构成，其优势及特性在前述章节中已做详细介绍，其中应用最为广泛是 CMOS 电路结构，其主体结构由 PMOS 和 NMOS 晶体管串联而成。CMOS 工艺经过多年的发展已经越来越复杂。

图 5-3 所示为 20 世纪 80 年代的 CMOS 工艺截面图，该工艺是在 P 型衬底上首先做一个 N 阱（N-well），然后在 N 阱内制作 PMOS 晶体管，在 P 型衬底上直接制作 NMOS 晶体管，通过硅局部氧化隔离技术（Local Oxidation of Silicon，LOCOS）对 NMOS、PMOS 晶体管进行隔离。采用多晶硅作为栅极，AlCuSi 合金作为互连引线。图中包含两层金属引线，层间采用未掺杂的硅玻璃（Undoped Silicate Glass，USG）作为介质层，顶层金属线用 SiO₂ 和氮化硅进行保护。由于当时还没有平坦化工艺，布线层凹凸不平，尺寸很难精确控制，进而对器件的正常工作产生较大影响。该种工艺结构仅适用于 0.8～3μm 的工艺节点。

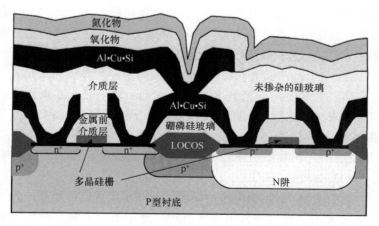

图 5-3　两层金属的 CMOS 工艺截面图（20 世纪 80 年代）

随着工艺尺寸的不断缩小，各种新技术、新结构不断涌现，到 20 世纪 90 年代，工艺节点已经发展到 0.18～0.8μm，图 5-4 是这些工艺节点下典型的 CMOS 电路截面图。图中采用双阱结构，在 P 型衬底上制作 N 阱和 P 阱，之后分别在 N 阱和 P 阱中制作 PMOS 和 NMOS 晶体管。为了减小尺寸，采用浅槽隔离技术（Shallow Trench Isolation，STI）进行 PMOS 和 NMOS 晶体管的隔离。此时多采用硅化物（Silicides）作为栅极以减小栅极电阻，采用 AlCu 合金作为金属互连层，底层的金属布线常用金属钨与 MOS 管的源漏极实现垂直互连。在这个年代，化学机械抛光（Chemical-Mechanical Polishing，CMP）已经被大规模应用，其可以有效地保证在制备浅槽隔离结构和金属间介质层时整个晶圆的平整度，从而增加金属互连线的布线层数。

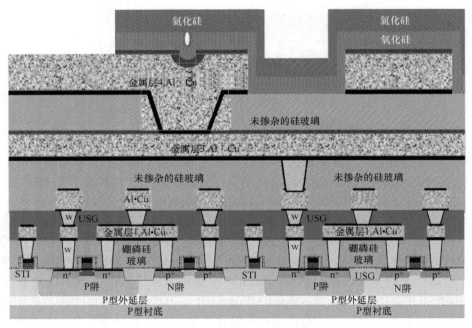

图 5-4　四层 Al-Cu 布线的 CMOS 电路截面图

此外，在 20 世纪 90 年代，为了进一步减小金属布线引入的延时，随着铜的大马士革加工工艺日渐成熟，金属铜开始大规模应用并逐渐替代 AlCu 合金成为主流的布线材料。

步入 20 世纪以后，工艺节点已经缩小至深亚微米，达到 0.18μm 以下。为了加工尺寸更小的晶体管，193nm 的 ArF 激光开始被应用于光刻中，同时浸润式光刻、相移掩模等光刻技术也广泛被应用。尤其是当工艺节点缩小至 65nm 以下时，逐步开始采用高介电常数（κ）的介质层和金属来制作栅极，同时为了提高载流子的迁移率，SiGe 应变硅结构也开始被广泛采用。图 5-5 是典型的 32nm 工艺下的 CMOS 截面图，其中包含九层金属布线（M1～M9）和凸点结构，各金属层由通孔（V1～V8）连接，金属层之间填充的是金属间介质层（Inter-Layer Dielectric，ILD）。

截至目前，主流的 CMOS 结构电路始终遵循着摩尔定律向前发展。为了实现更小的工艺节点，大量新的技术不断地被研发出来并得到广泛应用。本章介绍集成电路制造工艺，主要从基本知识着手，着重阐述集成电路的简要制备流程及主要的工艺过程。

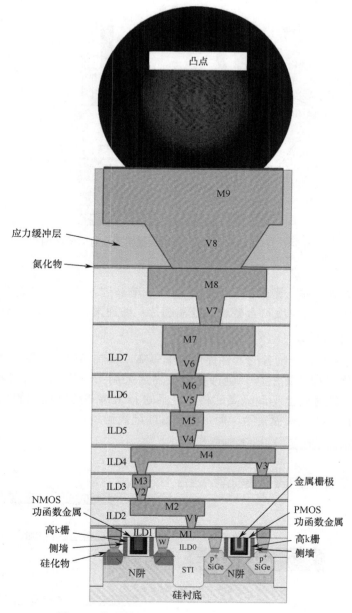

图 5-5　典型的 32nm 工艺下的 CMOS 截面图

5.1.3　集成电路制造的工艺流程

　　在实际集成电路的制造过程中，不同类型的集成电路在工艺流程上会有所区别，不同工艺节点下的制造技术也略有不同，但在主要的工艺环节上差别并不大。下面以双阱硅栅 CMOS 工艺的主要流程为对象，简要介绍集成电路制造工艺的主要内容。图 5-6 是一个典型的双阱硅栅 CMOS 截面图及对应的版图，其中版图包含 STI 隔离结构、P 阱、N 阱、栅极、N 沟道、P 沟道、接触及金属 8 块掩模。下面具体介绍如何利用这 8 块掩模制备双阱硅栅 CMOS 电路。

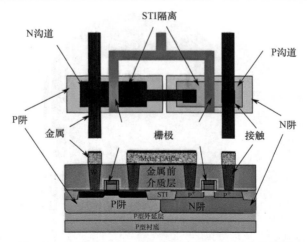

图 5-6 典型的双阱硅栅 CMOS 截面图及对应的版图

1．衬底制备

主要是指制备电阻率、密度值符合要求的掺杂单晶硅衬底，通过切、磨、抛光获得表面光亮、平整、无伤痕且厚度符合要求的硅晶圆片，即通常说的 Silicon Wafer。

2．STI 隔离结构制备

STI 隔离结构主要为待制备的器件提供电学隔离，其制备流程如图 5-7 所示。首先在 P 型衬底上沉积氧化层和氮化层作为刻蚀掩模，然后采用第一块 STI 掩模板进行光刻、刻蚀，即可在相应的硅衬底上得到隔离凹槽，之后进行未掺杂的硅玻璃的沉积填充，最后采用 CMP 将多余的 USG 及掩模去除，即可得到 STI 隔离结构。

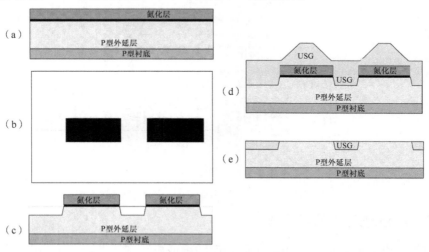

图 5-7 STI 隔离结构的制备流程

3．双阱制备

如图 5-8 所示，采用第二块光刻板，即 N 阱掩模进行光刻，然后进行磷离子注入，在未被光刻胶覆盖的区域，磷离子将被注入硅衬底中，形成 N 阱。同样，采用第三块光刻板，即 P 阱掩模进行光刻、硼离子注入，即可形成 P 阱。

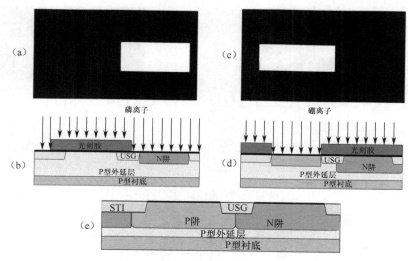

图 5-8　双阱结构的制备流程

4．栅极制备

在目前的 CMOS 工艺中，均先制备栅极，然后利用栅极作为掩模制备源极和漏极，此工艺也称为"自对准"工艺。栅极的制备流程如图 5-9 所示，首先在双阱结构上方沉积一层很薄的 SiO_2 层作为栅氧，之后沉积一层多晶硅，然后采用栅极掩模进行光刻，对多余的多晶硅和 SiO_2 进行刻蚀、去除，即可形成栅极结构。最后将栅极上方多余的光刻胶去除即可。

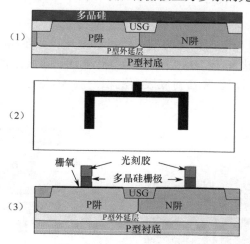

图 5-9　栅极的制备流程

5．源极、漏极制备

在制备完栅极后，开始源极、漏极的制备，如图 5-10 所示。首先采用 NMOS 源极、漏极掩模板进行光刻工艺，光刻出 NMOS 源极、漏极注入区域，进而采用砷离子或磷离子进行注入，形成 NMOS 晶体管的源极、漏极区域。在这个过程中，栅极也发挥掩模作用，保证了栅极下方没有离子注入，这也是先栅极后源极、漏极的工艺被称为"自对准"的原因。在 NMOS 晶体管制备完成后，采用 PMOS 源极、漏极掩模进行 PMOS 晶体管的制备，注入离子为硼离子，得到 PMOS 的源极和漏极。

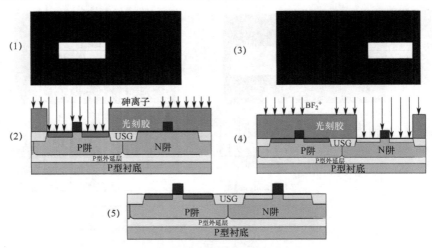

图 5-10 源极、漏极的制备流程

6. 钨塞制备

在完成 MOS 晶体管的制备后，接下来要制备金属互连线。其中首先要制备源极、漏极的垂直互连接触孔，目前常用金属钨作为接触孔的引出互连材料，故也称之为钨塞。其制备流程如图 5-11 所示。首先在衬底上沉积一层硼磷硅玻璃（Boro-Phospho-Silicate Glass，BPSG）作为钨塞周围的介质层，之后采用接触孔掩模板进行光刻，并刻蚀出接触孔。最后对接触孔进行金属钨的沉积填充，形成钨塞。

7. 互连线制备

在完成源极、漏极引出结构钨塞的制备后，下面开始互连线的制备。在该 CMOS 结构中，即将 NMOS 管的漏极和 PMOS 管的漏极进行互连。以传统的 AlCu 合金为例简要介绍工艺流程。如图 5-12 所示，首先在衬底表面沉积一层 AlCu 合金，其中在 AlCu 合金下面需

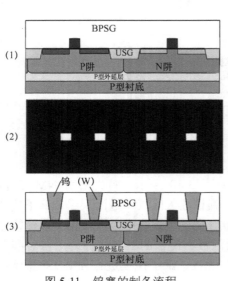

图 5-11 钨塞的制备流程

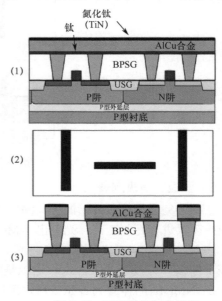

图 5-12 互连线的制备流程

要预先沉积一层金属钛,用以增强 AlCu 合金的粘附性,AlCu 合金的表层为 TiN 钝化层。接着用互连线掩模板进行光刻,之后对 AlCu 合金进行刻蚀,得到所设计的线条结构。

至此,一个简单的 CMOS 电路结构制备完成,之后还要对电路进行焊盘的引出制备、封装、测试等环节,在此不做详细阐述。

5.1.4　集成电路制造的工序分类

5.1.3 节简要介绍了一下集成电路的核心工艺流程,其实集成电路从最初的原材料沙子到最终芯片,中间包含非常多复杂的工艺流程,图 5-13 所示为集成电路制造的主要工序,大致包含三部分:前工序、后工序和辅助工序。

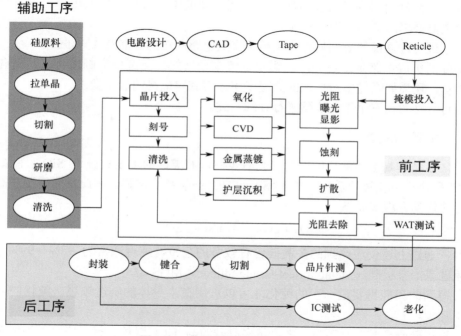

图 5-13　集成电路制造的主要工序

前工序主要包括薄膜制备工艺、掺杂工艺和图形加工技术等,5.1.3 节介绍的 CMOS 结构制备主要就是前工序,前工序是集成电路制造的核心工序。

后工序主要包括从中间测试开始到器件完成的所有工序,有中间测试、划片、贴片、焊接、封装、成品测试等。

辅助工序主要包括材料制备及超净环境的构建,其中最主要的是硅晶圆的制备及各类高纯水、气等材料和设备的准备等。

5.2　硅晶圆的制备

硅是最重要的半导体材料之一,目前,大多数集成电路都是在单晶硅衬底上制备完成的。然而在早期的集成电路中,最常用的是锗衬底。由于单晶硅的原材料即为常见的石英砂,随着工艺的不断成熟,硅的成本优势非常明显,同时硅的氧化物——SiO_2 也非常稳定、易于生长，在半导体中扮演着非常重要的作用，从而使得单晶硅衬底逐渐被广泛地采用。本节主要介绍将石英砂制备成单晶硅（硅晶圆）的过程。

5.2.1　硅晶圆制备的基本过程

整个硅晶圆的制备大致上可以划分为以下三个步骤。

（1）从硅矿石中提炼多晶硅原料。

自然界中存在大量的硅元素，但主要以硅矿石的形态存在。因此，首先要对硅矿石进行处理，提取得到高纯度的多晶硅。

（2）从多晶硅原料中提取出单晶硅基材（硅晶棒）。

通过对多晶硅材料的熔解和再结晶，利用晶体的生长特性，提取出单晶体基材，在实际工艺中主要是单晶硅棒的形态存在。

（3）通过对硅晶棒的后期处理得到用于集成电路制造的硅晶圆（Wafer）。

在实际的集成电路制造过程中，需要以特定规格的硅晶圆作为制造衬底，而硅晶棒只是粗质基材，还需要经过多道后期的处理工序才可获得最终的硅晶圆。

下面将分别对这三个工艺步骤进行详细论述。

5.2.2　多晶硅的制备

目前，多晶硅制备的常用的原材料为石英砂，石英砂的主要成分为 SiO_2。制备方法是将 SiO_2 与碳进行氧化还原反应，由于 SiO_2 中的硅-氧键非常强，因此反应需要在高温下进行。制备的化学方程式如下

$$SiO_2 + 2C \xrightarrow{\text{高温}} Si + 2CO$$

然而，通过上述反应得到的多晶硅含有较多的杂质，纯度通常为 98%～99%，因此常被称为粗硅或冶金级硅（Metallurgical-Grade Silicon，MGS）。

制备得到的粗硅需要进一步的纯化才可以被用在半导体的制造领域。纯化的方法通常分为以下几步。

（1）将粗硅研磨成多晶硅粉，之后将多晶硅粉与 HCl 气体进行反应，以生成三氯硅烷（$SiHCl_3$）。三氯硅烷是一种无色透明的液体，沸点为 31.5℃，在空气中易发烟，极易水解，且易溶于有机溶剂，易燃，易爆，有刺激性气味。化学反应方程式如下

$$Si + 3HCl \xrightarrow{300℃} SiHCl_3 + H_2$$

（2）将生成的三氯硅烷进行过滤、冷凝、净化，得到纯度超高的液态三氯硅烷，通常纯度可达 99.9999999%（9 个"9"）。高纯的三氯硅烷是半导体工艺中常用的一种反应前体，它被广泛地应用在无定形硅、多晶硅及硅外延层的沉积工艺中。图 5-14 是从粗硅到高纯度三氯硅烷的制备流程图。

（3）将高纯度三氯硅烷与高纯度氢气进行反应，生成高纯度多晶硅，这种高纯度多晶硅通常也被称为电子级多晶硅（Electronic-Grade Silicon，EGS）。化学反应方程式如下

$$SiHCl_3 + H_2 \xrightarrow{1100℃} Si + 3HCl$$

经上述工艺过程，制备得到的电子级多晶硅如图 5-15 所示。之后，还要进行质量检验，符合规格的即可作为拉制单晶的材料。通常的检验项目包含两个：（1）观察表面有无

氧化现象，因为高纯度多晶硅具有银灰色的金属光泽，如果发生氧化，则色泽会变暗；
（2）测定纯度，一般要求线纯度达到 6 个"9"以上的多晶硅才可被用来制备单晶硅。

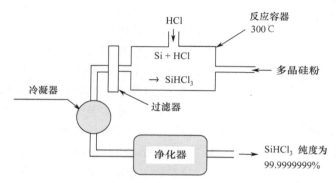

图 5-14　从粗硅到高纯度三氯硅烷的制备流程图

图 5-15　制备得到的电子级多晶硅

5.2.3　单晶硅的制备

单晶体的生长主要包括成核和长大两个过程。当熔体温度降到某一温度时，细小的晶粒就会在熔体中形成，并逐渐长大，最后形成整块晶体材料。在日常生活中也常常可以见到这种现象。如水结成冰时，先形成小的冰粒，然后小冰粒逐渐长大，直至全部的水都结成冰。从水结成冰的过程中可以看到，结冰要有两个先决条件：一是必须存在小的冰粒（或晶核）；二是温度必须降低到水的结晶温度（零度以下）。

单晶硅的制备也必须具备这两个条件：一是系统的温度必须降到结晶温度以下；二是必须有一个结晶中心（即籽晶）。在单晶拉制过程中，首先使硅处于熔态，这时如果在熔态的硅中存在结晶中心（籽晶），并逐步将熔态硅的温度降到熔点以下，硅就会沿着结晶中心，使自己从熔态变成固态。但如果存在多个籽晶就会生长成多晶硅体，因此拉制单晶硅时，往往人为地加入一个籽晶作为结晶中心，使得熔体硅沿着这个籽晶结晶，最后形成一个完整的单晶体。

目前，被广泛采用的单晶体制备方法为直拉法，因由波兰化学家 Czochralski 发明，故也常常被称为 CZ 法。用直拉法拉制单晶是在单晶炉内进行的，如图 5-16 所示。整个单晶炉密封工作在惰性气体氛围中，以防止污染。

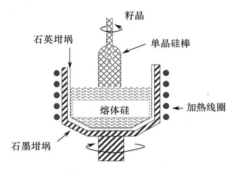

籽晶

石英坩埚

单晶硅棒

熔体硅

加热线圈

石墨坩埚

图 5-16 单晶炉的基本结构

在直拉法中，高纯的电子级多晶硅被加热到 1415℃（刚过熔点 1414℃），熔融并放置在旋转的坩埚中，根据需求可掺入适当的磷或硼等杂质。籽晶被装在一个旋转夹头上，并逐渐将籽晶的底部浸入到熔融的硅中，此时籽晶的底部开始融化，但其余部分通过严格的温度控制仍然保持固态。在整个系统稳定后，缓慢地将籽晶向上旋转提拉，熔融的硅将围绕籽晶生长凝固，并与籽晶保持相同的晶向，最终形成单晶棒。一个完整的晶棒通常需要 48 小时以上的拉制时间。通过控制拉制速率和温度，可以得到不同直径的单晶硅棒。图 5-17（a）～（e）描绘了整个单晶的拉制过程，（f）是最终拉制形成的单晶硅棒。

（a）　　　（b）　　　（c）　　　（d）

（e）　　　（f）

图 5-17 单晶硅棒的拉制过程

5.2.4 单晶硅的后处理

单晶硅的后期处理主要包括从单晶硅棒到硅晶圆的一系列处理过程，下面进行详细介绍。

1. 滚磨

拉制出来的单晶硅棒尽管对外形直径有一定要求，但往往是不均匀的，因此先要进行滚磨工艺，使单晶硅棒的直径达到一致性的要求。通常的方法是在切去单晶硅棒的头部和尾部后，将其在滚磨机上进行滚磨切削，滚磨机上装有金刚砂轮（或金刚刀），可以自动调节进刀量（或切削量）。经过这样的滚动摩擦处理，就可以把直径不均匀的单晶硅棒变得均匀一致。

2. 定向

单晶体具有各向异性的特点，必须按一定的晶向进行切割，才能满足生产的需要。同时，若切割的时候不沿着指定晶向，则很容易发生碎片，所以切割前应进行定向。定向的原理一般是用一束 X 射线射向单晶棒的端面，由于端面上的晶向不同，因此其反射的图形也不同。根据反射图像，就可以确定单晶硅棒的晶向。

3．确定定位面

一旦硅单晶棒定好晶向，就会沿着特定晶向在晶棒上滚磨加工出一个参考面，这个参考面将会在每个晶圆上出现，称为主参考面。此外，相对于主参考面的不同位置，还会加工出第二个参考面。通过这两个参考面的相对位置情况，很容易识别出一个晶圆的晶向及掺杂类型。如图 5-18 所示，如果仅有一个参考面，则为 P 型掺杂的（111）晶圆；如果两个参考面相互垂直，则为 P 型掺杂的（100）晶圆。

对于更大的晶圆（直径大于 150mm），目前已不采用参考面来标识晶向，而是在晶棒上磨出一个特定凹槽作为标识。

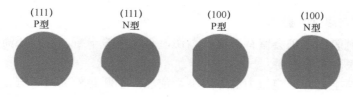

图 5-18　晶圆参考面位置

4．晶圆切割

晶圆切割是将单晶硅棒切割成厚度相同的晶圆，晶圆切割的要求包括：厚度符合要求，平整度和弯曲度要小，无缺损，无裂缝，刀痕浅。常用的切片方法之一是内圆切割法，它具有损耗小、速度快、效率高的优点。

内圆切割机主要由机械系统、冷却系统和驱动系统组成，如图 5-19 所示。机械系统有主轴、鼓轮、内圆刀片等部分。主轴上装有鼓轮，内圆刀片装在鼓轮上。冷却系统有泵和管道，它提供循环的切割冷却液。驱动系统包括驱动主轴旋转、进刀和退刀等部分。

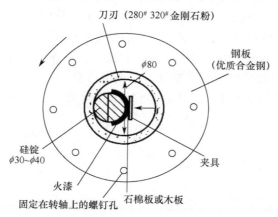

图 5-19　内圆切割机

5．晶圆倒角

晶圆经切割后，锐利的边缘部分很容易剥落，而且在之后的加工过程中也容易产生碎屑。因此，还要对边缘部分进行倒角（或称整圆）。常用的方法是使用一个有特定形状、高速旋转的金刚石夹具对硅片边缘部分进行打磨，直到它的外形与轮子形状相吻合为止，该过程如图 5-20 所示。

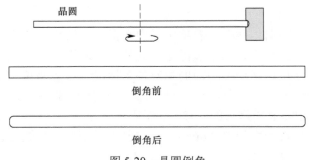

图 5-20　晶圆倒角

6．研磨、湿法腐蚀、抛光

切割好的晶圆表面上仍会留有刀痕、划伤，甚至不够平整，因此还需要进行研磨、腐蚀、抛光，提高表面的平整度。

研磨过程实质上是在一定压力的作用下，使晶圆不断与外加磨料进行摩擦，从而使得晶圆表面变得平整、光洁，并且达到厚度要求。对于 200mm 的晶圆，通过研磨工艺，表面平整度可以小于 2μm，然而这样的平整度远不能满足半导体工艺的需要。接下来会采用湿法腐蚀和抛光的方法来进一步提高晶圆表面的平整度、去除表面损伤层。

湿法腐蚀就是采用溶液对硅晶圆表面进行腐蚀，以去除损伤处，提高表面平整度。通常所采用的溶液为 HNO_3、HF 和 CH_3COOH 的混合制剂，反应机理为：HNO_3 将表面损伤层中的硅氧化为 SiO_2，之后 SiO_2 被 HF 溶解，CH_3COOH 主要用来控制反应速率。湿法腐蚀通常会去掉晶圆表面 10～20μm 的表面损伤层。

接下来是抛光。抛光的方法有很多，目前常用的为 SiO_2 化学机械抛光法（Chemical Mechanical Polishing，CMP）。抛光液由 SiO_2、NaOH 和水按一定比例组成，其中 NaOH 起化学腐蚀的作用，使硅片表面生成硅酸纳盐，通过 SiO_2 胶体，对硅片产生机械摩擦，随之又被抛光液带走，这样就起到了去除表面损伤层的抛光作用。由于 SiO_2 胶体颗粒比较小，且硬度又与硅片相近，因此，SiO_2 摩擦造成的损伤很小。图 5-21 所示为化学机械抛光示意图。在抛光过程中，为获得极好的平整度，需要严格控制抛光时间、晶圆和抛光垫上的压力、旋转速度、抛光液颗粒尺寸、抛光液的 pH 值和抛光垫材料等因素。

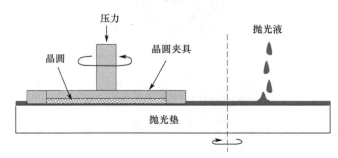

图 5-21　化学机械抛光示意图

　　CMP 是制造大直径晶圆的重要技术。在半导体的制造工艺中，不同材料的沉积、刻蚀会使得晶圆表面变得不平整，因此常常需要使用 CMP 工艺来提高晶圆表面的平整度。

　　在经历 CMP 工艺之后，需要进一步对晶圆进行清洗、检查、打标、包装。至此，硅晶圆加工制备完成。

　　图 5-22 呈现了典型的 8 英寸晶圆经过后处理的各个过程之后晶圆厚度及平整度的变化情况。

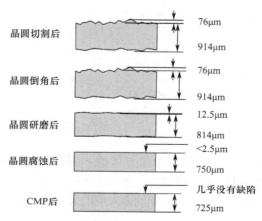

图 5-22　后处理之后 8 英寸晶圆厚度及平整度的变化情况

5.3　氧化

　　众所周知，硅是目前所有半导体材料中应用最为成功的材料。硅有一系列的硅基材料，包括 SiO_2 作为绝缘材料、Si_3N_4 作为介质材料、多晶硅可以实现掺杂导电等。其中，SiO_2 材料具有生长容易、性质稳定、Si 具有理想的界面特性等特点，在硅加工工艺中非常重要。本节将重点介绍集成电路制造中的氧化（Oxidation）工艺，主要内容为针对 SiO_2 的一系列工艺过程。

5.3.1　SiO_2 的结构和参数

1. SiO_2 的结构特点

　　二氧化硅（SiO_2）又名硅石，在自然界中主要以石英砂的形式存在着。SiO_2 的基本结构是 Si-O 四面体结构，四面体的中心是硅原子，4 个顶角上是氧原子，如图 5-23 所示。SiO_2 按结构可以分为结晶型 SiO_2 和非结晶型 SiO_2 两种，方石英、水晶等都属于结晶型 SiO_2，在氧化工艺中所长成的 SiO_2 则属于非结晶型（或称无定型）SiO_2。

2. SiO_2 的主要参数

（1）密度。

　　密度是 SiO_2 致密程度的标志，密度大表示致密程度高。用不同的制备方法所得到的 SiO_2 薄膜的密度是不相同的。

（2）折射率。

　　折射率是表示 SiO_2 光学特性的重要参数。同样，用不同制备方法所得的 SiO_2 薄膜，其折射率是不相同的，但差别也不大。一般地，密度大的 SiO_2 具有较大的折射率。当波长为 550nm 左右时，SiO_2 的折射率约为 1.46。

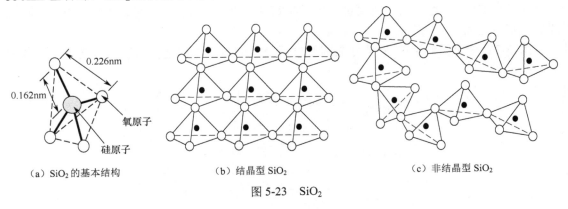

（a）SiO_2 的基本结构　　　　（b）结晶型 SiO_2　　　　（c）非结晶型 SiO_2

图 5-23　SiO_2

（3）电阻率。

电阻率是表征 SiO_2 电学性能的一个重要参数。用热生长法制备的 SiO_2，其电阻率为 $10^{15}\sim10^{16}\Omega/cm$，这表明 SiO_2 是一种良好的绝缘材料。SiO_2 的电阻率还与温度有关，温度升高，电阻率减小，这是因为温度升高后，SiO_2 中的可动离子活动加剧。

（4）介电强度。

介电强度是衡量材料耐压能力大小的参数，其单位为 V/cm。对于 SiO_2，其介电强度表示单位厚度的 SiO_2 层所能承受的最大击穿电压，其数值大小与自身的致密程度、均匀性、杂质含量及制备方法等因素有关。热生长得到的 SiO_2 的介电强度一般为 $10^6\sim10^7$ V/cm。

（5）介电常数。

介电常数是表示 SiO_2 薄膜电容性能的一个重要参数，尤其对 MOS 型器件，介电常数是非常重要的，热生长法得到的 SiO_2 的介电常数为 3.2～3.8。

5.3.2　SiO_2 在集成电路中的应用

1. 功能器件的重要组成部分

（1）MOS 场效应晶体管的绝缘栅极。

在 MOS 晶体管中，常常以 SiO_2 作为栅极介电层。这是因为 SiO_2 层的电阻率大，介电强度大，几乎不存在漏电流。但作为绝缘栅极时，对 SiO_2 的质量要求极高，因为 Si-SiO_2 界面十分敏感（电学性能），如果 SiO_2 层质量不好，会对整个器件的正常工作造成严重影响。

（2）电容器的介质材料。

集成电路中的电容器常常以 SiO_2 作为介质材料，SiO_2 的介电常数为 3～4，击穿耐压较高，电容温度系数小，制备方法简单，这些性能都决定了 SiO_2 是一种优质的电容器介质材料。

2. 集成电路中的介质隔离

用热生长法得到的 SiO_2 的电阻率非常大，是介质隔离的理想材料，可以将同一块衬底上的不同器件进行有效的电学隔离，避免器件之间通过衬底发生短路。不管是在早期的空白区场氧化隔离和硅局部氧化隔离技术中，还是在目前主流的浅槽隔离技术中，SiO_2 都起着重要作用。

3．对选择性扩散起到掩蔽作用

实验表明，硼、磷、砷等Ⅲ、Ⅴ族元素原子在 SiO_2 中的扩散速度比在 Si 中小得多。如果在 Si 表面的 SiO_2 中开个窗口，则高温扩散时杂质原子通过氧化层上的窗口直接掺入 Si 中；而在有氧化层覆盖的部分，杂质只有在通过氧化层后才能到达硅中。由于这些杂质在 SiO_2 层中扩散得非常慢，一般达不到 Si 表面，因此 SiO_2 层就起到了掩蔽杂质向 Si 内扩散的作用，实现硅内局部选择性的掺杂。通常，为保证屏蔽效果，SiO_2 薄膜需要达到一定厚度。

4．对器件表面的保护和钝化

在器件表面生长一层 SiO_2 膜，可以防止在制造工艺流程中内部器件受到机械损伤和杂质沾污，起到了保护作用。另外，有了这一层 SiO_2 膜，就可以将内部器件与外界环境隔开，减小了外界环境因素对器件工作的影响，起到钝化作用，提高器件的稳定性和可靠性。但是，钝化的前提是 SiO_2 薄膜的质量要好，如果 SiO_2 膜中含有大量钠离子或针孔，非但不能起钝化作用，反而会造成器件性质不稳定。

5.3.3　热氧化前清洗

如上所述，在半导体结构中，SiO_2 通常被用来发挥隔离、屏蔽等作用。而结晶型 SiO_2 因为其晶格原子排列整齐，晶格内部会形成特定的扩散通道，从而使得 SiO_2 的隔离、屏蔽作用大打折扣。因此，在半导体结构中期望 SiO_2 以无定形结构的形式存在。

热氧化（Thermal Oxidation）生长的 SiO_2 为无定形结构，但这种结构是不稳定的，在室温下会逐渐转变为结晶型 SiO_2，这也正是为什么自然条件下 SiO_2 常以石英或石英砂形式存在的缘故，不过室温下这个转变过程非常漫长。然而，在半导体工艺中，SiO_2 通常是在高温下制备的，当温度升高时，SiO_2 的这种结晶转变会非常迅速。因此，在半导体工艺中，需要采取一定的方法来抑制 SiO_2 的结晶转变，以使得制备得到的 SiO_2 保持无定形结构。

结合晶体结晶的相关理论，抑制结晶的主要方法就是减少结晶中心的存在。抑制结晶可以通过保证硅表面清洁、减少晶面缺陷得以实现。因此，在进行高温氧化前，需要对硅表面进行清洗。清洗可分为以下三个步骤。

（1）标准清洗 1（SC-1）：目的是去除有机杂质。常采用的清洗溶液为 NH_4OH、H_2O_2、H_2O 的混合溶液，三者比例为 1:1:5，溶液温度保持在 75℃。在清洗完成后用去离子水对晶圆进行冲洗、甩干。

（2）标准清洗 2（SC-2）：目的是去除无机杂质。采用的溶液为 HCl、H_2O_2、H_2O 的混合溶液，三者比例为 1:1:6，溶液温度保持在 75℃。在清洗完成后用去离子水对晶圆进行冲洗、甩干。

（3）用 HF 和 H_2O_2 的混合溶液进一步清洗硅表面的氧化层，在清洗完成后用去离子水对晶圆进行冲洗、甩干。

5.3.4　热氧化方法

在晶圆清洗完成后即可进行热氧化生长 SiO_2，常用的热氧化方法有干法氧化和湿法氧化两种。

1．干法氧化（Dry Oxidation）

该方法以纯氧气作为氧化环境，氧分子以扩散的方式通过 SiO_2，到达 Si-SiO_2 界面，在高温下与 Si 发生反应。化学反应方程式如下

$$Si + O_2 \xrightarrow{\sim 1000℃} SiO_2$$

通过该方法生成的 SiO_2 薄膜结构致密、排列均匀、重复性好，不仅掩蔽能力强、钝化效果好，而且在光刻时与光刻胶接触良好，不宜浮胶。然而该过程受氧分子在 SiO_2 中扩散速率及界面处与硅的反应速率的限制，SiO_2 的生长速率较慢，通常生长较厚的氧化层（厚度大于 500nm）需数小时的时间。

2．湿法氧化（Wet Oxidation）

湿法氧化是将水蒸气通入氧化炉内与硅进行反应。这时的氧化氛围中主要是水汽，发生的化学反应方程式如下

$$Si + 2H_2O \xrightarrow{\sim 1000℃} SiO_2 + 2H_2$$

该反应的主要机理是水分子先分解生成羟基（-OH），羟基通过 SiO_2 扩散到达 Si-SiO_2 界面与 Si 反应。由于羟基在 SiO_2 中的扩散速率远大于 O_2 在 SiO_2 中的扩散速率，因此湿法反应的速率要远大于干法氧化。干法氧化与湿法氧化的速率对比如表 5-1 所示。但是，由于羟基也会与 Si 发生反应生成杂质——硅烷醇（Si-OH），因此湿法氧化得到的氧化层质量较差。

表 5-1　干法氧化与湿法氧化的速率对比

工　艺	温　度	膜　厚	氧 化 时 间
干法氧化	1000℃	1000Å	2h
湿法氧化	1000℃	1000Å	12min

3．氧化设备

一个较为简单的氧化设备示意图如图 5-24 所示。O_2 经过过滤器、双通阀连接氧化炉。当双通阀的下半部分关闭、上半部分开启时，O_2 直接通入氧化炉中进行干法氧化。当双通阀的下半部分开启、上半部分关闭时，O_2 通过水槽，携带水汽进入氧化炉中，此时氧化炉中同时发生干法氧化和湿法氧化。由于湿法氧化的速率远大于干法氧化的速率，因此，反应炉中主要发生的是湿法氧化。

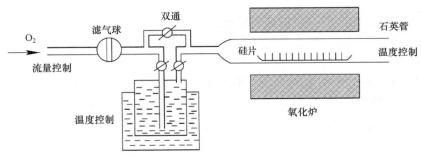

图 5-24　氧化设备示意图

4．掺氯氧化

当在 Si 表面形成 SiO$_2$ 时，由于二者的晶格结构不匹配，在 Si-SiO$_2$ 界面会发生共价键的断裂，形成众多悬挂键（Dangling Bonds），如图 5-25 所示。悬挂键的存在会使得该界面带有正电荷，在芯片的实际使用过程中，氢原子或其他原子可以通过扩散与这些悬挂键进行结合，这会使得 Si-SiO$_2$ 界面状态发生改变，从而影响器件的阈值电压等参数，进而影响器件的性能和可靠性。

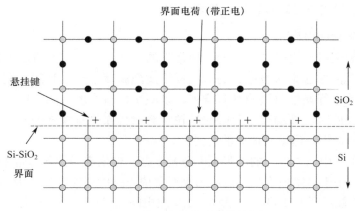

图 5-25　Si-SiO$_2$ 界面的悬挂键

针对上述现象，常用的解决办法是在氧化过程中掺入 HCl 气体，故也称为掺氯氧化。通过掺入 HCl 气体，在氧化过程中，氯离子可以扩散到 Si-SiO$_2$ 界面并与悬挂键进行键合，从而减小界面悬挂键的数量，提高器件的可靠性。然而，掺氯的浓度要严格控制，如果掺入量过多，会造成器件性能的不稳定。

5.3.5　氧化薄膜的质量检测

为保证生长的 SiO$_2$ 薄膜在集成电路中起到应有的作用，其质量必须达到预定的要求。故在完成氧化之后，需要从多个方面检查氧化层（也称氧化薄膜）的质量，下面列举三个方面的检验。

1．SiO$_2$ 薄膜的缺陷检验

SiO$_2$ 薄膜的缺陷可分为宏观缺陷和微观缺陷两种。所谓宏观缺陷，是指用肉眼就可以直接观察到的缺陷，又称表面缺陷，它是指在氧化层生成过程中出现的氧化层厚度不均匀、表面有斑点、氧化层上有针孔等现象。微观缺陷是指必须借助专门的测试仪器才能观察到的缺陷，主要包括钠离子污染和热氧化层错等。

2．SiO$_2$ 薄膜的厚度检验

SiO$_2$ 作为栅氧层、介质层和掩蔽层等结构时，其膜厚直接影响其作用效果，因此，生长完成后需要对其厚度进行精确测量。目前测量 SiO$_2$ 膜厚的方法有很多，应用最广泛的是椭圆偏振法。椭圆偏振法的原理是利用椭圆偏振光照射到被测样片上，观察反射光偏振状态的变化，从而计算出样品的固有光学常数或者样品上薄膜的厚度。该方法的精度高达 1nm，测量范围为 0.1 微米到几微米，且可以同时测量薄膜厚度和折射率。

3．SiO₂ 中可动电荷密度、界面态密度等参数的测定

氧化层中可动电荷密度和界面态密度的高低将直接影响晶体管的漏电及 MOS 器件的阈值电压，通常采用专门的电容-电压（Capacitance-Voltage）表征方法来进行测试。

5.3.6 其他热处理过程

在晶圆的加工过程中，除了氧化需要在高温下进行，通常还有其他高温热处理工艺过程，下面对几种常用的热处理过程进行简要介绍。

1．退火（Annealing）

退火是沿用冶金材料生产过程中的一种常见的工艺技术。它的目的是消除材料中因缺陷所累积的内应力。方法是将被退火的材料置于适当温度下一段时间，利用热能，使材料内部的原子有能力进行晶格位置的重新排列，以减小材料中的缺陷密度。当材料中的缺陷密度减小到某一程度时，新的或无缺陷的晶粒将会取代原先有缺陷的晶粒，使得晶体因缺陷所积累的内应力消失，这就是退火的目的。

在集成电路生产中，内应力的产生原因非常复杂，包括离子注入所带来的晶格损伤、金属硅化物制备等。由于缺陷所累积的内应力会对集成电路的性能产生重大影响，如沟道周围的应力会直接影响载流子的迁移率，因此，在集成电路加工过程中，退火处理十分重要。

2．快速热处理（Rapid Thermal Process，RTP）

热氧化炉在进行氧化、掺杂时，炉温都在 900℃ 以上，即使对于退火，尽管温度较低，但时间也仍比较长。在 MOS 器件的源极、漏极都形成之后，再经过如此高温或长时间的热处理过程，就有可能使得源极、漏极的杂质再继续向周围扩散，进而影响 MOS 器件的"有效沟道长度"及结深、掺杂浓度再分布等，从而影响器件和集成电路的性能。因此，为保证在有效进行热处理的同时又不影响杂质的重新分布，需要对这种传统的热氧化炉及其相关工艺进行改进，快速热处理设备应运而生。

快速热处理装置与传统热炉管的最大差别在于它能使硅片一片一片地进行加工，而后者是上百个硅片一起加工的。快速热处理装置的结构示意图如图 5-26 所示，其内部腔体为石英材料，采用汞钨灯管阵列进行加热，在加热过程中，晶圆表面温度的均匀性非常好，升温、降温速率非常快，升温速率通常为 75～200℃/s。由于升/降温时间短，采用快速热处理装置可以有效地避免掺入杂质的重新分布及长时间高温加热造成的器件性能退化。快速热处理装置可以用于离子注入后的退火、栅氧化层的成长与退火等。

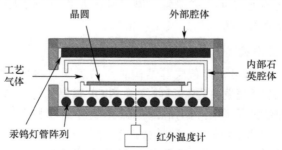

图 5-26 快速热处理装置的结构示意图

5.4　光刻

　　光刻（Photolithography）技术是指借助掩模板，利用光敏光刻胶图层发生的光化学反应，并结合刻蚀技术，在集成电路中的各种薄膜层（如 SiO_2 薄膜、多晶硅薄膜和各种金属膜）上刻蚀出所需要的图形，实现掩模板图形到晶圆表面薄膜上的图形转移。

　　目前，先进的集成电路工艺制程通常包含数十个光刻过程，光刻成本占据了整个工艺制造成本的 35%以上，已经成为影响 VLSI 集成规模的关键工艺。在保证一定成品率的前提下，用光刻工艺刻蚀出的最细光刻线条称为特征尺寸。特征尺寸反映了光刻水平的高低，同时也是表征集成电路生产线水平的重要标志，通常所说的 45nm、28nm 等工艺标准就是指特征尺寸。

5.4.1　光刻的基本要求

1．高分辨率

　　分辨率是光刻精度和清晰度的重要标志。随着集成电路集成度的提高，加工的线条越来越细小，对分辨率的要求也越来越高。分辨率的高低不仅与光刻机、曝光光源、光刻胶有关，还与光刻的工艺条件和操作技术等因素有关。

2．高灵敏度

　　灵敏度是指光刻胶感光的速度。为了提高产量，要求曝光所需要的时间越短越好，也就是要求灵敏度越高。光刻胶的灵敏度与其组成材料及工艺条件密切相关。灵敏度的提高往往会使光刻胶的其他性能变差。因此，要在保证光刻胶各项性能指标满足一定要求的前提下，尽量提高光刻胶的灵敏度。

3．低缺陷

　　在集成电路加工过程中，往往会产生一些缺陷，即使这些缺陷尺寸小于图形的线条宽度，也会使集成电路失效。这些缺陷的引入是无法避免的，一块集成电路的加工过程需要几十道甚至上百道工序，每道工序都有可能引入缺陷，特别是光刻这道工序。缺陷的存在会直接影响集成电路的成品率，因此在加工过程中要尽量避免缺陷的产生。

4．精密的套刻对准

　　一块集成电路的制备需要几十次甚至更多的光刻，每次光刻都要相互进行套刻对准。由于图形的特征尺寸在深亚微米，甚至纳米的数量级上，因此对套刻对准要求非常高。半导体器件允许的套刻对准误差为半导体器件特征尺寸的 10%左右，对深亚微米级的线宽来说，其套刻对准误差仅为几纳米，已经远小于可见光的波长。

5．大尺寸硅晶圆的加工

　　目前生产上所用的硅晶圆直径已经达到 12 英寸（300mm）。由于晶圆片尺寸变大，因此周围环境温度的微小变化都会对晶圆产生较大的影响。例如，硅的热膨胀系数为 $2.44 \times 10^{-6}/℃$，对于直径为 300mm 的硅晶圆，温度每变化 1℃，晶圆横向产生的形变就达 $0.73\mu m$，远大于一个晶体管的尺寸。要加工这样大尺寸的晶圆，对周围环境的温度、振动等参数要求十分严格，否则就会严重影响光刻的质量。

5.4.2　光刻的基本流程

　　光刻的基本流程包括衬底处理（表面清洁和增粘处理）、涂胶、前烘、对准和曝光、显影、后烘、刻蚀、去胶这 8 个步骤，如图 5-27 所示。

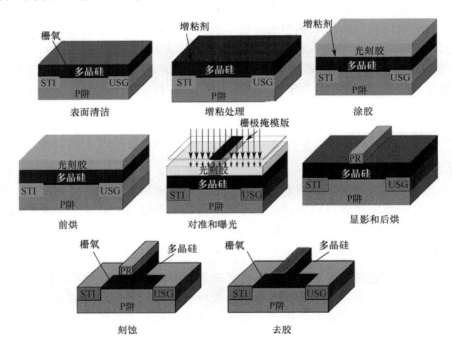

图 5-27　光刻的基本流程

1．衬底处理

（1）表面清洁。

　　硅片表面如果有颗粒沾污（如硅屑、灰尘、纤维等），会使得硅片与光刻胶粘附得不好，在显影和腐蚀时，易产生浮胶、钻蚀针孔等质量问题。因此，需要对晶圆表面进行清洗、干燥，以保证硅片表面的清洁度。通常的清洗方法为 5.3.3 节介绍的方法，同时可以配合等离子体对硅片表面进行轰击处理。

（2）增粘处理。

　　绝大多数光刻胶所含的高分子聚合物是疏水的，而氧化物（SiO_2）表面的羟基和物理吸附的水分子是亲水的，疏水性的光刻胶与亲水性的衬底表面存在粘附性较差的问题，因此在生产上往往需要进行增粘处理。通常是在晶圆表面涂覆一层增粘剂（Primer），典型的增粘剂有六甲基硅亚胺（HMDS）。增粘剂的涂覆方法有旋转涂覆法和蒸汽涂覆法两种。前者是将增粘剂滴到硅片表面，然后以低速旋转的方法将增粘剂均匀地覆盖在硅片表面，再以高速进行处理。蒸汽涂覆法是将增粘剂以蒸汽的形式挥发到硅片表面，与羟基基团进行反应，此法的涂覆量大，处理时间短，适用于批量生产。

2．涂胶

涂胶就是将光刻胶（Photoresist）均匀地涂覆在硅片表面。涂胶的质量要求如下。

（1）胶膜厚度应符合要求，胶膜均匀，胶面上看不到干涉花纹；

（2）胶层内应无点缺陷（如针孔、回溅斑等）；

（3）胶层表面没有尘埃、碎屑等颗粒。

最简单和普遍使用的涂胶方法是旋涂法，如图 5-28 所示。首先将胶液滴到晶圆表面的中心位置（晶圆在涂胶机上用真空吸盘固定）。涂覆时，先以低速旋转把多余的胶甩掉，然后以每分钟 3000～7000 转的速度进行旋转，使晶圆表面均匀地涂上光刻胶。通过控制旋转速度来控制涂胶厚度，通常光刻胶膜的厚度在 500～1000nm 范围内。

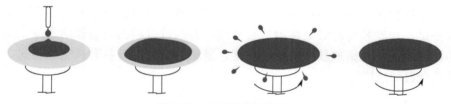

图 5-28　光刻胶的旋涂法

3．前烘

硅片涂胶后，尽管胶膜很薄，但由于此时的胶膜中仍含有一定的有机溶剂，如果直接曝光，会使得胶膜发生流动，或者胶膜会与曝光设备黏粘在一起造成损伤，因此要将它进行固化，这就是前烘（Soft bake）。所以，前烘的目的就是去除胶层内的溶剂，提高光刻胶与衬底的粘附力及胶膜的抗机械擦伤能力。

前烘有烘箱法、热板法。前者是将涂好胶的晶圆放入设有一定温度的烘箱内，使光刻胶中的溶剂挥发。后者用传动的板带对涂好胶的硅片进行热处理，达到同样的目的。

一般来说，前烘温度越高，时间越长，光刻胶与晶圆粘附得越好。但是，温度过高会导致光刻胶硬化，造成显影不准确，分辨率下降。前烘时间过长，胶中增感剂挥发得过多，也会大大减小光刻胶的感光度。因此，要严格控制前烘温度和时间，通常前烘温度为 60～100℃，时间为 1～2min。

4．对准和曝光

对准和曝光（Alignment and Exposure）是光刻过程中最重要的一步。曝光过程很像以前的胶卷拍照相机，其是指将光刻板（或称掩模板，简称 Mask）放在已经涂覆光刻胶的晶圆上，然后用一定波长的光源进行照射，使受到光照的光刻胶特性发生变化。

曝光质量的好坏会对后续光刻胶的加工产生影响。例如，对于负性光刻胶，当曝光量不足时，由于内部胶联不充分，显影时会发生聚合物膨胀，从而引起图形畸变，严重时部分图形会被溶解。当曝光量过度时，不易显影干净，从而对后续刻蚀工艺产生影响。

5．显影

显影（Development）就是将已曝光的晶圆用适当的显影溶剂浸渍或喷淋，使不需要的光刻胶被溶解掉，从而在光刻胶上获得所需要的图形。显影液和显影条件会根据光刻胶和曝光条件的不同而有所区别。对于负性光刻胶，显影液一般用二甲苯。对于正性光刻胶，目前常用的显影液为四甲基氢氧化铵（TMAH）溶液。

显影时间也会因光刻胶种类、曝光时间等不同而有所区别，一般为 30～100s。如果胶膜厚、温度低，显影时间可适当延长一些。若显影时间不足，则会留下残胶，进而会使得之后的刻蚀工艺受阻，造成器件性能变坏。若显影时间过长，会造成光刻胶软化、膨胀，从而使得显影液从边缘溶蚀图形，图形质量变差，甚至出现溶胶的现象。

6. 后烘

后烘又称坚膜（Hard bake）。经显影以后的胶膜发生了软化、膨胀，胶膜与硅片表面的粘附力减小，为了保证下一道刻蚀工序的顺利进行，必须要经过坚膜。其目的是进一步去除光刻胶中的水分和溶剂，使光刻胶固化，保证其与晶圆表面的粘附性。

坚膜温度控制在 150～200℃ 范围内，时间可以由几分钟到几十分钟不等。如果坚膜时间和温度不足，光刻胶与衬底的粘附性会降低，腐蚀时可能出现溶胶的现象。如果坚膜时间过长和温度过高，会造成胶膜翘曲、脱落。坚膜的方法和设备有真空烘箱式、红外照射法、热板式全自动烘烤等。

7. 刻蚀

通过前面的工艺过程，已经将掩模板上的图形转移到了衬底表面的光刻胶上。刻蚀（Etch）的目的是将光刻胶上的图形进一步转移到衬底表面的材料层上，以得到集成电路真正所需要的图形。

在集成电路发展初期，刻蚀工艺是作为光刻工艺的一部分而存在的。随着集成电路工艺的发展，图形加工的线条越来越细，硅片尺寸也越来越大，对刻蚀转移图形的精度和尺寸控制要求也越来越高，刻蚀工艺本身也得到了很大的发展。目前，经常将刻蚀作为一个单独的工艺步骤进行研究，因此，本书将在 5.4.3 节对刻蚀工艺进行单独介绍。

8. 去胶

经过刻蚀后，预定义的图形已经转移到衬底表面的材料层上，因此衬底表面的光刻胶已经没必要保留，需要经过去胶工艺将光刻胶进行去除。常用的去胶方法有以下三种。

（1）溶剂去胶：把带有光刻胶的晶圆浸没在适当的溶剂内，使聚合物膨胀溶解掉，故称溶剂去胶。常用的去胶溶剂有丙酮、异丙醇或者含氯的烃化物等。

（2）氧化去胶：指利用强氧化剂将光刻胶去除。常用的氧化剂为浓硫酸，它能使光刻胶中的碳被氧化而析出来。不过，碳微粒的析出会对硅片的表面质量产生影响，因此，在硫酸中还要加一些双氧水（H_2O_2），使碳被氧化成 CO_2 析出。典型的氧化去胶溶剂是 $H_2SO_4 : H_2O_2 = 3:1$（100℃），在这种环境下，光刻胶可被氧化成 CO_2 和 H_2O 从而被去除。

（3）等离子去胶：借助于高能量的等离子体束，对光刻胶进行物理轰击，进而去除光刻胶。

5.4.3　刻蚀工艺

常用的刻蚀方法有两大类：湿法腐蚀和干法刻蚀。湿法腐蚀是利用溶液试剂通过化学反应进行腐蚀。干法刻蚀是利用低压放电等离子体中的离子或游离基与材料发生化学反应，或利用物理轰击作用进行刻蚀。二者的刻蚀效果对比如图 5-29 所示。

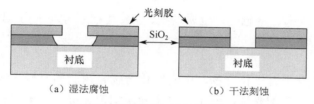

（a）湿法腐蚀　　　　　　　（b）干法刻蚀

图 5-29　两种刻蚀方法的效果比较

1. 湿法腐蚀

在集成电路发展早期，基本都采用湿法腐蚀的方法进行刻蚀。该过程与一般的化学反应相似，即将硅片放在专门配置的腐蚀液中进行腐蚀。根据被腐蚀材料的不同，可采用不同配方的腐蚀液。湿法腐蚀的优点是工艺设备简单，操作方便，可大批量进行，生产效率高。

湿法腐蚀有一个明显的缺点，即各项同性腐蚀。由于半导体制备工艺中沉积的各类薄膜一般是各项同性的（如无定形 SiO_2），湿法溶液进行腐蚀也是向各个方向同时进行的，而且速率基本一致，因此会存在侧向腐蚀的问题，如图 5-29（a）所示，这样腐蚀的结果并不是期望的垂直墙效果。因此，采用湿法进行极细线条的腐蚀时难度较大，该方法一般只适用于线宽大于 3μm 的线条。此外，湿法腐蚀液一般具有毒性和强腐蚀性，腐蚀后要立即进行清洗。

2. 干法刻蚀

随着集成电路特征尺寸的缩小，湿法腐蚀已经不能满足工艺要求，为了提高刻蚀的各项异性，开发出了干法刻蚀的方法。干法刻蚀具有分辨率高、优越的各向异性、不存在侧向腐蚀、均匀性好、重复性好等优点，已经成为 VLSI 中广泛采用的标准工艺。干法刻蚀的方法有很多，目前常用的有如下三种。

（1）溅射与离子束刻蚀（Sputtering and Ion Beam Etching）。

该方法是一种纯物理刻蚀的方法，通过高能的惰性气体离子束（如 Ar^+等）对被刻蚀材料进行轰击，使得被刻蚀材料原子被轰击飞溅出来，以达到刻蚀目的。由于离子主要是垂直入射的，因此这种刻蚀具有高度的各项异性。但是该方法的刻蚀选择性较差，在 VLSI 工艺中并不经常被采用。

（2）等离子体刻蚀（Plasma Etching）。

这是一种化学性刻蚀，是利用放电产生的游离基与材料发生化学反应（压强大于10Pa），形成挥发性产物，从而实现刻蚀的。对于不同的被刻蚀物质，需要采用不同的气体腐蚀剂形成活性游离基，如对多晶硅、氮化硅，常采用 CF_4 进行反应刻蚀；对金属铝，常采用氯化物进行反应刻蚀。

等离子体刻蚀的特点是选择性好、对衬底损伤小，但各项异性度较差。在 VLSI 工艺中，等离子体刻蚀主要用于去胶和要求不高的压焊点窗口腐蚀等，该方法不适用于细线条刻蚀。

（3）反应离子刻蚀（Reactive Ion Etch，RIE）。

反应离子刻蚀的方法同时利用了溅射和等离子体刻蚀的机制与优点，即通过活性离子对衬底进行物理轰击和化学反应的双重作用进行刻蚀。因此，RIE 兼具各项异性和选择性好的优点。目前，RIE 已经成为 VLSI 工艺中应用最为广泛的主流刻蚀技术。例如，在

CMOS 工艺中，多晶硅栅、接触孔、金属连线、SiN 遮挡层等均采用 RIE 方法进行刻蚀。

5.4.4　光刻胶

光刻胶是一种高分子有机化合物，由光敏化合物、树脂和有机溶剂组成。加入有机溶剂是为了使光刻胶有一定的黏度，便于在衬底表面均匀涂覆。光刻胶在受到特定波长光线的照射后，化学性质将发生变化。

光刻胶依据性质的不同，可分为两种，如图 5-30 所示。如果被曝光的区域在显影时被去除，称为正性光刻胶。反之，如果在显影时曝光过的胶被保留，未曝光的胶被去除，则称为负性光刻胶。

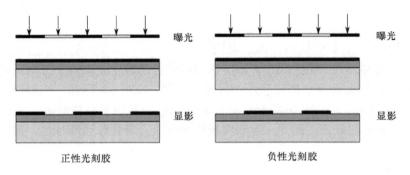

图 5-30　正性光刻胶和负性光刻胶

负性光刻胶的成本较低，因此，在早期的半导体制程中被广泛应用，但是其分辨率较差。随着集成电路的特征尺寸不断缩小，当特征尺寸缩小至 3μm 以下时，负性光刻胶已经不能满足光刻精度的需求。

正性光刻胶的成本相对较高，由于其在显影过程中不易吸收显影液而发生膨胀，因此能提供较高的分辨率，在特征尺寸小于 3μm 的工艺中，已经被广泛地采用。

5.4.5　曝光方式

在光学曝光中，根据掩模板位置的不同，曝光方式可分为接触式曝光、接近式曝光、投影式曝光等，本节将对这些曝光方式进行介绍。

1. 接触式曝光

如图 5-31（a）所示，该曝光方式是将涂有光刻胶的晶圆与掩模板直接接触，进而曝光。由于光刻胶与掩模板之间接触紧密，因此可以得到比较高的分辨率。该方法存在的主要问题是由于直接接触，晶圆上的很小灰尘可能会对掩模板造成损伤，此后所有利用该掩模板进行光刻的晶圆都会出现这个缺陷。因此，接触式曝光仅适用于小规模集成电路的小批量生产。

2. 接近式曝光

如图 5-31（b）所示，该方式与接触式曝光相近，只是在曝光时将晶圆与掩模板之间保留了很小间隙（约 10μm），间隙的存在可以大大减小对掩模板的损伤。但由于掩模板和光刻胶之间存在间隙，光线经过掩模板后会发生衍射，从而使得光刻的分辨率下降，因此，接近式曝光的分辨率较低，一般为 2～4μm。受分辨率的限制，接近式曝光只适用于特征尺寸较大器件的制备。

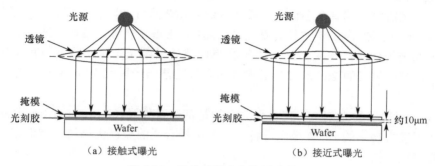

图 5-31　接触式曝光和接近式曝光

3. 投影式曝光

投影式曝光利用透镜或反射镜将掩模板上的图形投影到衬底上。由于掩模板与晶圆之间的距离较远，因此可以完全避免对掩模板的损伤。为了提高分辨率，在投影式曝光中每次仅曝光晶圆的一小部分，然后利用扫描或分步重复的方法完成对整个晶圆的曝光。

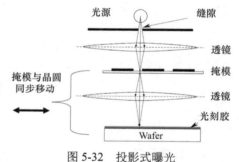

图 5-32　投影式曝光

投影式曝光如图 5-32 所示。曝光时，曝光光源通过缝隙和透镜，经掩模板后通过物镜照射到涂有光刻胶的晶圆上进行曝光。采用该种方式，掩模板上的图形通过光学投影的方法进行了缩小，并聚焦于光刻胶上，这样掩模板上的图像可以比实际尺寸大得多（通常掩模板尺寸与实际尺寸之比为 10:1），提高了对准精度，解决了制作微细掩模板图形的困难。其缺点是对环境要求特别高，也就是说微小的振动都会影响曝光精度，其内部光学系统也十分复杂，对物镜成像能力要求很高。

5.4.6　超细线条光刻技术

在上述的曝光系统中，光学分辨率主要由著名的瑞利（Rayleigh）公式决定

$$CD = k_1 \frac{\lambda}{NA}$$

式中，k_1 为一个表征光刻工艺难易程度的系数，取值为 0.25～1.0；λ 为光的波长，NA 为透镜的数值孔径。为了提高分辨率，可以通过减小 k_1 和 λ 或者增大 NA 的方法来实现，本节主要介绍减小 λ 和增大 NA 的方法。

1. 曝光光源

通过减小波长可以提高分辨率，但在光刻过程中，其他几个与光源有关的参数也是需要考虑的，如发光强度、频率带宽和相干性等。经过全面筛选，高压汞灯因其亮度高和拥有许多尖锐谱线而被广泛采用。不同的曝光波长可以通过不同波长的滤光片进行选择。对于高压汞灯，常用的波长是 436nm（g-line）、405nm（h-line）和 365nm（i-line），这三条谱

线也常被称为汞三线，如图 5-33 所示。对于 i-line 而言，如果采用步进式光刻机，分辨率最高可达 0.25μm。因此，如果想进行更小尺寸的光刻工艺，必须采用更短波长的光源。

准分子激光器由于拥有众多优点，被选为深亚微米尺寸的曝光光源。特别是 248nm 波长的氟化氪（KrF）和 193nm 波长的氟化氩（ArF）在曝光能量、带宽、波束形状、寿命和可靠性等方面表现优异，是应用最为广泛的两种准分子激光光源。通过与其他光刻辅助技术相结合，目前，先进的 28nm、22nm 和 14nm 等工艺仍均采用 193nm 波长的 ArF 作为曝光光源。

对于 10nm 以下的光刻，一直备受关注的是甚远紫外线（Extreme Ultraviolet，EUV）技术，然而制造大功率的 EUV 激光设备，以及选择合适的掩模板材料和制造相应的光学系统，都面临着重大挑战。

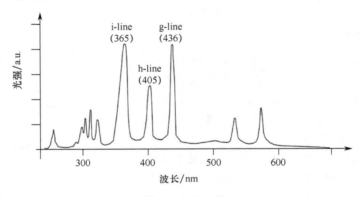

图 5-33　汞三线

2. 数值孔径

除减小曝光光源的波长外，提高分辨率的另一途径是通过扩大数值孔径来实现。数值孔径由以下公式决定

$$NA = n\sin\theta$$

式中，n 为像空间的折射率，θ 为物镜在像空间的最大半张角，如图 5-34 所示。

如果像空间的介质是空气或者真空，它的折射率接近 1.0，数值孔径就是 $\sin\theta$，物镜在像空间的张角越大，光学系统的分辨率就越大。当然在镜头和晶圆距离保持不变的情况下，数值孔径越大，意味着镜头的直径也就越大，而与之相应的镜头制造难度就越大。通常，最大能够实现的数值孔径由镜头技术的可制造性和制造成本决定。

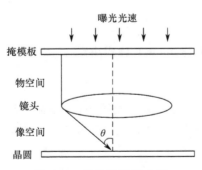

图 5-34　数值孔径示意图

镜头尺寸不可能无限加大，另外一种增大数值孔径的办法就是增大像空间的折射率，可以采用水或者油等折射率高的液体来填充像空间，如图 5-35 所示。例如，对于 193nm 波长的曝光光源，如果采用水来填充像空间，折射率会被提升到 1.44，相对于空气而言，分辨率提高了 40% 左右。由于该方法将曝光镜头浸没在液体中，因此这种光刻技术也被称为浸没式光刻（Immersion lithograph）技术。

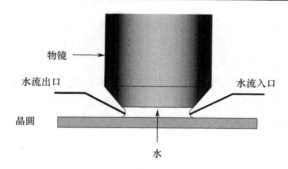

图 5-35　浸没式光刻示意图

5.5　掺杂

掺杂工艺（Doping）是指将杂质掺入半导体材料中并达到指定的浓度要求，以实现改变材料电学性质的目的，进而制造出各种半导体器件。通常掺入的杂质为Ⅲ族或者Ⅴ族元素，以获取 P 型或 N 型的半导体材料。

在集成电路制造工艺中，掺杂过程的实现主要通过两种方法：扩散（Diffusion）和离子注入（Ion Implantation）。自半导体技术发明以来，扩散长期在半导体制备工艺中广泛应用。但是随着超大规模集成电路的发展，器件尺寸不断缩小，对掺杂技术提出了更高的要求，扩散技术显得有些力不从心。在这种情况下，离子注入技术凭借其独特的优势而逐渐被广泛采用，本节将对上述两种方法做详细介绍。

5.5.1　扩散的基本原理

分子、原子存在热运动，任何物质都有一种从高浓度向低浓度处运动，并最终达到均匀分布的趋势，这就是扩散现象。对于简单的一维情况，若杂质分布不均匀，则由扩散运动形成的杂质扩散流 J_D 与浓度梯度成正比，数学表达式为

$$J_D = -D\frac{\partial C}{\partial x}$$

式中，C 为掺杂浓度，D 为杂质的扩散系数。显然，温度越高，扩散越快，因此，反映扩散快慢的扩散系数与温度之间存在如下关系

$$D = D_0 \exp(-E_0/kT)$$

式中，D_0、E_0 为常数，此式表明扩散系数会随着温度的变化而按指数变化。实际生产中，一般在 1000~1200℃高温下进行扩散，因为这时杂质扩散得很快。当达到所设定的扩散分布时，迅速将温度降低至室温，这时杂质的扩散系数变得很小，扩散运动基本可以忽略，相当于使高温下扩散形成的杂质分布被"冻结"而固定下来，这就是高温扩散掺杂的基本原理。

实际生产中扩散工艺的形式多种多样，但从扩散规律看，可以归纳为如下两种工艺模型：恒定表面源扩散和有限表面源扩散。下面以硅片为例对两种模型进行介绍。

（1）恒定表面源扩散：是指在较低温度下，杂质原子自源蒸汽转送到硅表面，在硅片表面淀积一层杂质原子，并扩散到硅体内。在整个扩散过程中，源蒸汽始终保持恒定的表面源浓度，这种扩散过程又称为预淀积。

（2）有限表面源扩散：是指在稍高温度下，将经过预淀积的硅片放入适当的反应环境中进行扩散。扩散过程中没有外来的扩散杂质补充，只有由预淀积在硅片表面的杂质总量向硅体内部扩散，这种过程又称为再分布。

通常情况下，实际的扩散会同时包含上述的两种扩散，采用两步式的扩散流程。第一步通过恒定表面源扩散实现杂质的预淀积，控制掺入的杂质总量。第二步通过有限表面源扩散，控制扩散深度和扩散浓度。

5.5.2 扩散的主要方法

实际生产中，扩散的方法也有很多，本节简要介绍三种方法。

1．液态源扩散

利用气体通过液态杂质源，携带着杂质蒸汽进入扩散炉中，杂质蒸汽在高温下分解，并与硅表面的硅原子发生反应，释放出杂质原子并向硅中扩散。下面以液态源的硼扩散过程为例进行介绍。

在液态源的硼扩散中，应用得最多的杂质源是硼酸三甲酯 $B(OCH_3)_3$，这是一种无色透明的液体，在室温下易挥发。硼酸三甲酯在较高的温度（500℃以上）下，能分解并析出三氧化二硼，而三氧化二硼在 900℃左右又能与硅片中的硅原子发生反应生成硼原子，并淀积于硅片表面。

扩散装置如图 5-36 所示，用 N_2 将硼酸三甲酯携带到扩散炉中的高温区，分解并析出硼原子并向硅中扩散。扩散进入硅片中的硼原子数量，与扩散时的炉温、扩散时间及进入扩散炉中的杂质源数量有关。因此，只要很好地控制这三个条件，就可以在硅片表面淀积一层符合要求的杂质。预淀积以后，在稀释的 HF 溶液中漂去表面的硼硅玻璃层，清洗干净后，送入氧化炉中进行再分布，就可以使结深和掺杂浓度重新分布，达到预期的要求。

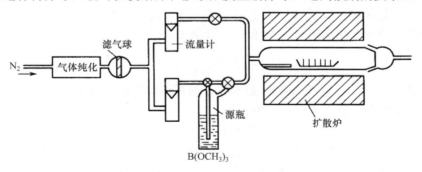

图 5-36　液态源扩散（硼）的扩散装置

2．固态源扩散

固态源扩散的扩散装置如图 5-37 所示。杂质源和硅晶圆相隔一定距离放在石英管内，其中杂质放在铂源舟中，硅晶圆放在石英支架上，通过保护性气体将杂质源蒸汽运输到硅晶圆表面。在高温下，杂质化合物会与硅发生反应，生成单质的杂质原子并扩散进入硅中。

有时也将杂质源制作成片状，其尺寸与硅片相等或略大，片状的杂质源与硅片交替均匀地放在石英舟上。在高温下，包围在硅片周围的杂质源蒸汽与硅发生反应释放出杂质并扩散进入硅片内。

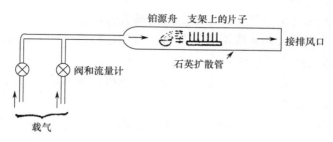

图 5-37　固态源扩散（硼）的扩散装置

3．固-固扩散

固-固扩散方法是首先在硅片表面用化学气相淀积等方法生长一层薄膜，在该薄膜的生长过程中掺入一定杂质，然后在高温下，以这些杂质作为扩散源向硅片内扩散。这种扩散方法可获得较好的均匀性和重复性，同时掺杂浓度也可以得到很好的控制。对于表面掺杂浓度要求特别高的工艺，通常会采用这种扩散方法。在该方法中掺杂的薄膜可以是氧化物、氮化物或多晶硅等，其中以掺杂氧化物工艺最为成熟。集成电路大规模生产中磷、硼、砷等杂质都可以用这种方法扩散进入硅中。

5.5.3　离子注入技术

"离子"是指"等离子体"，是由部分电子被剥夺后的原子及原子团被电离后产生的正、负离子组成的离子化气体状物质，常采用等离子体发生器来产生。当离子带电荷时，可以用强大的电场来进行加速，同时也可以借助磁场来改变离子的运动方向。当经加速后的离子碰撞一个固体靶面时，离子与靶面的原子将经历各种不同的交互作用，如果离子质量适合，则大多数离子将进入固体内部。在具有高能量的离子注入固体靶面以后，这些高能粒子将与固体靶面的原子及电子进行多次碰撞，这些碰撞将逐步削弱离子的能量，最后由于能量消失而停止运动，形成一定的杂质分布。

离子注入技术自 20 世纪 60 年代开始发展并逐步在半导体制造中被广泛应用，该技术极大地推动了集成电路生产进入大规模及超大规模的时代。离子注入技术的优点明显，如加工温度低、易做浅结、大面积杂质注入仍能保证较好的均匀性，掺杂种类广泛，并且易于自动化等。离子注入技术的特点可归纳为以下几点。

（1）注入的离子来自专门的分析器，纯度很高、能量单一，从而保证了掺杂纯度不受杂质源纯度的影响。另外，注入是在清洁、干燥的真空条件下完成的，这样可以大大减少各种杂质的沾污。

（2）注入剂量在 $10^{11} \sim 10^{17}/cm^2$ 的较宽范围内，同一平面的杂质均匀度可以保证在±1%范围内。相比之下，高浓度扩散在同一平面内的杂质均匀度最好只能控制在 5%～10%的水平，至于低浓度扩散时，均匀性就更差了。实践证明，同一平面上的电学性能与掺杂均匀性有着密切的关系，离子注入这一优点使得超大规模集成电路得以迅速发展。

（3）离子注入时，衬底保持在室温或 40℃以下，因此，像 SiO_2、氮化硅、铝和光刻胶都可以作为选择注入的掩蔽物，对半导体器件的自对准提供了更大的灵活性，这是热扩散无法达到的。

（4）离子注入的深度是随离子能量的增大而增大的，因此，可以通过控制离子的能量和剂量，以及采用多次注入相同或不同的杂质，得到各种形式的杂质分布。对于突变的杂质分布，采用离子注入技术是很理想的。

（5）离子注入是一个非平衡的过程，不受杂质在衬底中溶解度的限制，原则上各种元素都可以掺杂，掺杂更加灵活、范围更加广泛。

（6）离子注入的杂质是按掩模的图形近似垂直入射的，对于这样的掺杂方法，横向效应比热扩散大大减少。

（7）化合物半导体是两种或多种元素混合而成的，在高温时，这些混合物的组分会发生变化，而采用离子注入技术，能够较容易实现化合物半导体的掺杂。

5.5.4　离子注入设备

实现离子注入的主要设备是离子注入机，其结构如图 5-38 所示。离子注入机是一个体积庞大而且构造复杂的半导体工艺设备，其主要的部件有：用以产生离子的离子源，用以分离杂质离子的质谱分析器，用以加速离子运动的加速器，聚焦离子束的聚焦器，离子束对硅片注入的扫描装置，气体供应设备及真空系统等一系列外围设备。

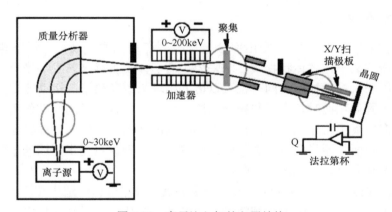

图 5-38　离子注入机的主要结构

1. 离子源

离子源的作用是使含有掺入杂质元素的化合物或单质在气体放电作用下产生电离，形成所需注入杂质元素的正离子，然后用负高压把正离子吸出来，并用聚焦系统聚成离子束后射向离子分离器。

以硼注入为例，常用 BF_3 作为掺杂的气体源，经过离子发生器，BF_3 分子会离化分解，形成多种离子，表 5-2 所示为 BF_3 分子离化后可能产生的离子种类。

表 5-2　BF_3 分子离化后可能产生的离子种类

离子种类	原子或分子质量
^{10}B	10
^{11}B	11
^{10}BF	29
^{11}BF	30
F_2	38
$^{10}BF_2$	48
$^{11}BF_2$	49

2. 质量分析器

气体分子经过离化碰撞后，通常会产生许多离子。而进行离子注入时，只需要其中一种离子，因此就需要对这些离子进行筛选，质量分析器就用来完成上述筛选工作。如图 5-39 所示，它的工作原理是利用不同荷质比的离子在磁场下运动轨迹的不同将离子进行分离，并选出所需的杂质离子。只有被选中的离子束才可以通过孔隙，进入下一步流程。

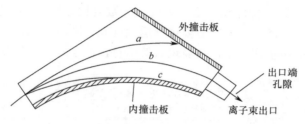

图 5-39　质量分析器的基本工作原理

3．加速器

经过质量分析器出来的离子束还要经过加速运动，才能打到硅片内部去。如图 5-40 所示，加速器由几组串联的加速电极组成，其功能是将离子束在其内部加速到所需要的速度。带正电的离子进入加速器后，会立刻沿着加速器的方向进行加速。加速电压决定了离子的最终速度，电压越大，动量越大，速度越快，离子注入的深度也越深。对于低能离子注入机，电压范围为 5～10keV；对于高能离子注入机，电压范围为 0.2～2.5MeV。

4．聚焦和扫描系统

离子束是一条线状的高速粒子流，如果直接打在硅片上只会形成一个点注入。为了使整个硅片都能够被均匀注入，还必须有一个扫描装置。目前，这种扫描装置有电子式和机械式两种。

电子式扫描是离子束经过两组平行板，改变施加在电极板上的电压大小，使通过平行板的离子束运动方向发生偏移。这两组电压分别对离子束的上下及左右偏移进行控制，从而实现对静置硅片的整片扫描注入，如图 5-41 所示。

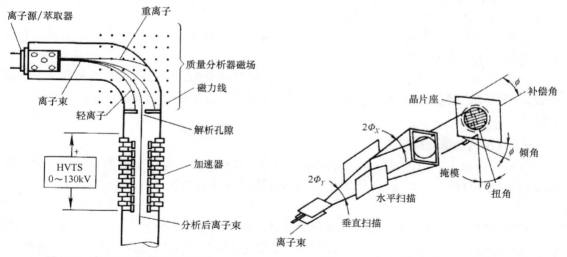

图 5-40　加速器的基本工作原理　　　　　图 5-41　电子式扫描的基本原理

5.5.5　离子注入后的退火过程

注入衬底中的高能离子不断地与衬底中的原子核及核外电子发生碰撞，可能使靶原子离开原有晶格中的位置，造成晶格损伤，从而使得硅中载流子的寿命和迁移率等参数受到影响。当剂量很高时，即单位面积衬底注入的离子数目很多时，甚至会使单晶硅严重损伤而成为无定形硅。因此，离子注入以后要进行退火处理。图 5-42 显示了离子注入后，大量晶格原子偏离原位，晶格损伤严重，随着退火的进行，原子逐渐恢复到了原位。

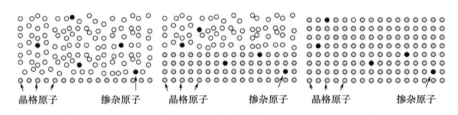

晶格原子　　　掺杂原子　　　晶格原子　　　掺杂原子　　　晶格原子　　　掺杂原子

退火时间

图 5-42　离子注入后的退火过程

5.6　金属化

在集成电路工艺流程中，在完成 MOS 管的制备后，需要进一步将众多的 MOS 管实现电气互连，并最终引出 I/O 焊盘，这些都是通过金属化工艺来实现的。

5.6.1　金属材料

1．金属化互连的材料要求

一种比较理想的金属化互连材料应具有以下几个特点。

（1）导电性能好，引起的损耗小。

（2）与半导体之间有良好的接触特性。

（3）性能稳定。要求金属工艺完成后，金属化材料不与硅发生化学反应，金属化的特性不受外界环境条件的影响。

（4）台阶覆盖能力好。由于生产中多次进行氧化和光刻，使晶圆表面不是完全平整的平面，特别是在接触窗口处，氧化层出现较大的台阶，金属应该能覆盖住晶圆表面的所有台阶。

2．常用的金属化材料

在所有金属中，可以说没有一种能完美满足上述要求的，每种材料都有相应的优缺点和应用领域。目前，在集成电路生产中，主要采用以下几种金属材料。

1）铝

铝能够满足上述的大部分要求，其与 P 型硅及掺杂浓度大于 $5\times10^{19}/\text{cm}^3$ 的 N 型硅都能形成低欧姆接触。在较早的工艺中，一般都采用铝作为金属互连材料，但其也存在如下问题。

（1）电迁移现象。金属化的铝是一种多晶结构，当有电流通过时，铝原子会受到运动的导电电子的冲击作用，从而沿晶粒边界向高电位端发生迁移，结果金属连线中高电位处会出现金属原子的堆积，形成小丘，很容易导致相邻金属线短路，而低电位端则出现金属原子短缺，形成孔洞甚至开路。当电流密度大于 10^5A/cm^2、温度高于 150℃时，铝的电迁移现象较为明显，影响其使用的可靠性。

（2）铝硅互溶问题。硅在铝中有一定的固溶度，随着接触孔处硅向铝中的溶解，会在硅中形成深腐蚀坑，同时铝也会向硅内部渗透，某些位置会渗透得较深。这种渗透、互溶现象会造成器件的短路等问题。

2）铝-铜合金

针对铝的电迁移问题，研究发现，在铝中掺入少量的铜形成铝-铜合金后，其抗电迁移能力会有显著提升。其原理是铜扮演了类似粘结剂的作用，将金属铝中的晶粒更紧密地粘结在一起，可以有效抵御电子的冲击。根据工艺和需求的不同，铜的掺杂比例通常为 0.5%～4%。过高的铜掺杂虽然可以使铝的电阻及抗电迁移特性更好，但是由于金属铜难于刻蚀，因此加工难度更大。

3）铜

随着超大规模集成电路的集成度的增大，电路内部因布线引起的延迟将更加严重。除需要采用低介电常数的介质作为绝缘层外，另一项重要技术是采用电阻率更低的铜替代传统的铝作为布线材料，以减小互连线上的电阻。此外，在抗电迁移特性方面，铜也明显优于铝。在早期的 IC 工艺中之所以不采用铜，是因为铜加工过程中的刻蚀问题很难解决。20世纪 90 年代，随着镶嵌技术的成熟，成功回避了铜的刻蚀问题，铜已经成为目前超大规模集成电路中广泛采用的布线材料。

4）重掺杂多晶硅

20 世纪 70 年代初，在 MOS 集成电路中，开始用重掺杂多晶硅薄膜代替金属铝作为MOS 器件的栅极材料并同时形成互连，与铝金属层一起形成一种"双层"布线结构，给大规模 MOS 集成电路的设计提供了更大的灵活性，并有利于电路特性的提高。多晶硅生长主要采用低压化学气相沉积的方法。

5）难熔金属硅化物

由于多晶硅的电阻率较高，因此当集成电路中的线条宽度降至 1μm 以下时，多晶硅互连线已经成为限制集成电路速度提升的主要障碍，为此出现了难熔金属硅化物/多晶硅复合栅的互连技术。该技术通过在多晶硅上采用蒸发、溅射或化学气相淀积的方法沉积难熔金属，加热形成硅化物，从而减小多晶硅的电阻。这种互连技术的工艺与现有硅栅工艺相兼容，已被广泛地用于超大规模集成电路中。

5.6.2　金属的淀积工艺

金属的淀积主要包括真空蒸发、溅射和化学气相淀积三种方法。

1. 真空蒸发（Vacuum Evaporation）

该方法是在高真空环境中，为金属原子提供足够大的能量，使其脱离金属表面的束缚而成为蒸气原子，在其蒸发运行途中遇到衬底并沉积在衬底表面形成金属膜。根据提供能量方式的不同，真空蒸发又可分为热蒸发和电子束蒸发两种。

（1）热蒸发。

在钨丝上挂着金属材料，当大电流流过钨丝时会产生欧姆热，使得金属材料熔化蒸发。采用蒸发沉积的材料一般具有较低的熔/沸点，如对于铝来说，其熔点为 660℃，沸点为 2519℃，在低气压情况下很容易被加热蒸发。由于钨丝中存在钠、钾等杂质，采用热蒸发的方法会对半导体表面状态产生重大影响，而且热蒸发的方法很难沉积高熔点金属或合金薄膜，因此，在目前的超大规模集成电路工艺中，该方法已经很少使用。

（2）电子束蒸发。

该方法通过加热灯丝使之产生电子束，并使电子束通过电磁场，其中电场使电子束加速获得能量，而磁场控制其运动方向，使其准确地打到蒸发源材料的表面上。高速电子与蒸发源表面碰撞时释放出能量，使蒸发源材料熔融蒸发，其结构如图 5-43 所示。整个工艺需要在真空中进行，一般要求真空度小于 10^{-6} 托（Torr）。此方法的主要优点是沉积的金属薄膜的纯度高，污染少。

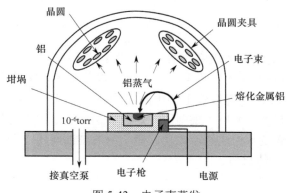

图 5-43　电子束蒸发

2. 溅射（Sputtering）

溅射是以物理方法来进行薄膜沉积的一种技术，原理结构如图 5-44 所示。其主要利用等离子体中的离子，对被沉积材料的电极（靶材）进行轰击，使得靶材中的原子逸出，成为带电粒子并进入等离子体，这些粒子沉积到晶圆上就形成了薄膜。溅射是超大规模集成电路中广泛采用的一种技术，其经常被用来沉积铝、钛等金属，在某些场合，硅、SiO_2 及高熔点的硅化物也可以采用该方法进行制备。

溅射和上述所讲的真空蒸发都属于用物理方法进行薄膜淀积，故也称为物理气相淀积技术（Physical Vapor Deposition，PVD）。

3. 化学气相淀积（Chemical Vapor Deposition，CVD）

金属的化学气相淀积的优点是坡度覆盖和空隙填充能力强，因而常用该工艺制备不同金属层之间的接触孔结构。接触孔的填充材料通常为钨、钨的硅化物或氮化钛等。金属CVD 系统原理结构示意图如图 5-45 所示，其中 RF 电源用于产生等离子体并以干法清洗整个反应腔体，反应气体通入反应腔体后进行化学反应生成所需淀积的材料，并淀积在晶圆上，反应产生的废气经过排气泵被抽出去。

下面以钨塞的制备工艺简要说明 CVD 的过程，目前业界制备钨塞的淀积工艺主要分为两步。

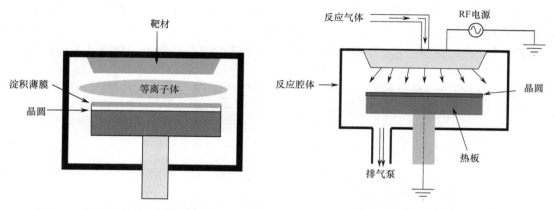

图 5-44 溅射系统原理结构示意图　　　　图 5-45 金属 CVD 系统原理结构示意图

（1）淀积钨种子层。

该步骤也称为成核过程，主要采用 WF_6 和 SiH_4 反应，在粘附层和钝化层表面淀积一层很薄的钨种子层，为之后的沉积打下基础。反应方程式如下

$$2WF_6 + 3SiH_4 \longrightarrow 2W + 3SiF_4 + 6H_2$$

（2）钨薄膜淀积。

在钨种子层的基础上进行厚钨薄膜淀积，采用 WF_6 和 H_2 发生反应，反应方程式如下

$$WF_6 + 3H_2 \longrightarrow W + 6HF$$

反应之后的结构如图 5-46 所示。

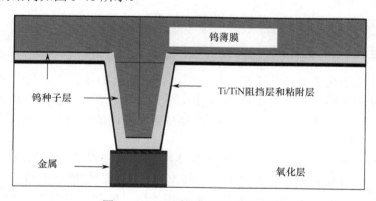

图 5-46 CVD 钨种子层和钨薄膜

5.6.3 大马士革工艺

铜在硅中常以间隙杂质的方式存在，因而在硅中的扩散速度非常快。为了使铜互连工艺走向实用化，必须设法防止铜扩散到周围的硅中。此外，在铜的刻蚀工艺中需要含氯的溶液，而氯很容易在半导体材料中扩散，进而严重影响半导体器件的性能。虽然铜有着良好的电学特性，但正是因为上述问题不能得到很好的解决，所以铜在集成电路工艺中应用得较晚。

随着半导体工艺的发展，后来提出了大马士革（Damascene）工艺来进行铜的加工，从而解决了铜的刻蚀及扩散等问题。大马士革工艺这个名称源于该工艺类似于古代大马士革地区手工匠人使用的镶嵌工艺。铜互连中的大马士革工艺如图 5-47 所示，包括以下几个步骤。

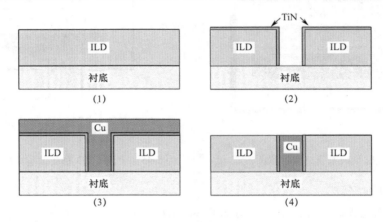

图 5-47　铜互连中的大马士革工艺

（1）在衬底表面沉积一层绝缘介质，这层介质层可以使得层间的铜连线相互绝缘，故称为层间介质（Inter-Layer Dielectric，ILD）。

（2）在介质层上刻蚀形成沟槽，这些沟槽就是之后形成铜互连线的区域。在沟槽的底部和侧面预沉积 TiN 或 TaN 材料，其作用是防止铜在 Si 和 SiO_2 中扩散。

（3）利用电镀或者化学气相淀积的方法进行铜的沉积。

（4）利用化学机械抛光对多余的铜进行去除，仅保留 ILD 沟槽中的铜。

最终，在 ILD 沟槽中留下来的铜就构成了铜互连线。

5.6.4　金属硅化物及复合栅

多晶硅常被用作集成电路的栅极，然而即使是重掺杂的多晶硅，其电阻率也较大。随着集成电路尺寸的不断缩小，多晶硅栅极引入的电阻不断增大，会产生较大的功耗和 RC 延时，多晶硅的寄生电阻问题成了限制 MOS 集成电路速度的一个重要因素。因此，需要寻找多晶硅的替代材料。

在完成栅极之后，晶圆还要经历若干其他高温退火过程以完成其他工艺的制备。因此，替代多晶硅的材料必须具有电阻率小、高温稳定性好、与集成电路工艺兼容等特点。对于金属铝而言，其熔点（660℃）太低，钨、钼的熔点虽高，却与硅栅刻蚀工艺不兼容。经过大量的研究发现，难熔金属硅化物是比较理想的替代材料，目前常用的硅化物材料有 $TiSi_2$、WSi_2、$CoSi_2$ 等。多晶硅栅和互连线的方块电阻约为 20Ω/□，而多晶硅/硅化物的复合栅和互连线的方块电阻仅为 1～5Ω/□，大大提高了电路的速度并减小了功耗。

下面以 $CoSi_2$ 为例介绍多晶硅/硅化物的制备流程。$CoSi_2$ 被广泛用于 180nm 和 90nm 的工艺节点，采用自对准方法进行制备，工艺流程如图 5-48 所示。在形成多晶硅栅及源/漏极注入完毕，并且刻蚀出侧壁隔离氧化物之后，在栅极和源/漏极表面沉积一层金属 Co 薄膜，之后在高温下进行退火，Co 会与 Si 发生反应生成金属硅化物 $CoSi_2$，然后采用湿法腐蚀的方法将残留的金属 Co 去除，并再进行一次退火，即完成多晶硅/硅化物复合栅极的结构。

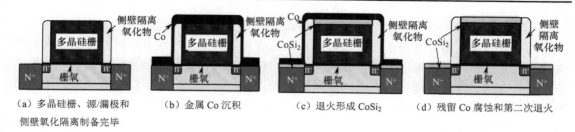

（a）多晶硅栅、源/漏极和　　　（b）金属 Co 沉积　　　　（c）退火形成 CoSi$_2$　　　（d）残留 Co 腐蚀和第二次退火
侧壁氧化隔离制备完毕

图 5-48　自对准 CoSi$_2$ 制备流程

5.6.5　多层互连结构

随着集成电路复杂度的增大，金属互连线的布线也越来越复杂，采用单层布线很难实现电路要求的全部互连关系，而且布线占用的面积也越来越大。为此，在 IC 中也采用多层布线技术，即首先形成一层金属化互连线，然后在其上生长一层绝缘层，并在该绝缘层上开出接触孔后形成第二层金属化互连线，以此类推，进行更多层的金属互连线制备。目前，超大规模集成电路中已经有采用 8 层甚至更多的情况。图 5-49 是采用扫描电子显微镜（Scanning Electron Microscope，SEM）得到的具有 7 层铜互连结构的芯片剖面 SEM 照片，晶体管尺寸极小，只占据下方很小的一部分，芯片内的大部分被金属布线所占据，而且布线层数越大，金属线的尺寸也越大。

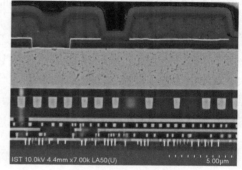

图 5-49　7 层铜互连结构的芯片剖面 SEM 照片

5.7　集成电路封装

经过前面几道工艺加工之后，在一个晶圆上已经形成了半导体器件或集成电路芯片，其数量为几千甚至数万个。此时的晶圆还须经过背面减薄、划片、封装、测试等一系列后工序，才能形成最终的芯片产品。

5.7.1　减薄与划片

1．背面减薄和蒸金

经过金属化之后，晶圆表面的器件及互连结构已经制备完毕。之后，通常会在背面对晶圆进行研磨减薄，以减小整个晶圆的厚度。减薄的目的主要有如下几个。

（1）在前工序中，晶圆背面也会被掺杂不同类型的杂质，这些杂质滞留在芯片背面，很有可能起到复合中心的作用，因此应该去除这些不必要的杂质。

（2）在前工序中，晶圆不宜过薄，否则很容易碎片；然而加工结束之后，晶圆的厚度较大又不利于后期的加工，需要进行减薄。

（3）减小串联电阻，有利于散热。

圆片背面减薄是单面研磨，具体操作与 5.2.4 节中所述的研磨、抛光工艺类同。

2．划片

划片就是将晶圆上的每个芯片切割下来。目前常用的划片方法有机械划片和激光划片两种。划片虽然工艺简单，但是，随着集成度的越来越高、线条的越来越细，初期使用的机械划片方法已经不再适用。目前大多采用激光划片，仅在一些简单的半导体器件中仍采用机械划片。

（1）机械划片。

机械划片是用金刚刀在硅片表面划出网格状刀痕，然后让芯片沿着刀痕而碎裂。金刚刀是在合金刀具的刃部镶上金刚石而制成的，由于金刚石的硬度远大于硅，因此可以用它来切割硅片。

由于半导体材料具有各向异性的特性，因此在划片时，要沿特定的晶向进行，一旦划片偏离此晶向，硅片就会沿着自己的解理面而裂开，不能获得完整的芯片。因此，对于机械划片要调整好晶向，不能随意划片，而激光划片则不受限定。

（2）激光划片。

激光划片是用高能量的激光束，在晶圆背面（沿着划片槽）整整齐齐地打出小孔连成一条完整的连续线，然后施加外部作用让晶圆裂成芯片。由于激光束尺寸可以很小，因此大大减少或减轻了划片的损伤区，而且作用时间很短，不至于影响器件的性能，这对提高器件的可靠性非常有好处。但由于是从背面进行打点的，因此要与芯片表面的划片槽严格对准，通常要用红外显微镜来对准。

（3）镜检。

在划片之后，要对划下的芯片进行镜检。所谓镜检，就是利用显微镜（约 400 倍）对单个芯片进行 100%的目视检查，剔除不合格的芯片，确保下道工序之前的合格率和提高器件的可靠性。

5.7.2　IC 封装概述

从工艺角度，狭义的封装是指利用薄膜技术及微细连接技术，将半导体元器件及其他构成要素在框架和基板上布置、固定及连接，引出接线端子，并通过可塑性绝缘介质灌封固定，构成整体结构的工艺。从实际工程角度，封装是指从硅晶圆切分好的一个个芯片入手，进行装片、固定、键合连接、包封、引出接线端子和打标检查等工序，完成作为器件、部件的封装体，以确保元器件的可靠性，并便于与外电路相连。

从 IC 裸芯片开始经历一系列的工艺步骤以完成整个系统的制作。这些不同的工艺步骤也被称为封装层级，一个电子系统通常可分为五个封装层级，如图 5-50 所示。

零级封装是指芯片中的晶体管、电阻、电容等器件之间的互连及钝化层制作，即前面讲的所有半导体工艺，芯片在这个层级上常被称为裸芯片。

一级封装是指封装体内的裸芯片与基板或封装体的互连。

二级封装是指将多个集成电路及相应的无源器件组装到印制电路板（PCB，Printed Circuit Board）上。

三级封装是指将多个 PCB 相互连接或者与其他主板进行互连以形成子组装板，如计算机的主板等。

四级封装是指在子组装板的基础上添加其他组件，以形成一个完整的电子系统，如便携式计算机、手机、平板电脑等。

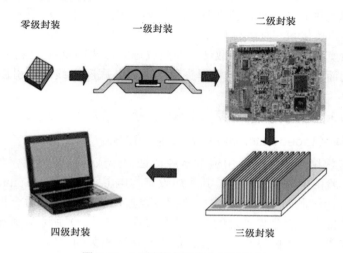

图 5-50　IC 封装中的多个封装层级

本章主要介绍一级封装和二级封装。

5.7.3　一级封装

一级封装主要有引线键合、载带自动焊和倒装焊三种形式。

1. 引线键合（Wire Bonding，WB）

引线键合是最早的一级封装技术，是采用加热、加压或超声等方法，用直径为几十到几百微米的金属引线将芯片的 I/O 端口与对应的封装引脚进行焊接的过程。焊接方式大致可分为球焊与楔焊两种，常采用的键合引线有金线、铝线、硅-铝合金或铜线。采用引线键合方法实现的封装的互连密度较低，引线引入的寄生参数也较大，但是其成本低、互连可靠性高，故目前仍广泛应用于各类器件的封装中。

下面以金丝球焊为例，介绍引线键合的工艺过程。金丝球焊是采用加热加压加超声的方法实现引线焊接，如图 5-51 所示，主要工艺过程如下。

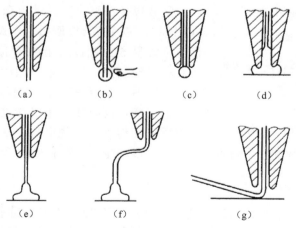

图 5-51　金丝球焊的工艺过程

（1）用高压电火花将金属丝的端部熔成球。

（2）将金属球压到芯片表面的焊盘区上，同时加热、加压、加超声，使接触面产生塑性形变并破坏界面的氧化膜，使其活性化。

（3）通过接触使两种金属进行扩散结合而完成球焊，即形成第一焊点。

（4）通过精细而复杂的三维控制将焊头移动至封装底座引线的内引出端或基板上的焊接区。

（5）加热、加压、加超声，进行第二个点的焊接，完成金丝球焊。

2．载带自动焊（Taped Automated Bonding，TAB）

载带是指在带状绝缘膜上制备由覆铜箔经刻蚀而形成的引线框架，如图 5-52（a）所示。带状绝缘膜一般由聚酰亚胺制成，其两边设有与电影胶片规格（16mm×35mm）相统一的送带孔。因此，绝缘胶带的送进、定位等都可以自动进行，特别适合批量生产，这是载带自动焊最显著的特点。载带自动焊的工艺流程如图 5-52（b）所示，载带在特定的传动系统上传动，依次完成与芯片的键合、点胶、烘烤硬化及相关的测试。

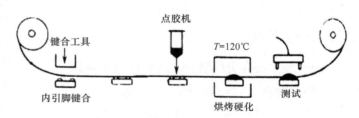

（a）载带实物图　　　　　　　　　　（b）载带自动焊的工艺流程

图 5-52　载带实物图和载带自动焊的工艺流程

3．倒装焊（Flip Chip，FC）

随着集成电路的发展，芯片的引脚数目不断增大、引脚节距不断减小，同时集成电路工作速度的提升也要求封装引入的寄生参数尽可能小，而传统的引线键合、载带自动焊已经很难满足上述需求，因此，倒装焊应运而生。

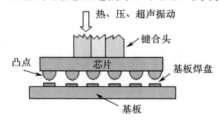

图 5-53　倒装焊结构示意图

倒装焊是在整个芯片的有源面按栅阵列形状布置 I/O 端口，芯片直接以倒扣的方式焊接到布线基板的焊盘上，如图 5-53 所示。倒扣焊接过程中常会采用键合头对芯片施加热、压、超声振动等，以使得焊接更加迅速、牢固。倒装焊在 I/O 端口较多的芯片封装上有很大的优势，同时相对于引线键合与载带自动焊，倒装焊可以使得互连路径缩短，从而使封装引入的电学寄生参数减小。倒装焊的技术特点是小尺寸、多功能、高性能等。

5.7.4　二级封装

二级封装也称板级封装或模组组装。在 20 世纪 70 年代前，通孔插装（Through Hole Technology，THT）是二级封装的主要形式。这种方法是在 PCB 上形成插装孔，将封装器件插入后用波峰焊进行焊接固定。通孔插装适用于长引脚的插入式封装元件，安装时将元件安置在印制电路板的一面，而将元件的引脚焊在另一面，如图 5-54（a）所示。该封装形式对 PCB 的面积利用率较小，不利于高密度集成。

　　自 20 世纪 80 年代以来，表面贴装技术（Surface Mount Technology，SMT）迅速发展并被广泛应用。如图 5-54（b）所示，采用该技术无须在印制电路板上钻孔，只需将表面贴装元器件贴、焊到印制电路板表面的指定位置即可。因此，该技术的自动化程度更高，而且可以有效地利用电路板正、反两面的空间，从而提高集成度。

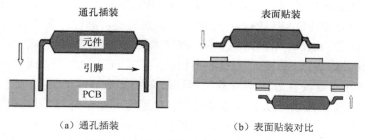

（a）通孔插装　　　　　　　　　　（b）表面贴装对比

图 5-54　通孔插装和表面贴装对比

5.7.5　先进封装技术介绍

　　微电子技术的发展方向是小型化、轻型化、高密度、多功能和低成本。对于封装技术而言，其有三大发展趋势：

　　（1）高密度器件封装尺寸不断缩小，并趋于裸芯片的尺寸。

　　（2）一级封装、二级封装合并为一，可将裸芯片直接倒装在 PCB 上。

　　（3）封装的集成化，即将多个芯片封装在一个模块内，集成可以沿平面方向或沿高度方向进行。

　　近年来，国际封装研究的前沿热点技术包括芯片尺寸封装、晶圆级封装、三维封装、2.5D 转接板封装、基板内埋置有源/无源元件、系统级封装、POP 堆叠封装、高功率/高频率组件封装等。下面将针对其中的若干技术进行简要介绍。

1. 圆片级芯片尺寸封装（Wafer Level Chip Scale Package，WLCSP）

　　前面讨论的器件封装都先对晶圆进行减薄、划片，之后对各芯片逐个进行封装而形成器件。而 WLCSP 技术则在晶圆上同时封装所有芯片，封装之后再进行划片，而且划完之后的单个芯片可以直接与 PCB 进行焊接使用，如图 5-55 所示。这样大大提高了封装效率，同时有效减小了封装尺寸，使得封装后的芯片尺寸与裸芯片保持同样。此外 WLCSP 还能提供优异的电学性能和较低的封装成本。由于具有众多优点，因此目前 WLCSP 技术已经被广泛地应用于模拟、逻辑、存储、光学 IC、MEMS 等芯片的封装上。

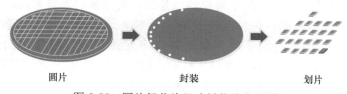

　　圆片　　　　　　　　　　封装　　　　　　　　　　划片

图 5-55　圆片级芯片尺寸封装的流程图

按照结构与制作工艺的不同，WLCSP 技术可大致分为两大类：扇入型 WLCSP（Fan-in WLCSP）和扇出型 WLCSP（Fan-out WLCSP），图 5-56 所示为二者的结构及引脚示意图。Fan-in WLCSP 的特征是引脚仅局限在芯片的尺寸轮廓之内。在最早的芯片中，为适应引线键合的需要，所有焊盘均分布在芯片四周。当采用 WLCSP 封装时，需要将所有焊盘进行重新排布，扇入到芯片整个表面形成面阵列结构，之后在面阵列的焊盘上进行互连凸点的制备，因而该技术被称为 Fan-in WLCSP。由于芯片面积较小，为了保证倒装后凸点的可靠性、方便 PCB 的布线设计，凸点的尺寸必须满足一定要求，因此在 Fan-in WLCSP 技术中，芯片上可制作的凸点数目受到很大限制，这也使得 Fan-in WLCSP 技术仅适用于 I/O 端口较少的芯片。后来为了适应更多 I/O 端口的芯片结构、提高封装的可靠性，在 Fan-in WLCSP 技术的基础上衍生并发展了 Fan-out WLCSP 技术，该技术实际是对芯片封装尺寸的一种折中。从图中可以看出，Fan-out WLCSP 的引脚排布不仅仅局限在硅芯片之下，而且向外扇出扩大了布线面积。通过该方法可较容易地实现复杂焊球阵列的排布、增大焊球尺寸及焊球之间的节距。同时，采用该种工艺也可以很容易将电容、电感等无源器件与芯片封装集成在一起。因为 Fan-out WLCSP 的整个加工制作过程是在重构的有机介质晶圆上进行的，故仍将其归类为 WLCSP 技术。该技术可适用于引脚数目较多器件的封装，但相应的工艺难度较大。

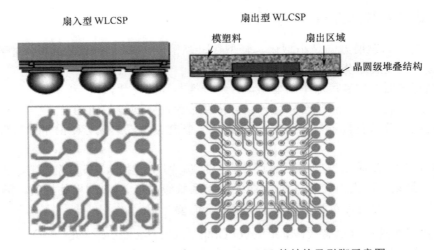

图 5-56　Fan-in WLCSP 和 Fan-out WLCSP 的结构及引脚示意图

2. 三维封装（3-Dimensional Packaging）

三维封装是将裸芯片、封装器件或模块沿垂直方向堆叠在一起的，通过这种方式，整个封装在小型化、高密度方面可取得极大的改进。同时，由于垂直方向上的互连长度缩短，可明显减小连线电阻、寄生电容和电感，因此整个系统性能也得到了大幅提高。

三维封装有多种实现形式，其中最原始的是在各类基板内埋置电阻、电容或者小型 IC 元器件，在最上层再贴装芯片来实现三维立体封装，这种结构称为埋置型三维封装。目前，三维封装技术已经发展得非常复杂，其中研究最多、发展最快的是基于穿硅通孔（Through Silicon Vias，TSV）的三维封装技术。如图 5-57 所示，通过在芯片内加工制备出 TSV 通孔，可以直接实现裸芯片的三维垂直堆叠，集成度非常高。

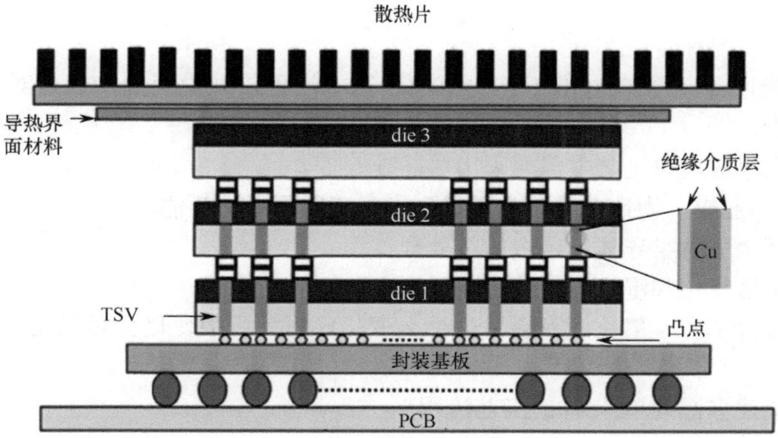

散热片

导热界
面材料

绝缘介质层

die 3

die 2

Cu

TSV

die 1

凸点

封装基板

PCB

图 5-57　三维封装

3. 系统级封装

实现电子整机系统的高密度集成，通常有两条技术路线：一是片上系统（System on Chip，SoC），其是在单个芯片上实现电子整机系统的功能；二是系统级封装技术（System in Package，SiP），该技术是通过封装来实现整机系统的功能的。这两条技术路线各有优缺点，目前有各自的应用市场，在技术上和应用上都是相互补充的关系。SoC 主要应用于研发周期较长的高性能产品上，而 SiP 主要用于周期较短的消费类产品中。

SiP 是使用成熟的封装和互连技术，把各种集成电路（如 CMOS 逻辑电路、存储器、GaAs 高频高速电路或者光电子器件、MEMS 器件及其他无源器件）集成到一个封装体内，实现整机系统的功能。该技术的主要优点是：采用现有商用元器件，制造成本低，研发周期短，设计和工艺具有很大的灵活性。近年来具有代表性的产品是 Apple watch 中采用的 S1 芯片，如图 5-58 所示，在该 SiP 系统内部集成了智能手表所需的各类处理器、存储器、传感器及通信模块，集成度非常高。在整机产品设计时，只需将该 S1 芯片与电池、显示屏等若干少数部件互连组装，即可构成一个完整的产品。

图 5-58　Apple watch 中的 S1 芯片

习 题 5

1. 简要描述源/漏极自对准工艺的原理和基本流程，并说明为什么自对准工艺得到广泛应用。
2. 为什么集成电路工艺中需要采用单晶硅？
3. 在 IC 产业中，为什么是硅晶圆得到广泛应用而不是其他材料？
4. 列出至少三种半导体工艺中的热处理过程。
5. 简述干法氧化和湿法氧化的特点及区别。
6. 当温度升高时，氧化速率会发生什么变化？思考压强变化会对氧化生长速率产生什么影响。
7. 简要描述多晶硅/硅化物的工艺流程。
8. 为什么晶圆在离子注入后需要进行退火？
9. 正性光刻胶和负性光刻胶有哪些性质上的区别？
10. 简要描述光刻的具体工艺流程和步骤。
11. 试说明在光刻胶涂覆之前为什么要进行晶圆清洗。
12. 有哪些因素可以影响涂覆光刻胶的厚度和平整度？
13. 光刻中前烘的目的是什么？如果前烘过程中发生过烘、欠烘，会造成什么影响？
14. 为什么浸入式光刻可以提高光刻的分辨率？
15. 在光刻工艺中，为什么一直追寻高光强、短波长的曝光光源？
16. 在掺杂工艺中，相对于扩散而言，离子注入有哪些优势？
17. 具有相同能量和入射角的两个离子同时注入单晶硅衬底中，其在硅中的注入深度一定相同吗？
18. 为什么离子注入机需要一个超高压电源进行供电？
19. 在 IC 中通常有哪些材料可用来制作电阻？有哪些因素决定了电阻的阻值？
20. 简述湿法刻蚀和反应离子刻蚀之间的区别。
21. 列出至少 4 种 IC 工艺中常用的金属材料。
22. 在 IC 制备中，为什么经常用铝-铜合金而不是用纯铝？
23. 为什么经常用金属钨作为不同导电层的互连金属塞填充材料？
24. 为什么在深亚微米工艺中逐步采用 HKMG 工艺？
25. 简要阐述相比于 LOCOS，STI 具有哪些优势？

参 考 文 献

[1] Hong Xiao. Introduction to Semiconductor Manufacturing Technology[M]. 2nd ed. Washington: SPIE Press, 2012.

[2] S. Krishnamoorthy, K. Iniewski. Nanomaterials: A Guide to Fabrication and Applications[M]. Los Angeles: CRC Press, 2016.

[3] 温德通. 集成电路制造工艺与工程应用[M]. 北京：机械工业出版社，2018.

[4] 张汝京. 纳米集成电路制造工艺[M]. 2 版. 北京：清华大学出版社，2017.

[5] 严利人，周卫. 集成电路制造工艺技术体系[M]. 北京：科学出版社，2017.

[6] M. Quirk, J. Serda. Semiconductor Manufacturing Technology[M]. NewYork: Pearson, 2014.

[7] P. v. Zant. Microchip Fabrication: A Practical Guide to Semiconductor Processing[M]. 6th ed. NewYork: Mc Graw Hill, 2008.

第6章 集成电路工艺仿真

在前面章节中对器件特性和半导体工艺进行了理论介绍。本章将结合相关软件，对半导体工艺及器件特性进行设计、仿真和分析，以加深对上述理论知识的理解。

6.1 TCAD 软件简介

TCAD（Technology Computer Aided Design）是半导体工艺和器件仿真软件，是建立在半导体物理基础上的数值仿真工具，它可以对不同的工艺、器件结构进行仿真，部分取代昂贵、费时的工艺实验，并对器件的结构进行优化。同时，该软件还可以对电路性能及电缺陷等进行模拟。在整个 EDA 软件系统中，TCAD 位于核心底层，在器件设计和工艺开发环节中发挥着至关重要的作用。

6.1.1 TCAD 仿真原理

TCAD 仿真基于数值计算和网格计算，其中的数值计算基于一系列物理模型及其方程，这些方程以成熟的固体物理、半导体物理理论或者一些经验公式为基础，TCAD 仿真的精确性和选择的物理模型密切相关。同时，TCAD 提供了灵活的方式来设置物理方程的量，它们可以设置为定值，也可以用自定义函数来描述。目前，在 TCAD 软件中进行器件和工艺仿真时，主要用到的物理模型和相关理论如下。

（1）基本半导体的方程：泊松方程，载流子连续性方程，传输方程（漂移-扩散传输模型和能量平衡传输模型），位移电流方程等；

（2）载流子统计的基本理论：费米-狄拉克统计理论，玻尔兹曼统计理论，状态有效密度理论，能带理论，禁带变窄理论等；

（3）不完全离化（低温仿真或重掺杂）、缺陷或陷阱造成的空间电荷理论等；

（4）边界物理：欧姆接触，肖特基接触，浮接触，电流边界，绝缘体接触，上拉元件接触，分布电阻接触，能量平衡边界等；

（5）物理模型：迁移率模型，载流子生成-复合模型，碰撞离化模型，隧穿模型，栅电流模型，器件级的可靠性模型，铁电体介电常数模型，外延应力模型，压力影响硅带隙模型，应力硅电场迁移率模型等；

（6）光电子模型：生成-复合模型，增益模型，光学指数模型等。

由于实际的物理系统非常复杂，连续系统的信息量非常巨大，必须将其进行离散化，因此，半导体仿真是基于网格计算的。网格计算是指将半导体仿真区域划分成网格，在网格点处计算出希望得到的特性（如电学性质等）。网格划分对仿真至关重要，精细的网格能得到较为精确的结果，但会延长计算时间，有时甚至会导致不收敛。网格点是计算时的重要资源，要进行合理的利用。

TCAD 软件一般会提供多种方式灵活地进行网格控制，具体如下。

（1）用网格线及网格线之间的间隙来描述仿真区域的网格；

（2）通过网格释放来使后续步骤中不重要区域的网格点变少，网格释放之后也可以再重新建立合适的精细网格；

（3）用三角形参数来控制网格的长宽比；

（4）在适当的区域增/删网格线。

总之，数值计算必须综合考虑精确性、计算速度和收敛性。精确性与网格密度、计算步长的疏密、算法和物理模型等的选择有关；计算速度由网格密度、计算步长的疏密及算法等决定；收敛性与计算步长的疏密、初始值及算法有关。在仿真计算时，在参数设置上需要在精确性、计算速度和收敛性之间折中。

6.1.2　Silvaco TCAD 简介

传统 TCAD 软件主要基于 DD（Drift-Diffusion，漂移-扩散）传输模型，面向 20nm 及 20nm 以上的技术节点，按照其功能主要分为：工艺仿真器（Process Simulator）、器件仿真器（Device Simulator）及紧凑模型（Compact Model）等。图 6-1 所示为传统 TCAD 软件的工作流程。

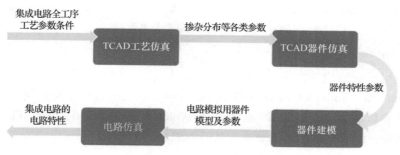

图 6-1　传统 TCAD 软件的工作流程

目前全球 TCAD（传统 TCAD）仿真工具主要由 Synopsys 和 Silvaco 公司推出，两者的市场份额总和超过 90%，本章主要基于 Silvaco TCAD 软件进行相关仿真实例的介绍。Silvaco TCAD 有 Linux 版本，也有 Windows 版本。在 Linux 版本下有更多的图形用户界面，方便用户选择参数，然后自动转换成相应的语句。为方便直观理解和学习，本章以 Linux 版本进行介绍。

Silvaco TCAD 的主要组件包括交互式工具 DeckBuild、可视化工具 Tonyplot、二维工艺仿真器 ATHENA、器件仿真器 ATLAS、器件编辑器 DevEdit 和三维仿真器 Victory 等。Silvaco TCAD 的仿真流程如图 6-2 所示，由工艺仿真器或器件编辑器得到结构，然后通过器件仿真器得到相应的特性，结果由可视化工具 Tonyplot 显示出来或显示在实时输出窗口。命令文件的输入和各仿真器的调用都在集成环境 DeckBuild 中完成，下面对相关组件进行简要介绍。

1. DeckBuild

Silvaco TCAD 的各组件均可以在集成环境 DeckBuild 的界面中调用，DeckBuild 的功能如下：

■ 提供仿真器组件间的自动转换；

■ 输入和编辑仿真文件；

- 查看仿真输出并对其进行控制；
- 提供工艺优化以快速而准确地获得仿真参数；
- 内建的提取功能对仿真得到的特性进行提取；
- 内建的显示功能提供对结构的图像输出；
- 可从器件仿真的结果中提取对应 SPICE 模型的参数。

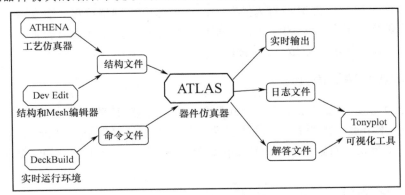

图 6-2　Silvaco TCAD 的仿真流程

2．Tonyplot

Tonyplot 用于对结构进行显示，可显示的结构包括一维和二维结构，三维结构显示需要使用 Tonyplot3D。Tonyplot 可显示的类型非常丰富，包括几何结构和物理量的分布等，也可以显示器件仿真所得到的曲线。同时，Tonyplot 还提供动画制作等功能，可以将各步工艺的图像结果制作成动画，以观察各工艺的效果。

3．ATHENA

ATHENA 能帮助工艺开发和优化半导体制造工艺。ATHENA 提供了一个易于使用、模块化的、可扩展的平台，能对所有关键制造步骤（离子注入、扩散、刻蚀、淀积、光刻及氧化等）进行快速精确的模拟。仿真能得到 CMOS、Bipolar、SiGe、SOI、Ⅲ-Ⅴ族化合物半导体、光电子及功率器件等器件结构，并精确预测器件结构中的几何参数，掺杂剂量分布和应力等，优化设计参数使速度、产量、击穿、泄漏电流和可靠性达到最佳结合。它用模拟取代了耗费成本的硅片实验，可缩短开发周期和提高成品率。

ATHENA 的主要模块有：Ssuprem4、二维硅工艺仿真器、蒙特卡罗注入仿真器、硅化物模块、蒙特卡罗淀积和刻蚀仿真器、先进闪存材料工艺仿真器等。

4．ATLAS

用 ATLAS 器件仿真系统可以分析半导体器件的电学、光学和热学行为。ATLAS 提供一个基于物理的、使用简便的、模块化的可扩展平台，用以分析所有二维和三维模式下半导体器件的直流、交流与时域响应。

ATLAS 可以仿真硅化物、化合物半导体或聚合/有机物等各种材料，涵盖的器件类型也很多，如 CMOS、双极、高压功率器件、VCSEL、TFT、光电子、激光、LED、CCD、传感器、熔丝、铁电材料、NVM、SOI、HEMT 和 HBT 等。

ATLAS 的主要模块有：S-Pisces（二维硅器件模拟器）、Device3D（三维硅器件模拟器）、Blaze2D/3D（高级材料的二维/三维器件模拟器）、TFT2D/3D（无定型和多晶体二维/三维模拟器）、VCSELS 模拟器、Laser（半导体激光/二极管模拟器）、Luminous2D/3D（光电子器件模块）、Ferro（铁电场相关的介电常数模拟器）、Quantum（二维/三维量子限制效应模拟模块）、NOISE（半导体噪声模拟模块）和 MixedMode（二维/三维组合器件和电路仿真模块）等。

5．DevEdit2D/3D 器件编辑器

DevEdit2D/3D 可以精确、灵活地编辑器件结构。同时，也可以在工艺仿真得到的结构基础上进行编辑，如重新划分网格，或者将 ATHENA 生成的二维剖面往 Z 方向扩展，得到三维结构，另外器件编辑器在定义复杂电极（如通孔）时较 ATHENA 和 ATLAS 方便。

6．掩模输出编辑器

掩模输出编辑器（Maskviews Layout Editor）可以编辑掩模结构，以便在光刻等工艺中采用，Maskviews 有图形化界面，三维工艺的仿真是由掩模驱动的，即需先定义采用的掩模中的某一层，再开始相关工艺。

6.1.3　TCAD 软件的发展方向

随着集成电路技术的发展，制造技术节点逐渐逼近 3～5nm，为了解决集成电路面向先进制造领域的困难和挑战，需要采用先进的 TCAD 技术，从新材料、新器件、新工艺等角度进行材料设计、器件设计、工艺设计，进而为集成电路设计和制造提供支持，减小研发和设计成本，缩短研发和设计时间。

相比旧的工艺节点，纳米尺寸节点的器件具有完全不同的器件结构和物理效应，从而使得传统 TCAD 软件面临巨大的挑战，如图 6-3 所示。其主要困难一方面来自：当器件到达深纳米尺度甚至原子尺度时，量子效应将起重要作用，而传统的模型没有完备地包含量子效应；同时随着集成电路特征尺寸的减小，由于存在量子效应，单个器件的漏电也变得难以调控。另一方面的问题是，传统的 TCAD 设计方法和软件依赖于大量的实验参数，然而当器件达到纳米尺度时，通过实验手段获得可靠的参数变得越来越困难和费时、费力。

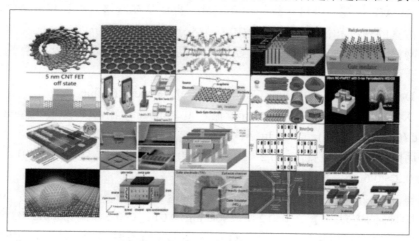

图 6-3　新材料和新器件结构的涌现已经超越了传统硅基 TCAD 的能力范畴

事实上，随着诸多新型电子器件和电子材料的不断问世，其所涉及的特性和计算方法完全超出了传统 TCAD 仿真方法的应用范围。因此，必须开发设计新的仿真软件。

近些年来，一种全新的 Atomistic TCAD 得以发展，它是从原子尺度进行仿真的，以量子力学和量子输运为基石，成为面向集成电路先进制造工艺（小于 10nm）的新软件。与传统的工艺建模技术相比，Atomistic TCAD 是原子级的计算机辅助设计软件，通过完备地考虑量子输运等多种量子效应和其他物理机制，对纳米级半导体电子器件进行建模和仿真，可以准确地获得过程技术参数，而无须进行大量的实验测量。它可以有效地缓解纳米级半导体设计与制造中常见的难题，有助于半导体制造商加快半导体工艺的开发进度和良率提升速度，而且可以对任何新型材料进行仿真。

目前 Atomistic TCAD 软件商业化公司的主流技术路线主要分为两类：分别是 NEGF-DFT 技术路线和 NEGF-TB 技术路线。NEGF-DFT 技术由麦吉尔大学（McGill University）郭鸿教授首先提出，而 NEGF-TB 技术则采用了将非平衡格林函数方法与紧束缚近似模型相结合的方法。从技术层面上讲，NEGF-TB 技术还不能直接面对新材料对集成电路先进工艺带来的挑战。

6.2　单步工艺的仿真实现

本节围绕干法氧化工艺和离子注入工艺，阐述如何利用 Silvaco TCAD 中的 ATHENA 模块进行单步半导体工艺的仿真实现。在进行工艺仿真时，主要流程包括创建网格区域、定义初始化硅衬底状态、工艺施加、参数提取和结果查看等步骤。

6.2.1　干法氧化工艺的仿真

本节以二维平面仿真为例，在尺寸为 0.6μm×0.8μm 的 P 型硅衬底表面，用干法氧化的方法生长厚度为 13nm 的氧化硅。

1. 创建网格区域

Silvaco TCAD 是基于网格计算的仿真工具，也就是在网格点处计算其特性，网格点的多少决定了仿真的精度和快慢，合理地定义网格分布很重要。所以，一般会重点关注区域划分较密的网格，提高仿真精度；不重要的区域网格较为稀疏，可减小计算量。本例中，网格的具体设置方法如下。

（1）在 DeckBuild 工具栏中单击 Commands→选择 Mesh Define...。

（2）在 X Coordinates 部分，Location 输入 0，Spacing 输入 0.1，Comment 输入 Non-Uniform Grid (0.6μm×0.8μm)，单击 Insert 按钮。

（3）采用同样的方法设置，$x=0.2$ 时 spacing=0.01，$x=0.6$ 时 spacing=0.01。X 轴的声明将在 X 轴的 0.2～0.6μm 区域定义一个非常精细的网格。

（4）创建 Y 轴方向上的网格。在 Y Coordinates 部分，Location 输入 0，Spacing 输入 0.008。采用同样的方法设置，$y=0.2$ 时 spacing=0.01；$y=0.5$ 时 spacing=0.05；$y=0.8$ 时 spacing=0.15。此时，可以通过选中 ViewGrid 来图形化查看网格划分情况，如图 6-4 所示。

（5）单击 Write 按钮，在 DeckBuild 中会生成相应代码，如图 6-5 所示。

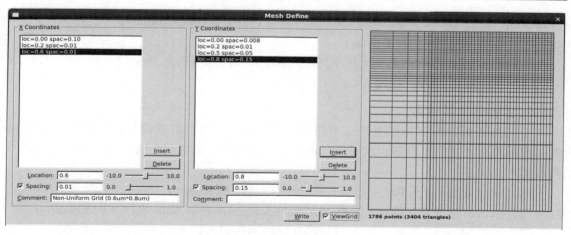

图 6-4　创建网格区域

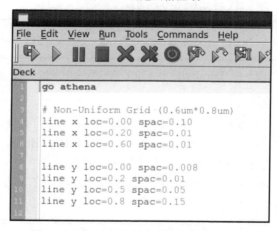

图 6-5　DeckBuild 中生成的定义网格代码

2．定义初始化硅衬底状态

在工艺仿真之前需要先定义衬底状态，本例中使用的 P 型硅衬底状态为：掺杂硼浓度为 $1×10^{14}/cm^2$、[100]方向。软件中的设置方法如下。

打开 ATHENA Mesh Initialize 菜单：Commands→Mesh Initialize，输入如下选项

- Material：silicon
- Orientation：100
- Impurity：Boron
- Concentration：1.0×1014 atom/cm3
- Dimensionality：2D
- Comment：Initial Silicon Structure with <100> Orientation

3．氧化

本例的氧化条件为：在 950℃、3%HCl、1 个大气压条件下采用干氧法生成一层栅氧化层，厚度约为 13nm。软件中的设置方法如下。

（1）选择 Commands→Process→Diffuse 打开 Process Diffuse 对话框，时间 Times 输入

11minutes，温度 Temperature 输入 950，温度默认选择恒定温度 Constant。

（2）环境 Ambient 选择 Dry O_2。

（3）气压 Gas pressure 选择 1 倍大气压（atm），HCl 浓度选择 3%。

（4）在注释 Comment 栏输入 Gate Oxidation。

4．提取栅氧层厚度

工艺仿真后，得到的结果形式有结构文件*.str，还有抽取的特性，如材料厚度、结深、表面浓度、方块电阻等。本例的仿真结果主要是抽取氧化得到的栅氧层厚度。软件中的设置方法如下。

（1）在 DeckBuild 菜单栏中选择 Commands→Athena Extract。

（2）Extract 选择默认的材料厚度 Material thickness，名字 Name 输入 GateOxide。

（3）材料 Material 选择 SiO~2，提取的区域 Extract location 选中 X，输入值 0.3。单击 Write 按钮，生成的代码如图 6-6 所示。

```
#
extract name="GateOxide" thickness material="SiO~2" mat.occno=1 x.val=0.3
```

图 6-6　DeckBuild 中生成的提取氧化层厚度代码

5．保存、运行和查看结果

（1）定义输出的结构文件名，选择 Commands→File I/O 打开 File I/O 菜单，输入文件名 oxide.str，即将输出结果写入 oxide.str 文件中。保存 DeckBuild 代码文件，选择 File→Save 弹出对话框，输入文件名 Oxide，选择相应位置保存。

（2）单击工具栏的 Run/Continue 按钮，进行仿真。可以在下方的输出窗口栏中查看输出结果，如图 6-7 所示。

```
Solving time (hh:mm:ss.t)   00:00:00.0  + [0.05    sec]  [100    %]  [np 2068] *
Solving time (hh:mm:ss.t)   00:00:00.1  + [1.573   sec]  [3146   %]  [np 2068]
Solving time (hh:mm:ss.t)   00:00:01.6  + [4.984   sec]  [316.9  %]  [np 2068]
Solving time (hh:mm:ss.t)   00:00:06.6  + [32.93   sec]  [660.8  %]  [np 2068]
Solving time (hh:mm:ss.t)   00:00:39.5  + [165     sec]  [501    %]  [np 2068]
Solving time (hh:mm:ss.t)   00:03:24.5  + [165     sec]  [100    %]  [np 2068]
Solving time (hh:mm:ss.t)   00:06:09.5  + [165     sec]  [100    %]  [np 2068]
Solving time (hh:mm:ss.t)   00:08:54.5  + [125.4   sec]  [76.01  %]  [np 2068]
Solving time (hh:mm:ss.t)   00:11:00.0
ATHENA> struct outfile=".Oxide/deckbuild/history002.str"
ATHENA> #
ATHENA> EXTRACT> init inf=".Oxide/deckbuild/history002.str"
EXTRACT> extract name="GateOxide" thickness material="SiO~2" mat.occno=1
GateOxide=131.347 angstroms (0.0131347 um)  X.val=0.3
EXTRACT> #
EXTRACT> quit
structure outfile=oxide.str
ATHENA>
```

图 6-7　仿真过程中的输出结果

（3）仿真结束后，可以看到提取的栅氧厚度值为"GateOxide 131.347Å"，1Å=0.1nm，也就是生产的栅氧厚度约为 13.1nm。

（4）同时在 Outputs 窗口中可以看到保存的文件 oxide.str 文件，双击即可调用 Tonyplot 进行结果绘制，如图 6-8 所示。

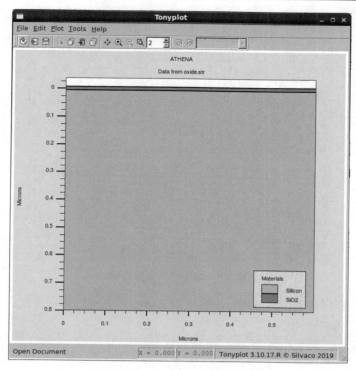

图 6-8　Tonyplot 绘制的仿真结果

6.2.2　离子注入工艺的仿真

本节以二维平面仿真为例，在尺寸为 0.1μm×2.0μm 的 P 型硅衬底上进行硼离子的注入，硅衬底的初始掺磷浓度为 $1×10^{14}/cm^2$，硼的注入剂量为 $1×10^{13}/cm^2$，注入时能量为 70keV。本节主要在 DeckBuild 中采用代码的方式进行工艺仿真。

1．创建网格区域

创建网格区域，参考代码如下

```
#the x dimension definition
line x loc = 0.0 spacing=0.1
line x loc = 0.1 spacing=0.1
#the vertical definition
line y loc = 0 spacing = 0.02
line y loc = 2.0 spacing = 0.20
```

2．定义初始化硅衬底状态

硅衬底初始状态为掺磷（N 型衬底），是二维平面仿真，掺磷浓度为 $1×10^{14}/cm^2$。参考代码如下

```
#initialize the mesh
init silicon c.phos=1.0e14 orientation=100
```

3．离子注入及退火扩散

进行硼离子注入，注入剂量为 $1×10^{13}/cm^2$，注入能量为 70keV，具体的参数设置对话框如图 6-9 所示。

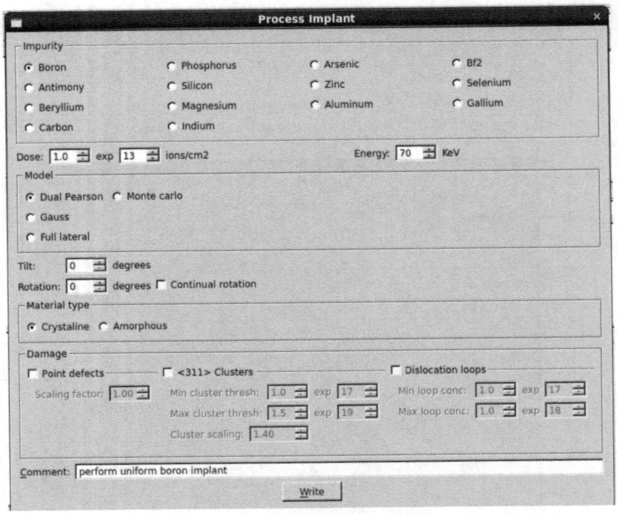

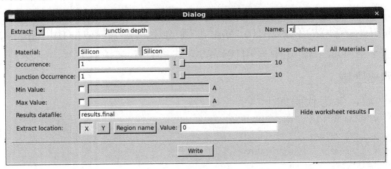

图 6-9　离子注入参数设置

之后进行退火扩散，时间为 30min，温度为 1000℃，其他选项保持默认。参考代码如下

```
# perform uniform boron implant
implant boron dose=1.0e13 energy=70 tilt=0 rotation=0 crystal
# perform diffusion
diffus time=30 minutes temp=1000
```

4．提取结深

对扩散后的杂质分布进行提取，设置对话框如图 6-10 所示。

图 6-10　提取结深设置

参考代码如下

```
#
extract name="xj" xj material="Silicon" mat.occno=1 x.val=0 junc.occno=1
```

提取的结果为：xj=0.873786μm。

5．保存、运行和查看结果

对仿真结果进行保存，同时采用 Tonyplot 进行绘图，结果如图 6-11 所示。参考代码
如下

```
#save the structure
structure outfile=boron-implant.str
```

```
#plot the final profile
tonyplot boron-implant.str
```

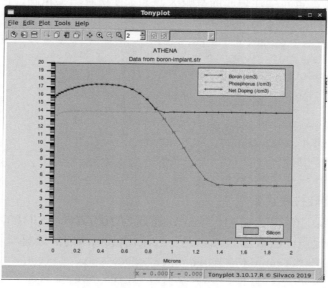

图 6-11　Tonyplot 绘制的仿真结果

6.3　NMOS 器件工艺仿真及器件特性分析

本节采用 Silvaco TCAD 中的 ATHENA 模块进行完整 NMOS 器件的工艺流程仿真，模拟制造一个 NMOS 管。之后，采用 ATLAS 模块对构建的 NMOS 管进行电学特定的仿真分析。

6.3.1　NMOS 器件工艺仿真

如图 6-12 所示，由于 NMOS 管是左右对称的，因此仿真过程中，只对左半部分进行仿真，最后采用镜像的方法，形成完整的 MOS 管，从而缩短仿真时间。左半部分结构的尺寸为 0.6μm×0.8μm。

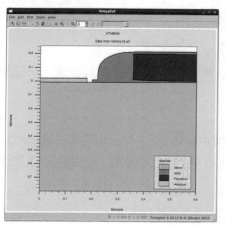
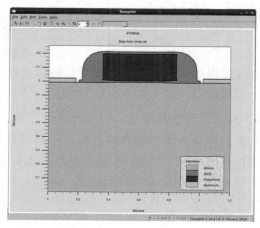

图 6-12　镜像前（左）和镜像后（右）

1．定义网格区域

对于 NMOS 管，重点关注表面的有源区，为了使仿真结果精确，在 $y=0\sim0.2\mu m$ 的位置网格最密。定义网格区域的代码如下

```
# Non-Uniform Grid (0.6um×0.8um)
line x loc=0.00 spac=0.10
line x loc=0.20 spac=0.01
line x loc=0.60 spac=0.01
#
line y loc=0.00 spac=0.008
line y loc=0.2 spac=0.01
line y loc=0.5 spac=0.05
line y loc=0.8 spac=0.15
```

2．定义初始化硅衬底状态

硅衬底均匀掺杂硼浓度为 $1\times10^{14}/cm^2$，晶向为[100]方向。Si[100]衬底具有低界面电荷、低界面缺陷的优点，CMOS 集成电路一般采用[100]晶向的硅材料。参考代码如下

```
# Initial Silicon Structure with <100> Orientation
init silicon c.boron=1.0e14 orientation=100 two.d
```

3．生成栅氧层并提取其厚度

栅极氧化层制备条件：926℃、3%HCl、0.98 个大气压，干法氧化 11min。采用 Extract 提取栅氧层厚度。本例中栅氧层的厚度为 100Å（10nm）。参考代码如下

```
#Gate oxidation
diffus time=11 minutes temp=926 dryo2 press=0.98 hcl.pc=3
#
extract name="oxidethick" thickness material="SiO~2" mat.occno=1 x.
val=0.3
```

4．阈值电压调节

可以通过改变衬底有源区的掺杂浓度来控制 NMOS 管的阈值电压。在本例中，采用硼杂质掺杂的方法来调节阈值电压，掺杂浓度为 $9.5\times10^{11}/cm^2$，杂质的能量为 10keV，倾斜角度为 7°，旋转角为 30°。参考代码如下

```
# Threshold Voltage Adjust implant
implant boron dose=9.5e11 energy=10 tilt=7 rotation=30 crystal
```

仿真结束后，采用 Tonyplot 分析硼杂质分布。同时采用 cutline 工具创建一个硼杂质分布的一维横截图，结果如图 6-13 所示。

5．共形沉积多晶硅

共形沉积可用来产生多层结构，是最简单的沉积模型之一，适用于对沉积层形状无特别要求的任意情形。本例中，NMOS 工艺的多晶硅厚度为 2000Å，采用共形技术进行沉积，如图 6-14 所示。参考代码如下

```
# Comformal Polysilicon Deposition
deposit polysilicon thick=0.2 divisions=10
```

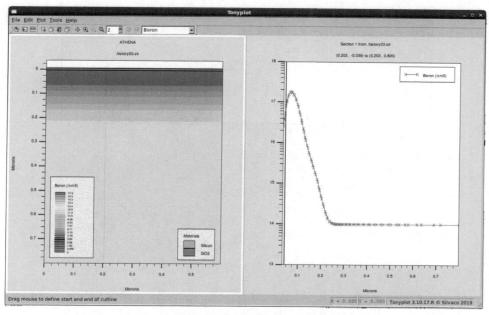

图 6-13　硼杂质分布情况和垂直截面分布

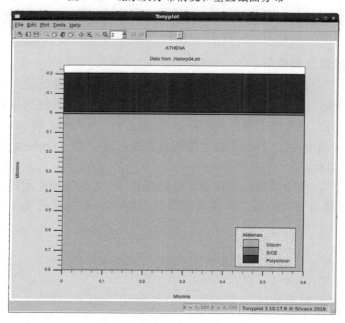

图 6-14　多晶硅的共形沉积

6. 多晶硅栅刻蚀

对多晶硅栅进行定义，在本例中，由于只对 MOS 管的左半侧进行仿真，多晶硅栅边缘在 x=0.35μm 处，中心在 x=0.6μm 处，因此将刻蚀 x=0.35μm 以左的区域，刻蚀结果如图 6-15 所示。代码如下

```
# Polysilicon Definition
etch polysilicon left p1.x=0.35
```

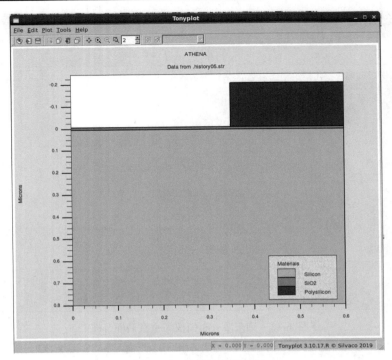

图 6-15　多晶硅栅的刻蚀

7. 多晶硅栅的氧化和掺杂

为减小多晶硅的电阻，需要对其进行氧化和掺杂。多晶硅的氧化为离子注入掺杂做准备，本例中的氧化条件为 900℃，1 个大气压，湿法氧化 3min。因为氧化是在未损伤的、图案化的（非平面的）多晶硅上进行的，所以采用的方法为 fermi 和 compress 方法，其中 fermi 方法用在掺杂浓度小于 $1 \times 10^{20} cm^{-3}$ 的未损伤的衬底，而 compress 方法用于模拟非平面结构氧化及二维氧化。

多晶硅栅氧化后，接着就是用磷掺杂多晶硅形成 N+多晶硅栅，用以减小多晶硅栅的电阻，在这里，磷剂量为 $3 \times 10^{13} cm^{-2}$，注入能量为 20keV，多晶硅栅氧化和掺杂后的结果如图 6-16 所示。

参考代码如下

```
# Polysilicon Oxidation
method fermi compress
diffus time=3 minutes temp=900 weto2 press=1
# Polysilicon Doping
implant phosphor dose=3.0e13 energy=20 tilt=7 rotation=30 crystal
```

8. 侧墙（Sidewall Spacer）隔离氧化的形成

源、漏离子注入之前需要进行隔离氧化层的淀积，淀积之后源、漏区域的氧化层要进行刻蚀去除。本例中隔氧淀积的厚度为 0.12μm，结果如图 6-17 所示，参考代码如下

```
# Spacer Oxide Deposit
deposit oxide thick=0.12 divisions=10
# Sidewall Spacer Etch
etch oxide dry thick=0.12
```

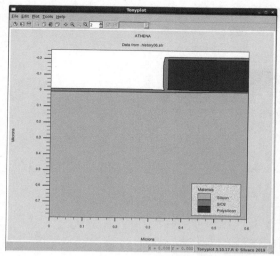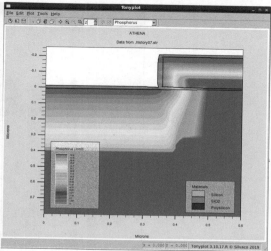

图 6-16　多晶硅栅的氧化及掺杂后的磷杂质分布

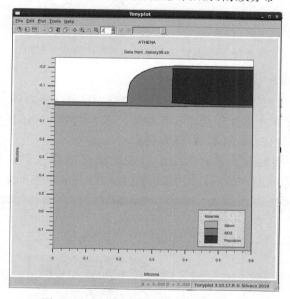

图 6-17　隔离氧化层制备完成后的结构

9. 源/漏极注入与退火

为了形成 NMOS 的 N+源/漏，在本例中，采用砷进行注入，剂量为 $5×10^{15}$cm^{-2}，注入能量为 50keV。注入完成之后，在 900℃、1 个大气压、氮气氛围下退火 1min，如图 6-18 所示。参考代码如下

```
# Source/Drain Implant
implant arsenic dose=5.0e15 energy=50 tilt=7 rotation=30 crystal
struct outfile=before-anneal.str
# Source/Drain Annealing
method fermi
diffus time=1 minutes temp=900 nitro press=1
struct outfile=after-anneal.str
```

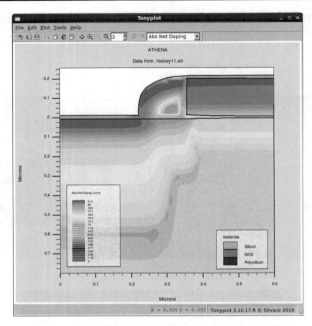

图 6-18　源/漏极注入与退火后的净掺杂分布图

10．金属电极的制备

ATHENA 中的电极可以是任意金属、硅化物或多晶硅区域，唯一的特例是背电极可以安置在结构的底部而无须考虑那里是否存在金属。在本例中，NMOS 的金属化是先形成源/漏的接触窗口，然后沉积金属 Al 和 Al 图案化。

为了形成源/漏的接触窗口，$x=0.2\mu m$ 以左的氧化层将被刻蚀掉，之后用 ATHENA Deposit 沉积 $0.03\mu m$ 厚的 Al。最后，用 Etch 刻蚀 $x=0.18\mu m$ 以右的铝层，如图 6-19 所示。

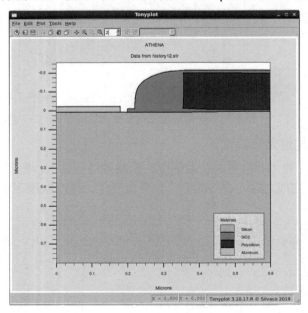

图 6-19　铝金属电极的制备

具体代码如下

```
# Open Contact Window
etch oxide left p1.x=0.2
# Aluminum Deposition
deposit aluminum thick=0.03 divisions=2
# Etch Al
etch aluminum right p1.x=0.18
```

11．器件参数提取

对制备的 NMOS 管的结构提取部分器件参数，这些参数包括：结深、N++源/漏方块电阻、隔氧下的 LDD 方块电阻、长沟道阈值电压，对于所有这些参数，提取操作均采用 DeckBuild 中的 Extract。

（1）提取结深。

```
extract    name="nxj"   xj   material="Silicon"   mat.occno=1   x.val=0.2
junc.occno=1
```

在该 extract 语句中，name="nxj"是 N 型源/漏结深；xj 表明结深将要被提取；material="Silicon"指包含结的物质为硅；mat.occno=1 表明提取结深的位置为第一层硅处；x.val=0.2 指提取源/漏结深于 x=0.2μm 处；junc.occno=1 表明提取结深在第一个结处。

本例中提取的结深为 0.5959μm。

（2）提取 N++源/漏方块电阻。

```
extract name="n++ sheet res" sheet.res material="Silicon" mat.occno=1
x.val=0.05 region.occno=1
```

在该语句中，sheet.res 表示即将提取的是方块电阻；mat.occno=1 和 region.occno=1 定义物质和区域。

本例中提取的源/漏方块电阻为 30.63Ω/□。

（3）提取 LDD 方块电阻。

为了提取隔氧下的 LDD 方块电阻，由前面模拟得到的结构，x=0.3 是合理的。提取过程中，需要将 extract name 定义为 ldd sheet res 以及将 x.val 改为 0.3。

```
extract name="ldd sheet res" sheet.res material="Silicon" mat.occno=1
x.val=0.3 region.occno=1
```

本例中，提取的 LDD 方块电阻为 1668.01Ω/□。

（4）提取长沟道阈值电压。

提取 x=0.5μm 处 NMOS 管的长沟道阈值电压：

```
extract name="1dvt" 1dvt ntype qss=1e10 x.val=0.5
```

在这里需要特别指出的是，qss 为陷阱电荷（单位为 cm^{-2}），默认情况下，衬底电压为 0V，栅压为 0～5V，步长为 0.25V，器件温度为 300K。

本例中，提取的长沟道阈值电压为 0.326V。

12．镜像得到完整 NMOS 管的结构

前面得到的只是 NMOS 管结构的左半部分，为了得到完整结构，需对该结构进行镜像操作，如图 6-20 所示。

```
#Mirror operation
struct mirror right
```

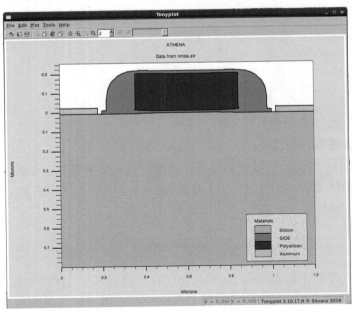

图 6-20   镜像之后完整的 NMOS 管的结构

13．定义电极

为了便于在器件模拟器 ATLAS 中设置偏压，必须对 NMOS 管的源极、漏极、栅极及衬底电极进行定义，如图 6-21 所示。参考代码如下

```
electrode name=Source x=0.10
electrode name=Drain x=1.10
electrode name=Gate x=0.60
electrode name=backside backside
```

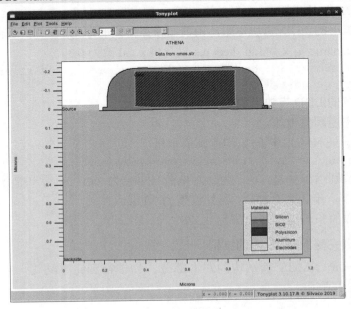

图 6-21   定义电极

6.3.2 NMOS 器件电学特性仿真

针对上节构建的 NMOS 管，本节采用 Silvaco TCAD 中的 ATLAS 模块对其电学特性进行仿真分析，包括阈值电压、输入/输出特性曲线等。在 ATLAS 中进行电学特性分析，包括结构定义命令组、模型定义命令组、数值方法选择命令组和解定义命令组等部分。因为 NMOS 管的结构已经在 ATHENA 中创建，故本次不需要进行结构定义命令组。

1. 模型定义命令组

在模型定义命令组中，需要分别用 Model 语句、Contact 语句和 Interface 语句定义模型、接触特性及界面性质。

（1）模型定义。

对于简单的 MOS 模拟，推荐使用模型 SRH 和 CVT，其中 SRH 是 Shockley-Read-Hall 复合模型，而 CVT 是 Lombardi 反型层模型，它设置了一个包含浓度、温度、平行场、垂直场依赖的通用迁移率模型。为了定义这两个模型，应进行如下操作。

- 选择"Commands→Models→Models"打开 ATLAS Model 对话框；
- 选择以下项：

  Category: Mobility

  Mobility: CVT

  Print Model Status: Yes

为了增加 SRH 复合模型，应进行如下操作。

- 在 Category 栏选择 Recombination，将看到三个复合模型：Auger、SRH(Fixed Lifetimes)和 SRH(Conc.Dep.Lifetimes)；
- 选择 SRH(Conc.Dep.Lifetimes)。

（2）定义接触特性。

电极与半导体的接触在默认情况下被假设成欧姆接触，如果定义了功函数，电极就被视为肖特基接触。Contact 语句用来定义一个或多个电极的金属功函数，为了定义 N 型多晶硅的功函数，应进行如下操作。

- 选择"Commands→Models→Contacts"打开 ATLAS Contact 对话框；
- 输入或选择：

  Electrode name: gate

  n-poly

（3）定义界面性质。

为了定义 NMOS 管的结构的界面性质，将使用 Interface 语句，该语句用来定义半导体/绝缘体界面的界面电荷密度和表面复合速度。为了定义 Si-SiO$_2$ 界面处存在面密度为 3×10^{10}/cm^2 的固定电荷，应进行如下操作。

- 选择"Commands→Models→Interface"打开 ATLAS Interface 对话框；
- 在 Fixed Charge Density 一栏输入 3e10。

2. 数值方法选择命令组

接下来选择数值方法的类型。在求解半导体器件问题时，可以使用不同的方法，对于

MOS 结构，将使用解耦合方法和全耦合方法。简单来说，解耦合方法（如 Gummel 方法）将在保持其他变量不变的情况下轮流求解每个未知量，这个过程一直持续到得到一个稳定的解。全耦合方法（如 Newton 方法）则同时求解系统中所有的未知量。数值方法选择命令组的操作如下。

- 选择"Commands→Solutions→Method"打开 ATLAS Method 对话框；
- 在 Method 栏同时选择 Newton 和 Gummel；
- Max.num of interations 的默认值为 25，如有必要可改变；

同时选择 Newton 和 Gummel 将导致解答过程先进行 Gummel 循环，如果还没收敛，则接着用 Newton 方法求解。

3. 解定义命令组

在解命令组里，log 语句用来保存 ATLAS 计算产生的包括所有终端性质的日志件，solve 语句用来求解不同偏压时的情形，load 语句用来载入所有求解文件。

（1）V_{ds}=0.1V 时的 I_d-V_{gs} 曲线。

在本例中，我们期望得到 NMOS 管在 V_{ds}=0.1V 时的 I_d-V_{gs} 曲线，为了达到此目的，应进行如下操作。

- 选择"Commands→Solutions→Solve"打开 Test 对话框；
- 选择 Properties 页面；
- 在 Log file 栏输入日志件名"nmos1_"并单击 OK 按钮；
- 重新回到 Define Tests 页面，右击，选择"Add new row"，把鼠标移至 gate 参数，变为电极 drain，然后将 Initial Bias 设置为 0.1；
- 再次选择"Add new row"，在 gate 一行将鼠标移至 CONST，选择 VAR1，并将最终偏压 Final Bias 设置为 3.3，将步长 Delta 设置为 0.1，如图 6-22 所示。

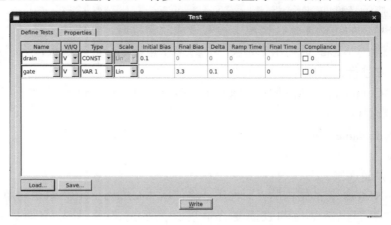

图 6-22　gate 和 drain 电压设置

采用"tonyplot nmos1_0.log"对仿真结果进行绘制，如图 6-23 所示。

（2）提取器件参数。

器件参数（如 V_t、Beta 和 Theta）的提取可用 ATLAS Extract 对话框来实现，下面以 V_t 为例进行提取。

- 依次选择"Commands→Extracts→Device"，打开 ATLAS Extraction 对话框；
- 在默认情况下，V_t 在 Test name 一栏中被选择，用户也可以修改默认的提取表达式。在本例中，提取的 V_t 值为 0.2048V。

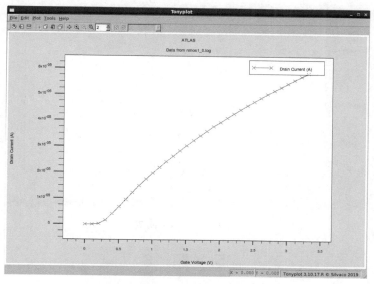

图 6-23　NMOS 管的 I_d-V_{gs} 曲线

（3）V_{gs}=1.1V 时的 I_d-V_{ds} 曲线。

本例的下一个目标是产生 V_{gs}=1.1V 时 V_{ds} 从 0V 变化到 3.3V 时的 I_d-V_{ds} 曲线，为了防止先前产生的"nmos1_0.log"数据被覆盖，需要使用另一个 log 语句：

```
log off
```

之后，在 Test 对话框中进行设置：

- 依次选择"Commands→Solutions→Solve"打开 Test 对话框；
- 选择 Properties 页面，在 Write mode 一栏选 Test，log file：nmos2_；
- 在 Define Tests 页面，进行如图 6-24 所示的设置。

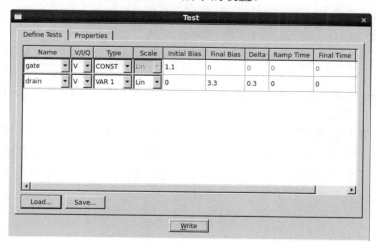

图 6-24　Test 电压设置

仿真结束后，调用 Tonyplot 绘图，结果如图 6-25 所示。

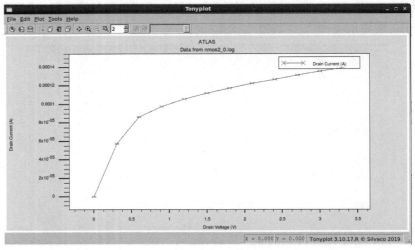

图 6-25　I_d-V_{ds} 曲线

习　题　6

1. 简要描述 TCAD 仿真的基本原理。
2. 在 6.2.1 节中，将氧化时间固定为 11min，温度固定为 950℃，气压设为 1 个大气压，仿真分析 HCl 浓度为 1%、2%、5%情况下的氧化层厚度。
3. 结合 6.2.2 节，分析不同硼离子注入能量（50keV、100keV、150keV）对结深及杂质分布的影响。
4. 结合 6.2.2 节，分析不同注入角度对结深及杂质分布的影响。

参 考 文 献

[1] Yue Fu, Zhanming Li, Wai Tung Ng, et al. Sin. Integrated Power Devices and TCAD Simulation[M]. Los Angeles: CRC Press, 2014.

[2] Yung-Chun Wu, Yi-Ruei Jhan. 3D TCAD Simulation for CMOS Nanoeletronic Devices[M]. Berlin: Springer, 2018.

[3] 唐龙谷. 半导体工艺和器件仿真软件 Silvaco TCAD 实用教程[M]. 北京：清华大学出版社，2014.

[4] 阮刚. 集成电路工艺和器件的计算机模拟[M]. 上海：复旦大学出版社，2007.

[5] 严利人，周卫. 集成电路制造工艺技术体系[M]. 北京：科学出版社，2017.

[6] 韩雁，丁扣宝. 半导体器件 TCAD 设计与应用[M]. 北京：电子工业出版社，2013.

反侵权盗版声明

　　电子工业出版社依法对本作品享有专有出版权。任何未经权利人书面许可，复制、销售或通过信息网络传播本作品的行为；歪曲、篡改、剽窃本作品的行为，均违反《中华人民共和国著作权法》，其行为人应承担相应的民事责任和行政责任，构成犯罪的，将被依法追究刑事责任。

　　为了维护市场秩序，保护权利人的合法权益，我社将依法查处和打击侵权盗版的单位和个人。欢迎社会各界人士积极举报侵权盗版行为，本社将奖励举报有功人员，并保证举报人的信息不被泄露。

举报电话：（010）88254396；（010）88258888

传　　真：（010）88254397

E-mail：　dbqq@phei.com.cn

通信地址：北京市万寿路 173 信箱

　　　　　电子工业出版社总编办公室

邮　　编：100036